JN121088

スピード合格

ディープラーニング G検定(ジェネラリスト) 対策テキスト

キーワードで基礎を押さえ
本番さながらの模擬試験で仕上げ！

最新シラバス対応

金井恭秀／岩間健一／加藤慎治
村松李紗／深津まみ［著］
（テービーテック株式会社）

リックテレコム

●本書刊行後の補足情報

本書の刊行後、記載内容の補足や更新が必要となった場合、下記に読者フォローアップ資料を掲示する場合があります。必要に応じて参照してください。

https://ric.co.jp/pdfs/contents/pdfs/1323_support.pdf

こちらのQRコードからもご覧いただけます。 

はじめに

本書は、一般社団法人　日本ディープラーニング協会（JDLA）のディープラーニングジェネラリスト検定（以下、G 検定）の対策テキストです。本書は、2021 年 1 月に刊行した『**ディープラーニング G 検定対策テキスト“キーワード集中解説”で最短合格**』をベースに、内容を最新シラバスに沿って編集し、新たに模擬試験を加えて編纂したものです。

2017 年 12 月に始まった G 検定は、シラバスの更新に伴い、2021 年 7 月に実施された試験では従来から出題傾向が変わっています。例えば、「機械学習の具体的手法」（教師あり、教師なし、強化学習、モデルの評価）の設問は減り、「ディープラーニングの社会実装に向けて」のセクションの設問が増えています。今回、それらの傾向を踏まえ、G 検定の新シラバスに対応した対策書籍として新たに執筆いたしました。

AI（人工知能）や DX（デジタルトランスフォーメーション）という言葉を聞かない日はない昨今、本書を手にされた皆様は、ご自身もしくは仕事のテーマとして、これらに取り組んでいらっしゃる方が多いと思います。G 検定は、AI や機械学習、ディープラーニングを体系的に学び始めたい初学者にとって良い土台作りとなります。このため、学生から社会人まで様々な層に支持され、今や初学者にとってポピュラーな資格試験の 1 つになりました。

その試験内容は、機械学習・ディープラーニングの代表的な手法をはじめ、歴史・数学・法律など多面的かつ広範囲なものです。

キャリアアップ、AI リテラシー向上を目指す皆様にとって、本書を活用して G 検定対策の学習をひと通り行うことで、AI やディープラーニングについての基礎知識を習得することができるでしょう。

本書は、AI について基礎から体系的に学びたい方や、受験の仕方までをサポートしてほしいという、資格試験に慣れていない方に活用していただける内容を目指しました。

近年の G 検定の出題傾向を分析し、初学者に必要な基礎知識と合格に必要な項目を重点的に解説しています。そして、新シラバスに対応する形で旧シラバスからの項目の追加・削除を行っております。また、巻末には模擬試験を用意いたしました。受験前の学習習熟度を測るためにもご活用ください。

また、本番の CBT（Computer Based Testing）による受験のコツや解答を進める上での留意点など、受験方法に関するテクニックもサポートしており、皆様を確実に合格へ導くよう構成しています。G 検定は入門の位置づけにあり、対策をすれば高い確率で合格可能な検定試験です。その対策には、教本による学習だけではないテクニックのようなものも含まれます。では、知っておくべきテクニカルな内容とはどういったものでしょうか？

例えば、G 検定の大きな特徴として「問題数の多さ」が挙げられます。自宅で自分のパソコンから受験できるため、資料を確認しながら解答することも可能です。しかし、G 検定の問題は例年、220 問前後出題され、試験時間は 120 分です。つまり、1 問あたりにかけられる時間は 30 秒ほどで、悠長に調べている時間はほとんどありません。そのため、試験範囲の知識を把握することと同時に、解ける問題をどんどん解き、どの問題を優先的に解いていくかといったペース配分の判断も重要となってくるのです。

その他にも、受験する際に準備しておくと良いもの、資料を参照するにしても素早く目的の項目を調べられるようにしておくなど、小さなテクニックがいくつもあります。このようなテクニックは試験慣れしていれば当たり前に感じる方もいるかもしれませんが、試験を受けるということから離れてしまっている社会人などにとっては見落としがちな落とし穴となります。

本書は、重要事項を抽出した「主要キーワード」一覧とメインの解説となる「本文」、実際の試験と同じ形式を意識した「章末問題」と、そして本番さながらの「模擬問題」で構成されています。

第 1 章では人工知能のこれまでの歴史、第 2 章〜第 4 章では機械学習・ディープラーニング、第 5 章では実際の AI 開発に関わる法律・倫理をわかりやすく解説しています。

そして、本書を読み進めるにあたっては、まず第 0 章の「合格へのコツをつかもう」を必ず確認し、念頭に置いてから本文・練習問題に取り組んでみてください。

AI の知識とは離れた試験自体のテクニカルな話ですが、せっかく受験するなら、一発合格したいですよね。知識を獲得するための勉強と試験に受かるための訓練を両立することができる本書で対策学習をしていただければ、合格率は飛躍的に向上することでしょう。

最後に、本書が皆様の G 検定の合格とその後の豊かなキャリアプラン、事業推進の一助になれば幸いです。

2021 年 12 月

テービーテック　金井恭秀　岩間健一　加藤慎治　村松李紗　深津まみ

目次 CONTENTS

第2章 機械学習 31

第3章 ディープラーニング 89

COLUMN

本書の使い方

本書では、実際にG検定（ジェネラリスト検定）を受験・合格した執筆者が近年の出題傾向を分析し、シラバスに準じてG検定の試験合格に必要な内容を解説しています。出題傾向の高いキーワードから学習していくことで、無駄なく最短合格できるように構成されています。

各章は、知識を習得するためのメイン本文と、本文で学習した内容の理解度を確認するための練習問題で構成されています。解説を読んで章末問題を解くことで、効率的に理解し、記憶の定着を図ります。また、総仕上げとして模擬試験を用意していますので、学習の力試しとご自身の苦手分野の洗い出しに活用しましょう。

G検定では同じような問題が出題されることがありますので、章末の練習問題と巻末の模擬試験を繰り返し解くことで、パターンやイメージがつかみやすくなります。また、模擬試験は本番に限りなく近い環境で実施することをおすすめします。

● 学習マップ

G検定の試験範囲はとても広範囲です。学習を進めていく中で、今、自分がどこまで進んでいるのか、学習している内容は全体のどこに位置づけされるかが不明瞭になることがあるかと思います。

各章の冒頭に掲載されている学習マップは、各章を読み始める時に全体を把握するためや、自分が現在学んでいる範囲を確認するために活用するとよいでしょう。また、自分が苦手な分野を集中して学習したい場合に、ピンポイントで効率良く学習項目を選べるようになっています。

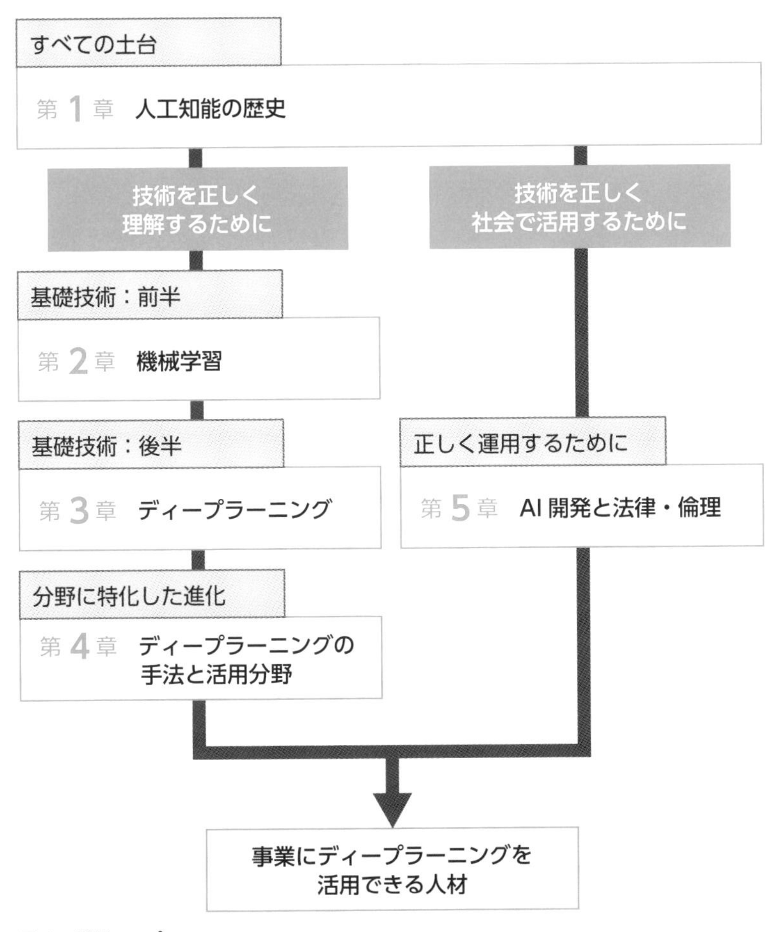

図1 学習マップ

● 主要キーワード

各セクションの主要のキーワードを一覧にまとめています。メイン本文を読む前の導入として、また単語の意味を端的に理解したい時や試験直前にキーワードを見直す時などに活用できます。

各キーワードは、過去の試験の出題傾向に基づいて重要度を３段階で評価しています。出題テーマに選ばれやすい重要度の高いキーワードから集中的に学んでいくとよいでしょう。

主要キーワード

(本文中に鍵マークを付けています。また、重要度に応じて★の数を増やしています)

3 ★★★
2 ★★
1 ★

3.1

ディープラーニング(深層学習)	機械学習の手法の1つ。深い層のニューラルネットワーク。	★★★
形式ニューロン	人間の神経細胞を数理的にモデル化したもの。	★☆☆
パーセプトロン	ニューラルネットワークの基となる識別器。単純パーセプトロンと多層化した多層パーセプトロンがある。	★☆☆
オートエンコーダ	ニューラルネットワークの1つ。情報の圧縮(エンコーダ)と復元(デコーダ)の機能を持つ。	★★☆
積層オートエンコーダ	エンコーダとデコーダを多層化したもの。	★☆☆
事前学習	初期パラメータを先に取得してモデルの精度を上げるテクニック。	★☆☆

3.2

誤差逆伝播法	モデルの予測値と実際の答えの誤差を伝播し、各重みを調整する。	★★★
勾配消失問題	モデルの層が深くなるほど伝播される誤差が小さくなり、入力層まで届かなくなってしまう現象。	★★★
活性化関数(伝達関数)	入力に対して出力を決めるための関数。	★★★
シグモイド関数	0から1の間の値を返す。	★★☆
tanh関数	1から-1の間の値を返す。	★☆☆
ReLU関数	入力が正の値の場合、微分値が1となる。勾配消失問題に有効である。	★★☆
ソフトマックス関数	多項問題の分類に用いられることが多く、出力をすべて足すと1となる。	★★☆
過学習	学習データに適合しすぎて汎用性を失った状態。	★★★
早期終了	学習を早い段階で終わらせる手法。	★☆☆
ドロップアウト	疑似的なアンサンブル学習が行える手法。	★☆☆
損失関数(誤差関数)	モデルの損失(誤差)を定義する関数。	★★★
最急降下法	最適なパラメータを求める方法の1つ。関数から得られる傾きから最小値を求める。	★★☆
学習率	モデル学習時のパラメータの更新量を指す。	★★☆
グリッドサーチ	ハイパーパラメータのすべての組み合わせを総当たりで試す手法。	★★☆
ランダムサーチ	ハイパーパラメータの組み合わせをランダムに試す手法。	★★☆

3

図2　キーワード一覧の見本

メイン本文

メインの解説となる部分です。近年の出題傾向を踏まえて重要点を絞りつつ、事例や図表を使ってわかりやすく解説しています。

3.2　ディープラーニングの問題と対策

モーメンタム（Momentum）

モーメンタムは更に学習スピードを上げるために、累計損失を考慮できるよう考案されたアルゴリズムです。モーメンタムは運動量という意味です。**図3.18**のような空間をボールが転がる風景をイメージしてください。下りは当然転がり落ちていきますが、くぼみの極値を通り過ぎてしまっても摩擦で速度減衰して余分に上ることなく極値にたどり着きます。このような動きは、鋭いくぼみなどに対して振動（**図3.19**）してしまうことへの対策にも有効です。

3

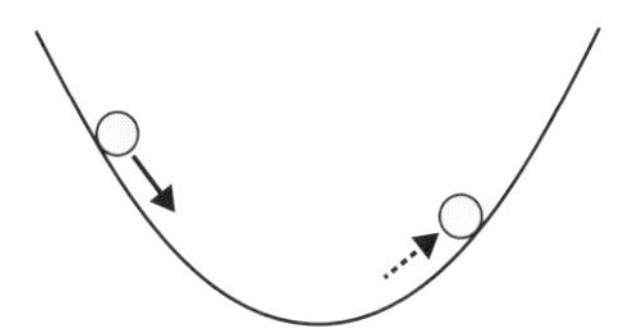

図3.18　モーメンタムイメージ

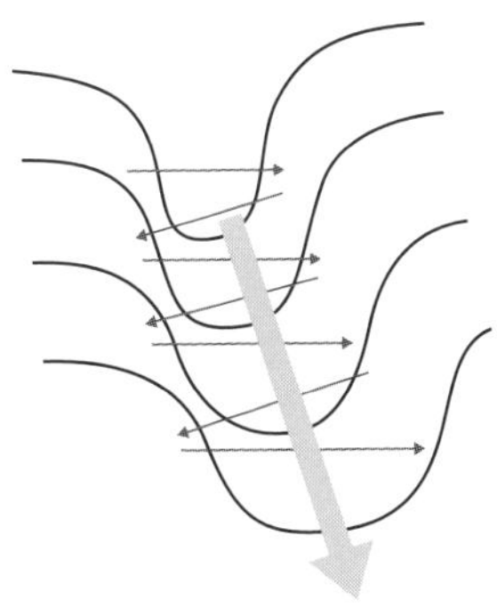

学習率：⟶
振動　：学習率が大きいと谷の底を通り過ぎ続けて、谷に到達できない

図3.19　振動

なお、モーメンタムの改良版的な類似手法として、Nesterovの加速勾配法（NAG）があります。

図3　メイン本文の見本

● アドバイス

出題されやすい問題の傾向や間違えやすい用語など、実際にG検定を受験し、合格した執筆者ならではのアドバイスを記載しています。覚えにくい用語を覚えやすくするための補足事項や、受験時に記憶を呼び戻す手助けになることを述べています。メイン本文と併せて活用してください。

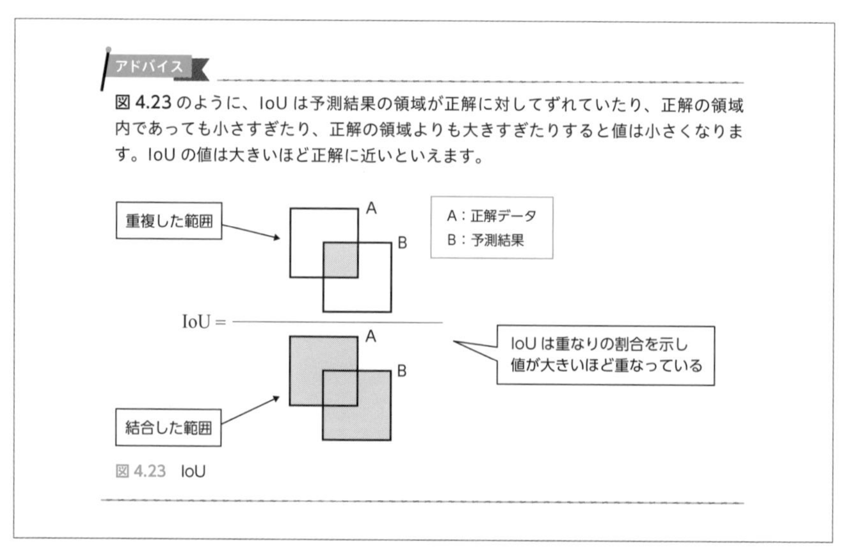

アドバイス

図4.23のように、IoUは予測結果の領域が正解に対してずれていたり、正解の領域内であっても小さすぎたり、正解の領域よりも大きすぎたりすると値は小さくなります。IoUの値は大きいほど正解に近いといえます。

図4.23　IoU

図4　アドバイスの見本

● 章末問題

各セクションの理解度を確認するための練習問題です。G検定の過去の出題傾向・形式に沿って構成していますので、問題の形式に慣れていきましょう。設問に該当する解説が必ずありますので、解けない問題や間違えた問題に関連する事項を読み直し、知識を定着させましょう。また、素早く調べる作業にも慣れるよう練習をしてみてください。G検定は問題数が多いため、1問の解答にかけられる時間が十分にはありません。本番のCBT試験でも、わからない問題を解くために調べる時間が全問解答を達成するポイントになります。

章末問題

章末問題

▶ 問題 1

以下の文章を読み、空欄に最も当てはまる選択肢を 1 つ選べ。

機械学習は大きく分けて 3 種類ある。まず、教師あり学習では入力データに対して（　）を用意した上で学習を行う。

① 検証データ
② 教師データ
③ 未知のデータ
④ 訓練データ

2 章末問題

解説

教師あり学習では入力されたデータから導かれる答えを用意します。その答えのことを教師データといいます。

図 5　章末問題の見本

● 模擬試験

試験合格のコツは、過去問題などを何度も繰り返し解くことです。G 検定では、過去の試験と同じような問題が出題されることがあります。巻末に収録した模擬試験は、近年の G 検定の試験傾向を反映した、より本番に近いものです。受験対策の総仕上げとして、実際の試験時間（120 分）で取り組みましょう。問題を解くスピード感や順番、調べごとをする手順を意識しながら確認してください（受験時のテクニックについては、第 0 章で解説します）。模擬試験を行った後は、自分の苦手な部分を把握して本番に向けて対策を練りましょう。

▶ 問題 123

以下の文章を読み、（ア）（イ）に当てはまる用語の組み合わせとして、最も適切な選択肢を 1 つ選べ。

（ア）と（イ）といった自然言語処理モデルは、文脈を考慮した単語分散表現を与えるため、複数の意味を持つ多義語が文章の中でどういった意味で使われているのかを区別することができると期待できる。

① （ア）Seq2Seq　（イ）Doc2Vec
② （ア）Word2Vec　（イ）fastText
③ （ア）ELMo　（イ）BERT
④ （ア）GPT-2　（イ）GPT-3

問題 123　解答：③

Word2Vec などの単語分散表現は、1 単語に 1 ベクトルを割り当てるため、文章中に多義語があっても意味を区別できませんでしたが、後継としてそれを可能にしたものが ELMo や BERT です。これらは文脈を考慮した単語分散表現を与えるので、単語の意味を加味した答えを返すことができます。

図 6　模擬試験

G 検定とは

G 検定（ジェネラリスト検定）とは、一般社団法人　日本ディープラーニング協会（以下、JDLA）が実施している試験の 1 つです。ディープラーニングの基礎知識と適切な活用方針を決定し、事業活用する能力や知識を有しているかを検定する試験です。

また、本検定は AI・ディープラーニングの基礎を体系的に幅広く学べることから、AI を学ぶためのきっかけに最適なものです。そのため、エンジニアだけでなく理系文系を問わず、営業、企画・マーケティングなど幅広い分野の職種で注目されています。

G 検定合格のメリット

● ビジネスに活かせる

JDLA は、ジェネラリストを「事業活用する人材」と位置づけています。出題内容は、AI・ディープラーニングの基礎知識からビジネス応用に関することまでと広範囲です。AI の技術は、今や世間一般にも浸透してきています。この G 検定対策の学習を通して、AI 関連の商材に関わる業務はもちろんのこと、あらゆる企業の経営管理や事業計画にも活かせる知識が得られます。試験に合格すると、G 検定の合格を証明するロゴが JDLA によって発行され、AI に関する知識を持っていることを客観的に証明できます。名刺などにロゴを記載すれば、ビジネスにおける信頼性が高まるでしょう。また、デジタル証明・認証としてオープンバッジも発行されます。SNS やメールなど、オンライン上で保有資格を公開する際に活用できます。

● 転職や就職にも有利

G 検定の合格は、AI・ディープラーニングに関する幅広い知識を保有している証となります。ビッグデータ・IoT・人工知能の分野を担う先端 IT 人材が不足し、求められている今、関連企業の多くは AI 人材の重要性を意識し始めており、AI に詳しい知識やスキルが高く評価される傾向にあります。

交流会への参加

G 検定の合格者のみが参加できるコミュニティ「CDLE（Community of Deep Learning Evangelists）」に招待されます。CDLE はオンラインの交流に加えて、オフラインの勉強会や交流会を開催しています。最新情報の収集や、新しい人脈を作ることができるのも大きなメリットの 1 つです。

試験概要

G 検定の試験概要は以下の通りです。

表 1　試験概要

試験日	3 月・7 月・11 月の年 3 回実施 (2021 年実績)
受験資格	制限なし
実施概要	試験時間：120 分 知識問題：多肢選択式・220 問程度・オンライン実施（自宅受験）
出題範囲	シラバスより出題 (https://www.jdla.org/certificate/general/#general_No03)
受験費用	一般：13,200 円（税込） 学生：5,500 円（税込） 再受験の場合は、受験日から 2 年以内であれば半額（一般：6,600 円、学生：2,750 円）。ただし、個人での申し込み時のみ
申し込み方法	G 検定受験サイトから申し込み (https://www.jdla-exam.org/d/) 支払方法：クレジットカード決済、もしくはコンビニ決済

G検定学習シラバス（2021年11月4日現在）

- **人工知能（AI）とは（人工知能の定義）**
- **人工知能をめぐる動向**

  探索・推論、知識表現、機械学習、深層学習
- **人工知能分野の問題**

  トイプロブレム、フレーム問題、弱いAI、強いAI、身体性、シンボルグラウンディング問題、特徴量設計、チューリングテスト、シンギュラリティ
- **機械学習の具体的手法**

  代表的な手法（教師あり学習、教師なし学習、強化学習）、データの扱い、評価指標
- **ディープラーニングの概要**

  ニューラルネットワークとディープラーニング、既存のニューラルネットワークにおける問題、ディープラーニングのアプローチ、CPUとGPU、ディープラーニングのデータ量、活性化関数、学習率の最適化、更なるテクニック
- **ディープラーニングの手法**

  CNN、深層生成モデル、画像認識分野での応用、音声処理と自然言語処理分野、RNN、深層強化学習、ロボティクス、マルチモーダル、モデルの解釈性とその対応
- **ディープラーニングの社会実装に向けて**

  AIプロジェクトの計画、データ収集、加工・分析・学習、実装・運用・評価

  法律（個人情報保護法・著作権法・不正競争防止法・特許法）、契約

  倫理、現行の議論（プライバシー、バイアス、透明性、アカウンタビリティ、ELSI、XAI、ディープフェイク、ダイバーシティ）

なお、試験概要および学習シラバスは、本書刊行後に変更される場合があります。最新情報は日本ディープラーニング協会のホームページ（「G検定とは」https://www.jdla.org/certificate/general/）で確認してください。

合格率と受験者の傾向

合格率

G 検定の合格率は、比較的高めになっています（**表 2**）。G 検定が開始された当初からの傾向としては、2019 年までは受験対策が徐々に確立してきたため合格率は年々上がり調子でしたが、2020 年では 60%台に戻りました。2021 #2 からは改定シラバス（2021 年 4 月発表）が適用され、大幅に試験問題が変更され、「ディープラーニングの社会実装に向けて」の範囲が重視される傾向になっています。ディープラーニングの基本的な仕組みや技術の理解はこれまで通り必要であることに変わりはありませんが、社会実装という現実の実務で必要となる部分の攻略も合格への鍵となってくるでしょう。

表 2　G 検定の合格率

開催回	申込者数	受験者数	合格者数	合格率
2017	1,500	1,448	823	56.84%
2018 #1	2,047	1,988	1,136	57.14%
2018 #2	2,745	2,680	1,740	64.93%
2019 #1	3,541	3,436	2,500	72.76%
2019 #2	5,387	5,143	3,672	71.40%
2019 #3	6,786	6,580	4,652	70.70%
2020 #1	6,515	6,298	4,198	66.66%
2020 #2	13,528	12,552	8,656	68.96%
2020 #3	7,651	7,250	4,318	59.56%
2021 #1	6,549	6,062	3,866	63.77%
2021 #2	8,077	7,450	4,582	61.50%
累計	64,326	60,887	40,143	-

出典：https://www.jdla.org/news/20210803001/

また、2021 #2 からは受験者にシラバス分野別の得点率も通知されるようになりました。2021 #2 の平均得点は以下の通りです。平均して 60%以上の得点を獲得する必要があることがわかります。

本書は、巻末に模擬試験を用意しています。模擬試験を行った後に分野ごとの得点率を確認すると、重点的に学習すべき範囲が絞れます。ただし、60%以上得点できれば必ず合格するという保証ではありませんので、あくまでも苦手分野を把握するための 1 つの基準として活用してください。

1. 人工知能とは、人工知能をめぐる動向、人工知能分野の問題：78%
2. 機械学習の具体的手法：65%
3. ディープラーニングの概要：66%
4. ディープラーニングの手法：62%
5. ディープラーニングの社会実装に向けて：67%
6. 数理・統計：56%

● 受験者属性の傾向

G 検定の累計受験者は 60,887 名（2021 #2 終了時点）。業種別では、ソフトウェア業、情報処理、提供サービス業、製造業や金融・保険業、不動産業など、業務でディープラーニング技術を活用したいと考えるビジネス層が多くを占めています。また、学生の受験者も一定の割合を占めるようになりました。ビジネスパーソンのみならず、若い世代にも AI・ディープラーニングを学ぶ必要性があるという認識が浸透しつつあります。

なお、2021 #2 では、企業などの団体受験者の増加が顕著に見受けられました（**図 7**）。DX などを含むデータ活用への関心の高まりに伴い、組織全体で人材育成に取り組む流れができていることがわかります。

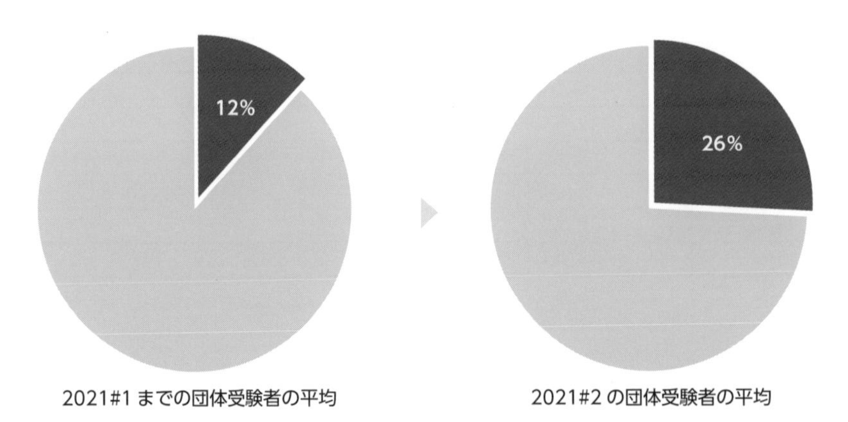

出典：https://www.jdla.org/news/20210803001/

図 7　団体受験者の割合

第0章

合格へのコツをつかもう

本章ではG検定合格者である著者から、合格に向けての勉強と受験時の「コツ」を伝授します。受かるための勉強をする準備をこの章でしっかりと整えておきましょう。受験の直前にもぜひ読み返してください。

受験のコツ

本セクションではG検定の受験のコツについて記述します。ここで、あらためてG検定の試験内容を確認してみましょう。

- **試験時間：120分**
- **知識問題：多肢選択式・220問程度**
- **オンライン実施：自宅受験**

まず試験時間についてですが、出題数200～220問に対して120分しかありません。1問あたり30秒ほどなので、時間的余裕はほとんどないと思っておいたほうがよいでしょう。

最近の試験では問題数が減少傾向にあり、190～200問程度となっています。全体としては、短時間で解きやすい「穴埋め問題」が減り、読む時間がかかる「説明文選択問題」が増えています。

続いて試験環境ですが、CBT（Computer Based Testing：コンピュータ ベースド テスティング）試験でオンライン実施のため、自宅や職場などネットワークに繋がる場所であればどこからでも受験ができます。

受験場所は各々自由に決めることができ、参考書やインターネットの情報を自由に閲覧することも可能です。ただし、前述したように1問あたりにかけられる時間はあまり多くないため、悠長に調べている時間はありません。

上記のことを鑑みて効率良く回答する方法を考えてみましょう。

①受験勉強前の準備

● 付箋（ふせん）の貼付

受験勉強時には、本書を含めていくつかの参考書を利用すると思います。その際、参考書の重要部分や苦手な項目には付箋を貼り付けておきます。この参考書は試験時に手元に置いておき、いつでも目的のページが開けるようにしておきましょう。

●「単語帳」の作成

勉強中に気になった単語や苦手な項目に対しては、「単語帳」を作成しておきましょう。物理的な紙ベースのノートや単語カードでもよいですが、パソコンで検索できるようにテキストファイルやExcelファイルなどで作成しておくと、試験の時に効率的に目的の単語を探せます。

外出先などで閲覧・編集できるようにクラウドストレージに保存しておいたり、Googleスプレッドシートなどのクラウドサービスを利用したりするのもよいでしょう。

アドバイス

G検定は幅広い試験範囲から出題されますので、JDLAからの対策書籍だけではカバーしきれない面が多々あります。日頃からAI関連のニュースや技術情報ブログなどに目を通して、様々な単語に慣れていきましょう。特に、『AI白書』(年度版、情報処理推進機構刊行)に目を通しておくことを推奨します。

②受験前の準備

試験はCBT試験方式で、オンラインでの実施のため、受験環境は自分で準備する必要があります。この受験環境によって、試験を円滑に受けることができるかどうかが決まってきます。ただでさえ短い試験時間を有効に使うためにも、受験環境はしっかり整えておきましょう。

●パソコン

JDLAが指定しているパソコンのOSの要件は以下の2点です。

- Windows8.1およびWindows10
- macOS10.13以上

パソコンの処理速度が遅いとページの切り替えなどにもたつき、円滑に試験を進めることができません。しかし、一般的なオフィス用途のパソコンであれば問題ないでしょう。

セカンドディスプレイまたはサブPCの用意

CBT試験はWebブラウザ上で行いますが、コピー&ペーストや右クリックからの検索機能が利用できません。そのため、可能であればセカンドディスプレイもしくはサブPCを用意しておき、複数の画面を活用して試験にのぞむことをおすすめします。上記で作成した「単語帳」の閲覧やインターネットでの情報の検索を別画面で行うことで、試験画面を見ながら効率的に検索や閲覧が行えるようになります。

Webブラウザ

試験は、Webブラウザを使って受験します。指定されているブラウザ以外では正常に動作しない可能性があるため、必ずそちらを利用するようにしましょう。指定ブラウザは以下の通りです。

- Google Chrome 最新版
- Mozilla Firefox 最新版
- Safari 最新版
- Microsoft Internet Explorer 11 最新版
- Microsoft Edge 最新版

指定ブラウザのうちMicrosoft Internet Explorerは環境によっては動作がとても遅くなるため、おすすめしません。

また、資格試験専用サイト[注1]の左下(【試験前にここをクリック】)より事前に動作確認を行うことができます。必ず試験前までに動作確認をしておきましょう。

ネットワーク

JDLAが指定しているネットワーク要件は「1Mbps以上の安定した回線」のみです。利用する回線によって試験を円滑に行えるかどうかが左右されるので、注意しましょう。

ネットワークについては、可能であれば光ケーブル回線を利用し、宅内ではWi-Fiか有線LANを利用するようにしましょう。外出先でのFree Wi-Fi等の利用

注1　資格試験専用サイト https://www.jdla-exam.org/d/

は、回線が不安定な場合があるので避けた方がよいです。また、スマートフォンによるテザリングでLTE回線を利用すると、回線速度が一時的に遅くなるといったリスクがあります。ネットワークが遅い、または不安定な場合、ページの切り替えがスムーズに行えなかったり、ページそのものが読み込まれなかったりするなど、試験を円滑に進めることができなくなる可能性があるので注意が必要です。

③試験の進め方

受験環境も整い、いざ試験が開始されました。試験時間を有効に使って得点を伸ばすにはどうすればよいでしょうか？　試験中、一番心がける点は「とにかく全問回答する」ということです。

試験が始まり問題を解いていくと、意外に時間がかかってしまい、最終的に全問回答できないケースがあります。回答できなかった問題の中には、正解できたはずの問題を取りこぼしてしまう可能性があります。このようなことを回避するためにも、とにかくすべての問題を回答するように、試験を進めましょう。

● 問題を仕分ける

まずはすべての問題に目を通し、回答できるもの／迷ったり自信がなかったりするもの／わからない問題の3つに仕分けます。

具体的には回答できるものはそのまま回答し、迷った問題やわからない問題は時間をかけずに次に進みます。迷った問題は直感を信じて回答しておき、わからない問題は無回答で先に進むなど、回答方法を区別しておくと、あとで見直す際に優先順位をつけることができます。

目安としては1時間以内にすべての問題を確認し、仕分け作業を終えるように試験を進めましょう。そのためには、わからない問題に関してはすぐに見切りをつける必要があります。

なお、最も時間を節約するためには、わからない問題にも何かしらの回答をしておくことです。また、これまでの経験では、迷って直感的に回答したものについては何らかの根拠がある場合が多いです。その直感を大事にし、あとから考察できるようにするのがこの手順の狙いです。

チェック機能を利用する

迷った問題やわからない問題を飛ばして次の問題に進む際には、「この問題をチェックする」（**図1**）にチェックを入れておきましょう。こうしておくことで、後で回答を見直す際に優先的に見直すことができるようになります。

回答を見直す

すべての問題を回答したら、「すべての問題を確認する」機能（**図1**）を用いて回答を見直しましょう。その際に、「この問題をチェックする」にチェックを入れた問題のうち、迷った問題を優先的に見直していきましょう。なぜ迷った問題を優先するかというと、ヒントを得ることで正答する可能性が高いためです。

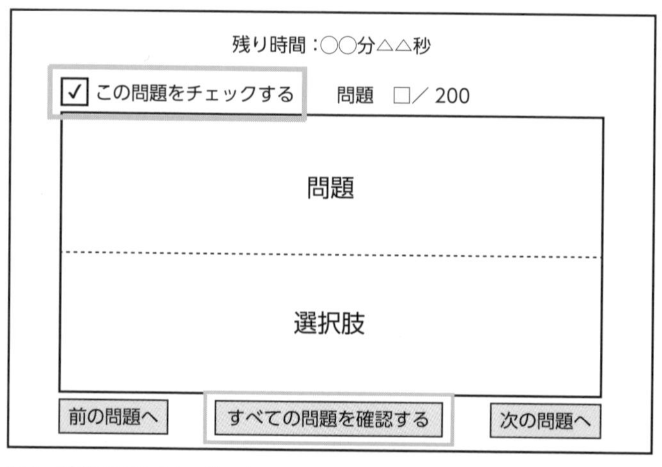

図1　試験画面のイメージ

見直す際には手元の参考書や単語帳の閲覧、インターネット検索など、準備した手段をフルに活用しましょう。検索操作を行う際には、前述したように試験画面とは別の画面を活用することで、効率的に検索操作が行えます。

最後の手段

最終的にすべての問題を見直すことができない、または、これ以上やっても無駄と判断した場合には、当てずっぽうでもよいので、未回答の問題にも必ず回答しておきましょう。わずかですが得点を稼げる可能性が出てきます。

第1章

人工知能の歴史

AI（Artificial Intelligence）とはなんでしょうか？　人によって持つイメージは様々かと思います。本章では、人工知能の歴史を見ていくことで人工知能がどのように発展してきたかを解説していきます。歴史から見ていくことは、土台となる前提知識を理解することになりますので、しっかりと把握していきましょう。

学習 Map

第1章では、人工知能の定義に関する内容と、人工知能が生み出されてから現在に至るまでの歴史を学んでいきます。今では私たちの生活に欠かせないものとなった人工知能がどのようにして発展していったのか、現在の人工知能の技術を理解するためにも大切な内容です。

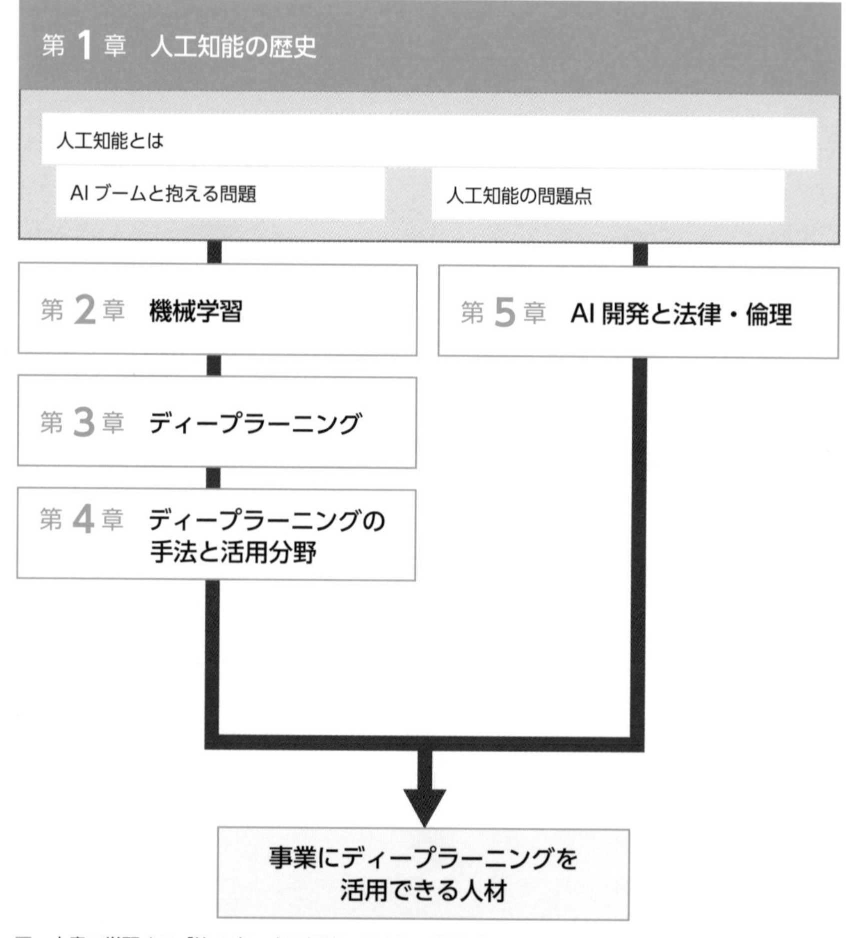

図　本書で学習する「第1章　人工知能の歴史」の位置づけ

主要キーワード

(本文中に 🔍 鍵マークを付けています。また、重要度に応じて★の数を増やしています)

3 ★★★
2 ★★
1 ★

1.1

人工知能 (Artificial Intelligence)	コンピュータによる知的な情報処理の設計・研究のこととされるが、明確な定義は専門家間でも意見が分かれて定まっていない。	★★★

人工知能レベル別分類

シンプルな制御プログラム	制御工学やシステム工学で培われた技術、入力に対する振る舞いがあらかじめ決まっている。	★☆☆
古典的な人工知能	探索・推論などを用いて、ある程度複雑な状況に応じた出力が可能。	★☆☆
機械学習	ビッグデータを活用し、統計的に法則を見つけることが可能。	★★★
ディープラーニング	特徴量を自動的に学習することが可能。	★★★
AI 効果	人工知能は自動化であって、知能とは関係ないと結論付ける心理効果。	★★☆

1.2

第 1 次 AI ブーム:探索と推論の時代 (1950 年後半から 1960 年)

トイ・プロブレム	ルールが明確な問題にしか対処できない。	★★☆
ダートマス会議	1956 年開催、初めて「人工知能」という単語が使用される。	★★☆
イライザ (ELIZA)	ジョセフ・ワイゼンバウムによって開発された人工無能の元祖。	★★☆
イライザ効果	あたかも人間と対話しているかのような錯覚。	★☆☆
人工無能	チャットボットなどのルールベースの会話プログラム。	★★☆
探索木	場合分けの手法、幅優先探索と深さ優先探索がある。	★★☆

第 2 次 AI ブーム:知識の時代 (1980 年代)

エキスパートシステム	特定の分野の専門知識を蓄積したシステム。	★★☆
マイシン (Mycin)	血液中のバクテリア診断プログラム。	★☆☆
DENDRAL	未知の有機化合物を特定するプログラム。	★☆☆
Cyc プロジェクト	一般常識を蓄積することに挑戦するプロジェクト。	★☆☆
知識獲得のボトルネック	エキスパートシステムにおける大きな問題。 管理の複雑さや、知識の明文化の困難さが挙げられる。	★★☆

第 5 世代コンピュータ・プロジェクト	日本で推進された次世代コンピュータの研究プロジェクト。	★☆☆
意味ネットワーク	概念をラベルの付いたノードで表現し、概念間の関係性を矢印で結んで繋げていく知識表現の方法。	★★☆
「is-a」の関係	継承関係を表現する関係。	★★☆
「part-of」の関係	属性を表現する関係。	★★☆
オントロジー	概念形態を記述するための方法論の研究。	★★☆
ヘビーウェイトオントロジー	哲学的に考慮した上で記述する方法。	★★☆
ライトウェイトオントロジー	正当性よりも効率を重視した記述方法。	★★☆
Watson	2011 年に、アメリカのクイズ番組で人間のチャンピオンに勝利した、ライトウェイトオントロジーを用いたプログラム。	★☆☆
東ロボくん	東大合格を目指した人工知能。	★☆☆
シンボルグラウンディング問題	コンピュータは記号の処理ができても、記号とその対象がどのように結びつくかを理解しているわけではないという問題。	★★☆
第 3 次 AI ブーム：機械学習・特徴表現学習の時代 (2010 年～)		
機械学習	膨大なデータをもとにルールを学習し、予測や分類を行う技術。	★★★
ディープラーニング	従来、属人的であった特徴量抽出を人工知能が自ら行い、学習を行う技術。	★★★
ニューラルネットワーク	人間の脳の神経回路を模したモデル。	★★★
ImageNet Large Scale Visual Recognition Challenge (ILSVRC)	画像認識の精度を競う世界的な競技会。	★★☆
AlexNet	ジェフリー・ヒントン率いるトロント大学のチームが開発した、ILSVRC2012 の優勝モデル。	★★☆
AlphaGo(アルファ碁)	2015 年に、ハンディキャップなしでプロ棋士に勝利した、Google DeepMind 社が開発した深層強化学習を用いた囲碁プログラム。	★★☆
統計的自然言語処理	大量の Web ページのテキストデータから対訳データを収集し、統計的に翻訳することでより自然な翻訳を可能にした。	★★☆
シンギュラリティ (技術的特異点)	人工知能自身が自分よりも賢い人工知能を作ろうとした瞬間に、無限に高位の存在を作るようになるという概念。	★★☆

フレーム問題	状況に応じた情報の取捨選択が非常に難しいこと。	★★☆
モラベックのパラドックス	難しい計算よりも感覚的な運動スキルの方が多くの計算資源を必要とする。	★☆☆
チューリングテスト	異なる場所にいるコンピュータと人間が会話をして、相手がコンピュータだと見抜けなければ知能があるとするテスト。	★★☆
中国語の部屋	チューリングテストに対する反論の1つ。	★☆☆
強い AI	人間のようにあらゆる問題に対処できる汎用型 AI。	★☆☆
弱い AI	特定の分野で活躍する特化型 AI。	★☆☆
ノーフリーランチ定理	あらゆる問題に対して万能なアルゴリズムは存在しないという定理。	★☆☆
みにくいアヒルの子定理	特徴量を同等の価値とした時にすべての比較対象は同じくらい似ている。	★☆☆
次元の呪い	特徴量 (次元) が多くなりすぎると汎化性能を上げられない。	★☆☆
バーニーおじさんのルール	機械学習の学習において、必要なデータ数は説明変数の数の 10 倍であるというルール。	★☆☆

1.1 人工知能とは

本節では人工知能の定義を理解しましょう。

1.1.1 人工知能の定義

人工知能（Artificial Intelligence）とは、「人間と同じ知的な処理能力を持つ機械（情報処理システム）を実現しようとする研究分野」とされています。しかし、明確な定義は未だありません。専門家の間でも表現の方法が分かれる理由の1つが、「知性」や「知能」という単語の定義が曖昧であるというところです。

また、人工知能はロボットの研究と混同されることが多々あります。人工知能は、簡単にいうならばロボットの脳にあたる部分を指します。ただし、「知的な処理能力」の研究には物理的な身体の有無は問いませんので、研究範囲は更に広域となります。専門家による様々な人工知能の定義を丸暗記する必要はありませんが、重要なことは日本の専門家の中だけでも人工知能に対する定義に差異があるということを認識しておきましょう。

アドバイス

試験対策として、インターネットで検索して、専門家による人工知能の定義が一目でわかる表をブックマークしておき、すぐに探せるように準備しておくのも手でしょう。参照図書として、『人工知能は人間を超えるか』（松尾豊 著 角川 EPUB 選書）などがあります。

1.1.2 人工知能の大まかな分類

現在、世間には掃除ロボットや自動車の自動運転など様々な人工知能があふれています。それらを、入力（周囲の状況）と出力（行動）を変えるプログラム（エージェント）として捉え、4つのレベルに分けて考えてみましょう（**図 1.1**）。

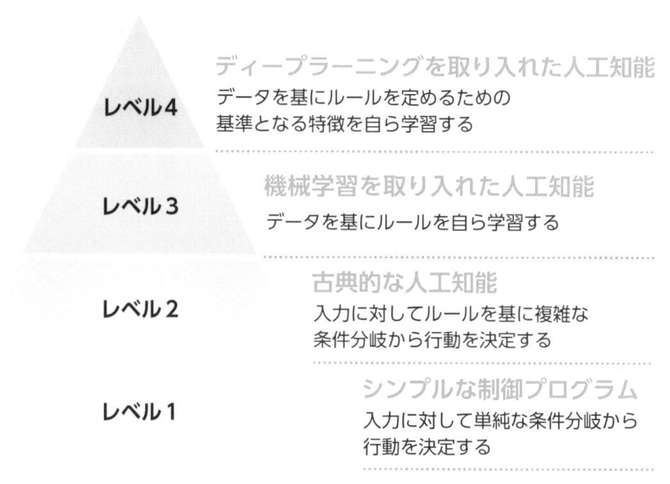

図 1.1　人工知能レベル別分類

● レベル 1「シンプルな制御プログラム」

例：エアコンの温度調整、洗濯機の水量調整

センサなどからの入力に対して、あらかじめ出力（行動）がすべて決まっているものです。制御工学やシステム工学と呼ばれる分野で長年培われた技術です。

● レベル 2「古典的な人工知能」

例：掃除ロボット、診断プログラム（後述するエキスパートシステムなど）

レベル 1 と比べて、入力と出力の組み合わせが多様なものをレベル 2 とします。探索・推論、知識データを利用して状況に応じた複雑な出力を可能としており、特定の分野で有用性を示しています。

● レベル 3「機械学習を取り入れた人工知能」

例：交通渋滞予測、天気予報

非常に多くのデータから統計的に法則を見つけ、出力に反映します。パターン認識を研究のベースとして発展し、2000 年代に入りビッグデータの時代を迎えることで更なる進化を続けています。また、レベル 2 を採用している製品などはレベル 3 の方式に移行しているものが多くあります。

● レベル 4「ディープラーニングを取り入れた人工知能」

例：自動翻訳、画像認識

従来の機械学習では、データの中で学習結果に強く影響する部分（特徴量）を人間が判断・指定してきました。これらを自動的に学習するのがディープラーニングの手法となります。この手法を取り入れることにより、従来の機械学習では困難だった画像認識や音声認識、自動翻訳の精度向上、複雑で難易度の高い囲碁・将棋などのゲームで、人工知能が人間に勝つことが可能になりました。

さて、ここで皆さんの素直な感想を聞かせてください。今説明してきたレベルごとの人工知能の事例……それってただの「自動化」ではないかと感じませんでしたか？

このような、人工知能で実現された技術の原理を知ってしまうと、それは単純な自動化であって知能とは関係ないと結論付けてしまう心理的効果が働きます。これを AI 効果と呼びます。

アドバイス

検索エンジンや自動翻訳、写真撮影の顔認識など、身の回りで何気なく使っている人工知能についても試験で出題されることがあります。そうしたシステムが、どのような手法を用いた人工知能なのかを考えて、ぜひ調べてみてください。

1.2 AIブームと抱える問題

人工知能はこれまでブームと「冬の時代」を繰り返してきました。本節では、各ブームの起因と衰退の原因、AIの抱える問題点を理解していきましょう。

1.2.1 第1次AIブーム

第1次AIブームは1950年代後半から1960年代にかけて勃興し、現在は探索と推論の時代と呼ばれています。人間の思考過程を記号で表現して実行する「推論」や「探索」の研究により、迷路やハノイの塔など簡単なパズルやボードゲームを解くことができるようになりました。ただし、ルールが明確な問題にしか高い性能を発揮できず、現実の複雑な問題には弱い（「トイ・プロブレム（おもちゃの問題）」）ことがわかるとブームは終息し、冬の時代となります。

この時代の覚えておきたいこと

● ダートマス会議（1956年）

ダートマス会議は、米ニューハンプシャー州のダートマス大学で開催された会議です。ジョン・マッカーシーが発起人であるこの会議で、人工知能（Artificial Intelligence）という言葉が初めて使われました。

● イライザ（ELIZA）（1964年～1966年開発）

イライザ（ELIZA）は、マサチューセッツ工科大学のジョセフ・ワイゼンバウムが作成した人工対話システムです。事前に定められたルールに従って、対話を行う仕組みになっています。実際には、言葉の意味を理解しているわけではなく、ルールに従って処理をしているだけですが、あたかも本物の人間と対話しているかのような錯覚（イライザ効果）を覚えるため人気が出ました。このようなチャットボットやおしゃべりボットのことを人工無能と呼びます。

探索木

いわゆる場合分けの手法となる探索木は、コンピュータが処理できるように分岐と選択のプロセスを落とし込んだものになります。メモリへの負担が大きいものの最短で答えにたどり着ける幅優先探索と（図1.2）、メモリへの負担は少ないかわりに、答えにたどり着く時間が運に左右される深さ優先探索があります（図1.3）。この探索木を使用することで、迷路やハノイの塔と呼ばれる簡単なパズルをコンピュータで解けるようになりました。ただし、オセロやチェスのような対人ボードゲームは分岐の組み合わせが膨大になり、探索しきれない問題がありました。この問題を解決するために、盤面のスコアを計算して選ぶ分岐の優先度を決めるMin-Max法や、ある局面からランダムに指し続けてそれぞれの勝率をシミュレーションするモンテカルロ法が考案されました。人間の思考とは違うモンテカルロ法はブルートフォース（力任せ）と評され、いずれの解決案も増える分岐の組み合わせに対応しきれませんでした。

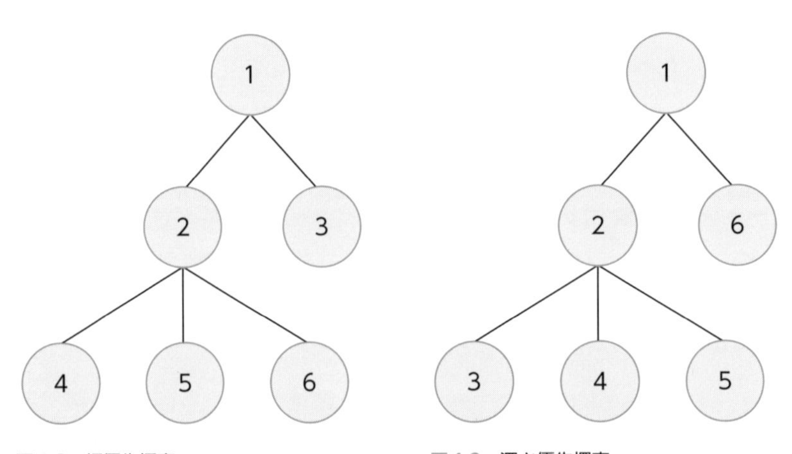

図1.2　幅優先探索

図1.3　深さ優先探索

トイ・プロブレム（おもちゃの問題）

推論・探索において、迷路やパズル・ゲームのようなルールが明確に定義された問題をトイ・プロブレム（おもちゃの問題）と呼びます。当時のAIはトイ・プロブレムにしか高い効果を発揮できず、計算量の多くなる複雑な現実問題を解くことは困難であることがわかりました。結果、これが第1次AIブームの終息の原因となりました。

1.2.2 第2次AIブーム

AIブームは1980年代再燃します。この第2次AIブームでは、「知識」をコンピュータに入れる研究が進められ、多くのエキスパートシステム（専門分野の知識から得たルールのもとで推論し、その分野の専門家のように振る舞うシステム）が開発されました。しかし、あくまで「知識は人がコンピュータに与える」という工程から、与えるべき知識は膨大になってしまいます。また、知識の変更・更新などの管理が複雑困難であるという問題も発生しました。当時の人工知能は、言葉の意味までを理解することはできず（シンボルグラウンディング問題）、曖昧な表現にも対応することはできませんでした。これらの失望感から1995年頃、AIブームは再び冬の時代を迎えます 。

この時代の覚えておきたいこと

● エキスパートシステム

エキスパートシステムは特定の分野、例えば医療や法律、金融などでその分野の専門家から知識をヒアリングして蓄積することで、あたかもその分野の専門家であるかのように振る舞います。現実の問題を解決できることから、実際に企業で導入されたことも第2次AIブームに拍車をかけました。有名なエキスパートシステムとして、血液中のバクテリアを診断するルールベースのプログラムである「マイシン（Mycin）」と、未知の有機化合物を特定する「DENDRAL」があります。また、一般常識をすべてコンピュータに蓄積することに挑戦した「Cycプロジェクト」は、1984年に始まり今でも続いています。

しかし、このエキスパートシステムには大きな問題がありました。知識獲得の困難さと、獲得した知識ベースと呼ばれるデータベースの管理の複雑さです。知識ベースの構築は、多くの事例の収集と専門家からのヒアリングによって成り立っていました。しかし、人（専門家）が持つ知識はすべてが明文化できるものばかりではなく、暗黙的な知識も多くありヒアリングは難易度の高いものでした。知識ベースの管理では、蓄積した情報が膨大になるほど複雑化していき、知識の更新やルール変更による矛盾や一貫性を統一できないことから知識ベースの保守は困難となりました。これらの知識獲得のボトルネックが、第2次AIブーム衰退の一因となります。

第5世代コンピュータ・プロジェクト（日本）

日本政府は1982年から1992年までの10年間に、540億円を投じて「第5世代コンピュータ・プロジェクト」を推進しました。このプロジェクトの最終評価報告書によると、開発した並列推論マシンPIMは世界最速の推論速度を実現しましたが、知識情報処理技術の応用分野に足を踏み入れるに留まりました。

意味ネットワーク

意味ネットワークとは、知識表現の方法の1つです。概念をラベルの付いたノードで表現し、概念間の関係性を矢印で結んで繋げていくことでネットワークを構成します。代表的な関係性として、継承関係の「is-a」の関係と属性を表現する「part-of」の関係があります。例えば、「車」と「乗り物」は「is-a」の関係となります。一方、「タイヤ」と「車」は「part-of」の関係の関係となります（**図1.4**）。

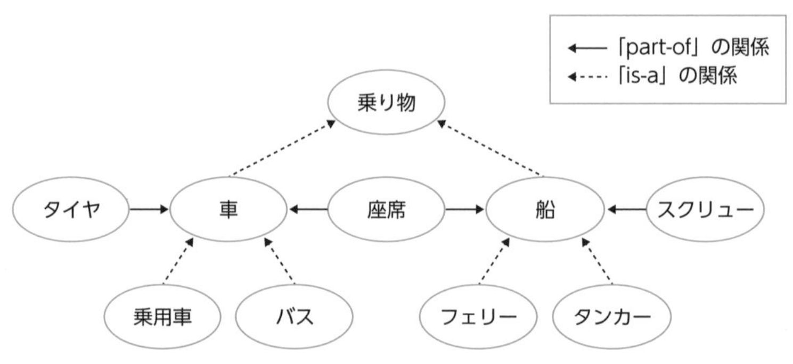

図1.4　意味ネットワーク

オントロジー（ontology）

オントロジーは、概念形態を記述するための方法論の研究です。知識を記述する際に言葉（語彙）やその意味、関係性を他者とも共有できるように明確な約束事を定義します。これにより知識同士の関係の連結や、関係性を利用した検索などが容易になります。なお、オントロジーには知識の記述方法を哲学的に熟考した上で行うヘビーウェイトオントロジーと、Webマイニングやデータマイニングで利用されている、正当性よりも効率を重視したライトウェイトオントロジーがあります。IBMが開発したWatsonは、2011年アメリカのクイズ番組で歴代の人間チャンピオンに勝利したことで有名になりました。ウィキペディアの情報をもとに、ライトウェイトオントロジーを生成してクイズに答える以外に、医療診断やコールセンター、人材マッチングなど活用の幅を広げました。日本では東大合格を目指す東ロボくんという人工知能が開発され、2016年にはほとんどの私立大学に合格できるレベルに達しました。しかし設問の意味を理解しているわけではなく、当時それ以上の発展が見込めなかったため現在は凍結されています。

シンボルグラウンディング問題（記号接地問題）

シンボルグラウンディング問題は、人工知能の大きな課題の1つです。いくら知識を増やしたとしても、あくまでも文字列を処理しているだけになり、記号とその対象の意味をうまく結びつけられません。有名な例として、人工知能が「縞(stripe)」と「馬(horse)」を記号として学習しても、「シマウマ(zebra)」として認識することはできないというものがあります。知能が成立するには身体性が必要であるという考え方もあり、身体を通して得た感覚と記号を結びつけることに着目したアプローチも存在します。

アドバイス

シンボルグラウンディング問題のアプローチの1つである身体性は、人でいう視覚や触覚・味覚などをイメージしてください。卵なら「視覚：外観が白い」、「触覚：硬いが壊れやすい」などといった情報です。
また、シンボルグラウンディング問題では感情や本能などに関する記号に対しても、人に近い概念が得られるかが課題となっています。

1.2.3 第3次AIブーム

人の手による知識の蓄積の困難さから衰退したAIブームは、インターネットの普及に伴うビッグデータを活用した「機械学習」が実用化されることによって、2000年以降新しいブームを迎えました。この第3次AIブームでは、自ら特徴量を学習可能な「ディープラーニング」の登場により、統計的自然言語処理や画像認識の分野で大きく発展します。また、クラウドやIoTの発展、高性能のコンピュータの普及なども、第３次 AI ブームを盛り上げる一因です。

この時代の覚えておきたいこと

機械学習

機械学習は、膨大なデータをもとに学習することで人工知能自らがそのルールを学習し、予測や分類などの判断を可能にする技術です。例えば、複数の賃貸物件の情報（部屋の数、広さ・駅からの距離・築年数など）を学習することで賃貸物件の家賃を予測したり、犬と猫の画像を学習することで新しく得た画像が犬か猫かを判断できるようになったりします。これらはサンプルデータが多いほど予測精度が上がるため、2000 年以降ビッグデータが登場し活用されると機械学習は実用化が進み、注目を浴びるようになりました。

ディープラーニング（深層学習）

ディープラーニング（深層学習）は機械学習の手法の１つで、人間の神経回路を模したニューラルネットワークの隠れ層を多層化したものです（**図 1.5**）。ディープラーニングと他の機械学習の違いは、**特徴量**の選定方法にあります。機械学習では特徴量は人間が手動で選定していました。それに対してディープラーニングは特徴量を自動で選定します。これにより、大量の特徴量を効率的に学習できるようになり、精度の向上が見込めるようになりました。

なお、ニューラルネットワークの隠れ層を多層化するアイデアは古くからありましたが、勾配消失問題などの技術的な問題や、計算量が爆発的に増加しパフォーマンスが著しく低下してしまうことから最近まで実用には至っていませんでした。これについては第３章で詳しく解説します。

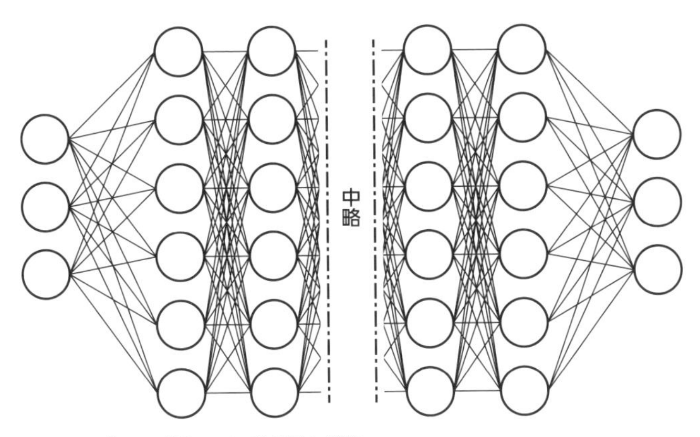

図 1.5　ディープラーニングの基本構造

ディープラーニングが注目されるきっかけは、コンピュータによる画像認識の精度を競う国際コンテスト「ImageNet Large Scale Visual Recognition Challenge (ILSVRC) 2012」で、特徴量を自動で学習するディープラーニングを取り入れて開発されたAlexNetが圧倒的な優勝を果たしたことです。AlexNetは、ジェフリー・ヒントンをはじめとするトロント大学のチームが開発しました。以降のILSVRCでは、ディープラーニングを取り入れたモデルが優勝を飾っています(**図 1.6**)。

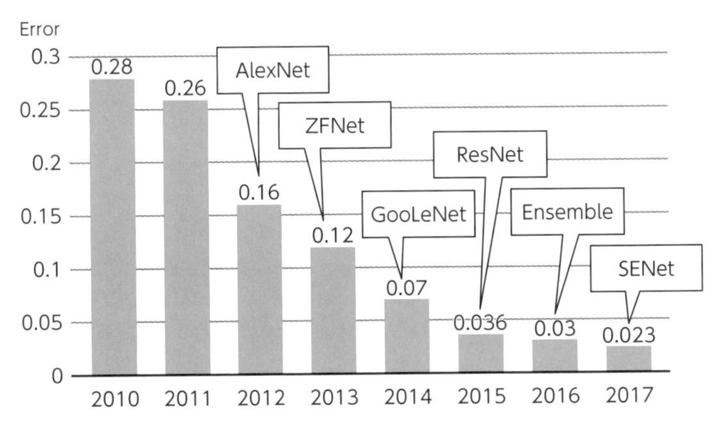

図 1.6　歴代チャンピオンの成績

また、ディープラーニングはゲームの分野でも目覚ましい発展を遂げています。有名な事例として、第1次AIブームで紹介したモンテカルロ探索木とディープラーニング（CNN）および深層強化学習を用いた囲碁プログラムAlphaGo（アルファ碁）は、2015年にハンディキャップなしで人間のプロ棋士に勝利しました。AlphaGoは膨大な量の棋譜から学習を行っていましたが、このプログラムを開発したGoogle DeepMind社はのちに囲碁のルールのみを教え、自己対局によって学習するAlphaGo Zeroを開発。たった3日間の自己学習のみで、AlphaGoと100局対戦して100勝無敗の圧倒的勝利を収めました。またGoogle DeepMind社は、2019年にAlphaStarでリアルタイムストラテジー・コンピュータゲーム「StarCraft II」のオンライン対戦で上位0.2%入りを達成しました。

アドバイス

いろいろなゲームを対象にしたAIの研究が存在します。チェスや将棋などで、有名な歴代のAIを調べてみましょう。

統計的自然言語処理

インターネット上のWebページの増加は、統計的自然言語処理の研究を急速に進展させました。例えば、翻訳においては、従来は文法構造や意味構造を分析するルールベースで逐語訳を行っていたため、複数ある語句の意味を状況に応じて使い分けることができず不自然な機械翻訳が目立ちました。

しかし、Webページの大量のテキストデータから対訳データ（コーパス）を収集することで、「この単語は、周りにこういった単語があるとこのように訳される確率が高い」という統計的な判断ができるようになります。これにより、より自然な翻訳が可能になりました。

シンギュラリティ（技術的特異点）

シンギュラリティとは、人工知能が自分自身よりも賢い人工知能を作れるようになった瞬間、無限に知能の高い存在を作るようになるという概念です。レイ・カーツワイルは、シンギュラリティが起こるのは2045年と予測しており、人工知能が人より賢くなるのは2029年頃と予測しています。

その他のシンギュラリティに対する考察や意見は次のようなものがあります。

- ヴァーナー・ヴィンジ：著書でシンギュラリティを「機械が人間の役に立つふりをしなくなること」と定義。
- ヒューゴ・デ・ガリス：シンギュラリティが 21 世紀の後半に来ると予測し、その時、人工知能は人間の知能の 1 兆の 1 兆倍（10 の 24 乗）になると主張。
- スティーブン・ホーキング：シンギュラリティの登場は、人類の終焉を意味するかもしれない。
- イーロン・マスク：かなり慎重に取り組む必要があるとして、OpenAI という非営利組織を設立。

1.3 人工知能の問題点

その他の人工知能が抱える問題

● フレーム問題

フレーム問題は、ジョン・マッカーシーとダニエル・C・デネットが指摘した人工知能の研究で難解な問題の1つです。有名な例え話として、ダニエル・C・デネットのロボットの話があります。まず、状況として洞窟の中にロボットの交換用バッテリーがあり、その上に時限爆弾が仕掛けられています。ロボットは爆弾が爆発する前にバッテリーを洞窟から取り出さなければなりません。

初めの1号機はバッテリーを洞窟から運び出すことができましたが、爆弾を取り除かずに運び出したため洞窟から出た後に爆発してしまいます。1号機はバッテリーを持ち出すと爆弾も同時に持ち出してしまうことを理解していませんでした。

次に、このような行動に伴って副次的に発生する事項を考慮する2号機が開発されました。しかし、2号機はバッテリーの前で「バッテリーを動かしたら天井が落ちないか」や「爆弾を外したら壁の色が変わらないか」など、無限に存在し、副次的に発生する事項を考え続けてしまい、動けなくなり爆弾は爆発しました。

2号機の失敗をふまえ、3号機では目的と無関係な事項を考慮しないように改良されました。しかし、3号機は洞窟に入る前に動作しなくなります。目的と関係がある事項と無関係の事項を区別するために、無限に思考を続けてしまったのです。

人間であれば無意識のうちに行うことのできる情報の取捨選択が、人工知能には難しいのです。

フレーム問題のように、人にとっては簡単でも、人工知能には難しいという例として、高度な推論よりも感覚運動スキルの方が多くの計算資源を必要とするというモラベックのパラドックスも覚えておきましょう 。

チューリングテスト

チューリングテストは、アラン・チューリングが提唱した人工知能かどうかを判定する方法です。別の場所にいる人間がコンピュータと会話をし、相手がコンピュータと見抜けなければコンピュータには知能があるとします。チューリングテストに合格するソフトウェアを目指すコンテストとして、1991 年以降ローブナーコンテストが開催されています。

併せて覚えておきたいこととして、チューリングテストに対してジョン・サールの中国語の部屋という反論があります。これは、英語しかわからない人が中国語の完璧な説明書を使用して中国語の受け答えをする例え話から、対話が成立しているように見えても、意志がある、もしくは意味を理解していることにはならないという反論になります。

強い AI と弱い AI

アメリカの哲学者ジョン・サールが、1980 年の論文中に提示した区分です。強い AI とは何かの分野に特化するのではなく、人間のようにあらゆる問題に対処できるものを指します。フィクションに出てくる感情を持った、まるで人間のような AI をイメージしてください。一方、弱い AI とは AlphaGo（1.2.3 参照）や Siri などのように、ある一定の分野に特化した道具として使用される、心を持たない AI を指します。それぞれ、強い AI は汎用型 AI、弱い AI は特化型 AI とも呼ばれます。

強い AI は未だ実現に至っていませんが、アメリカの未来学者レイ・カーツワイルは、2029 年に汎用型 AI が誕生すると予想しています。しかし、ロボット研究者のロドニー・ブルックスは、2200 年までに、汎用型 AI が 50％の確率で実現されると予想しているなど、汎用型 AI が実現される時期については専門家の中でも様々な意見があります。

ノーフリーランチ定理

ノーフリーランチ定理は、あらゆる問題に対して万能なアルゴリズムは存在しないという定理です。問題の領域に合わせたアルゴリズム開発・選択など、工夫していくべきであることを示唆しています。

機械学習には、他にも次のような問題があるので併せて内容を把握しておきましょう。

- みにくいアヒルの子定理：特徴量をすべて等価として見た時に、すべての比較対象は同じくらい似ている
- 次元の呪い：扱う特徴量（次元）が多くなるほど、精度の高いモデルを作るために必要な訓練データの量が指数的に増加してしまう
- バーニーおじさんのルール：機械学習の学習において、必要なデータ数は説明変数の数の 10 倍である

第１章まとめ

第１章ではAI・人工知能の概要と歴史について順を追って紹介しました。

現在に至るまでに、AI・人工知能のブームは３回起きています。新しい手法や取り組みが生み出されると、様々な新たな問題も発生しました。その問題を１つずつ解消したり、緩和させたりすることで、現在の技術に繋がっていることを意識して覚えていきましょう。

第１次AIブーム
1950年後半〜1960年代

第２次AIブーム
1980年代

第３次AIブーム
2010年〜

推論と探索

- イライザ(ELIZA)
- 探索木
- トイ・プロブレム
- フレーム問題
- チューニングテスト
- 次元の呪い

知識表現

- エキスパートシステム
- 意味ネットワーク
- オントロジー
- 知識獲得のボトルネック
- シンボルグラウンディング問題
- モラベックのパラドックス
- 中国語の部屋
- ノーフリーランチ定理

機械学習
ディープラーニング

- ビッグデータ
- 統計的自然言語処理
- シンギュラリティ

図1.7　AIブームの主要キーワード

各AIブームの起因となった技術とその際に発生した問題は試験に出題されやすく、難易度の低い問いが多いため、確実に点数をとりたい分野です。ブームと問題をセットで覚えることを意識するとよいでしょう。

ただし、第１章の内容の出題数は少ない傾向にあります。おおよその流れを理解し、要点に印をつけるなど検索する対策をとるならば、他の章を優先的に学習することをおすすめします。

章末問題

▶ 問題 1

人工知能の定義として最も適切なものを選べ。

① 人のような感情を持ったロボットである
② 定義は専門家の間でも定まっていない
③ 人工的に作られた人間のような知能である
④ 人の脳の仕組みを模倣した情報処理システムである

解説

人工知能の定義は専門家間でも様々な意見があり、定まっていないのが現状です。

▶ 問題 2

以下の文章を読み、空欄（ア）（イ）に最も適当てはまる選択肢の組み合わせを選べ。

第1次 AI ブームは **（ア）** の研究により勃興し、コンピュータによって **（イ）** と呼ばれる迷路やパズルなどの簡単な問題を解けるようになった。しかし、複雑な問題には対応することができないことがわかるとブームは下火となる。

① **（ア）** 機械学習　**（イ）** フレーム問題
② **（ア）** エキスパートシステム　**（イ）** シンボルグラウンディング問題
③ **（ア）** 探索と推論　**（イ）** トイ・プロブレム
④ **（ア）** システム工学　**（イ）** オントロジー

解説

第1次 AI ブームは探索と推論の時代といわれ、ブームが冷めた理由として、トイ・プロブレムにしか適用できないという点がありました。

解答 1：②

アドバイス

AIのブームには流行った理由と、冬の時代となった原因をセットで覚えましょう。その際、有名となった手法も合わせて覚えるとよいでしょう。

	起因	衰退原因	注目された手法
第1次AIブーム	「推論」と「探索」の研究	トイ・プロブレム発覚	探索木
第2次AIブーム	「知識」をコンピュータに組み込む研究	シンボルグラウンディング問題 知識獲得のボトルネック	エキスパートシステム
第3次AIブーム	「機械学習」の実用化	—	機械学習 ディープラーニング

▶ 問題3

マイシン(Mycin)が実用で導入されなかった理由として最も適切な選択肢を選べ。

① 誤診した際の責任の在り処が問題になったため
② 精度が上がらず、実用レベルに至らなかったため
③ マイシン(Mycin)によって多くの医療従事者が職を失う可能性が高かったため
④ 上位互換となるシステムが開発されたため

解説

マイシン(Mycin)とは、伝染性の血液疾患を診断するシステムです。マイシンは専門医の診断結果には精度が届かなかったものの、高い精度を記録しています。しかし、誤診に対しての責任が倫理・法律で大きな壁になり、実用には至りませんでした。

アドバイス

AIの開発や使用に関する法的・倫理的な課題は、第6章で詳しく解説していきます。現在も様々な話題が上がっていますので、時事問題対策に最新のAIニュース等も検索してみるとよいでしょう。

解答2:③　解答3:①

▶ 問題 4

ILSVRC（ImageNet Large Scale Visual Recognition Challenge）の説明として適切な選択肢を 1 つ選べ。

① 時系列データを使用した未来予測を行う世界大会
② 画像認識の精度を競う国際コンテスト
③ シンギュラリティを危惧して創設された、AI に関する倫理を討論する定期討論会
④ 動画による不審者検出率を競う国際コンテスト

解説

ILSVRC は、大規模な画像データセット ImageNet を使用した画像認識技術を競うコンペティション形式の研究集会です。

▶ 問題 5

モラベックのパラドックスの説明として適切な選択肢を 1 つ選べ。

① 機械学習に必要なデータ数は、モデルのパラメータ数の 10 倍である
② 万能なアルゴリズムは実現が難しい
③ 幼児でも処理できることの方が高度な処理よりも難しい
④ データの次元が増えることによって、様々な不都合が発生する

解説

モラベックのパラドックスとは、人工知能にとっては高度な計算による予測よりも、例えば1歳児が行うような本能に基づく運動スキルや知覚を身につける方がはるかに難しいという説です。

その他の選択肢については、以下の通りです。

① バーニーおじさんのルール：機械学習するために必要とされるデータ量の経験則。
② ノーフリーランチ定理：あらゆる問題を効率よく解けるような万能のアルゴリズムは存在しないという定理。
④ 次元の呪い：特徴量などの次元が多くなるほど、必要な訓練データの量が指数関数的に増えてしまう現象。

解答 4：②　解答 5：③

第2章

機械学習

本章では、機械学習の概要と代表的な手法について解説していきます。どんな問題に機械学習を使うのか、具体的な事例を絡めて覚えていきましょう。

学習 Map

第 1 章では、AI がこれまでにたどってきた歴史について学びました。その中で AI を支える技術として「機械学習」を紹介しました。第 2 章ではこの機械学習を主軸として、いくつかの代表的な手法とその特徴について学んでいきましょう。第 3 章・第 4 章で学ぶディープラーニングは機械学習の手法の 1 つとなりますので、ディープラーニングの内容を理解するための土台としても第 2 章の内容は重要となります。

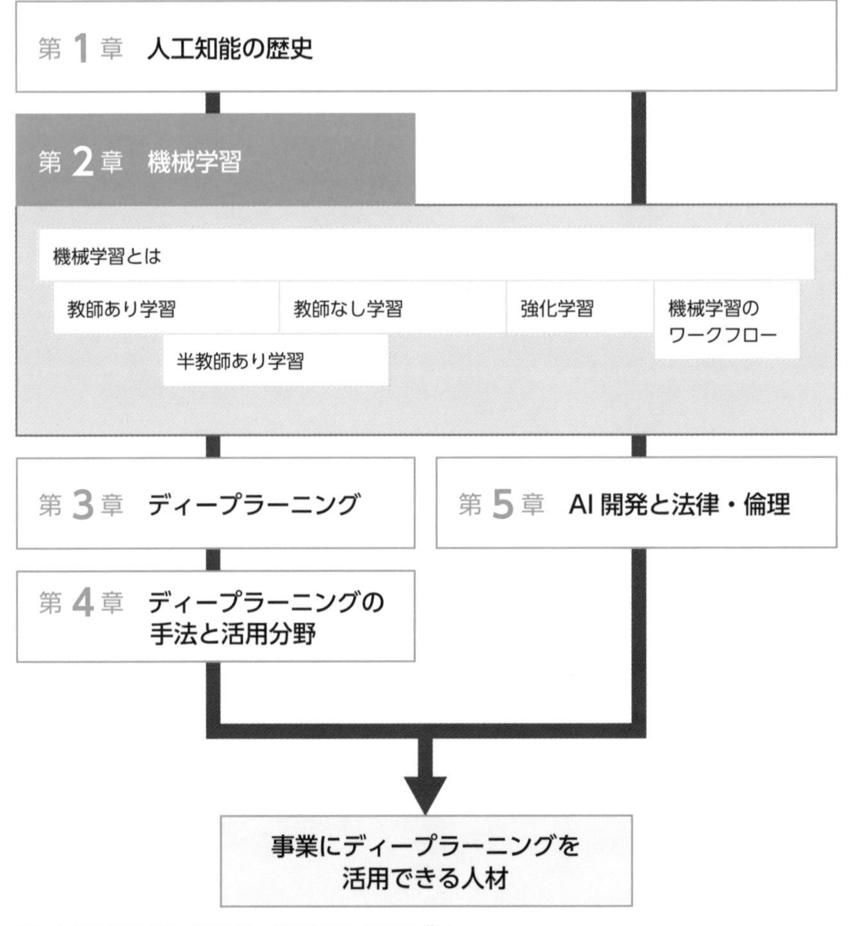

図　本書で学習する「第 2 章　機械学習」の位置づけ

主要キーワード

（本文中に 🔍 鍵マークを付けています。また、重要度に応じて★の数を増やしています）

3 ★★★
2 ★★
1 ★

2.2

キーワード	説明	重要度
教師あり学習	答えの用意されたデータセットで学習し、未知のデータに対して予測を行う。	★★★
回帰	出力が実際の値となる問題（気温・株価など）。	★★☆
分類	出力がクラスとなる問題（犬猫の判別など）。	★★☆
二項分類	分類問題の中で特に 2 つのカテゴリに分類する問題。	★☆☆
多項分類	分類問題の中で 3 つ以上のカテゴリに分類する問題。	★☆☆

2.3

キーワード	説明	重要度
線形回帰	データの分布に対して、もっともらしい直線を求めることで未知のデータに対して予測を行う手法。	★★☆
ロジスティック回帰	確率を予測することで分類を行う手法。	★★☆
自己回帰（AR）モデル	時系列データに用いられる回帰モデル。発展モデルとして ARMA モデルと ARIMA モデルがある。	★★☆
決定木	条件分岐の木構造を用いた手法。回帰と分類に用いることができる。	★★☆
剪定	決定木において汎用性を上げるために分岐を途中で中断する手法。	★☆☆
アンサンブル学習	複数の弱学習器で学習し、その結果を合わせることで精度の向上を図る手法。	★★★
ランダムフォレスト	バギングの手法の 1 つ。ランダムに選ばれたデータを用いて学習し、結果の多数決をとる。	★★☆
バギング	全体からランダムに選ばれた任意の数のデータを使用して、複数の学習器を学習する手法。	★★☆
ブースティング	複数の弱学習器を逐次的に学習する手法。	★★☆
スタッキング	学習器を直列につなぎ、前の学習器で出力された結果を用いてメタモデルを学習する手法。	★★☆
サポートベクトルマシン	マージン最大化という考え方を用いて学習データの境界線を求める手法。	★★☆
マージン最大化	データ群を分割する直線と、各群の一番近いデータ点の距離を最大にすること。	★★☆
カーネルトリック	線形分離が不可能な際に用いられる手法。あえて高次元に写像することで、線形分離を可能とする。	★★☆
ニューラルネットワーク	人間の脳の構造を模倣したアルゴリズム。	★★★
誤差逆伝播法	モデルの予測値と実際の答えの誤差を伝播し、各重みを調整する。	★★★

2.4・2.5

用語	説明	重要度
教師なし学習	答えの用意されていないデータで学習を行い、データ構造などをモデル化する。	★★☆
クラスタリング	データに内在するグループ分けを行う。	★★★
k-means 法	クラスタリングの手法。任意のクラスタ数にデータ群の重心を利用して振り分けていく手法。	★★☆
階層クラスタリング	近いデータ同士で最小のクラスタを形成し、近いクラスタ同士を階層的に併合していくことでクラスタリングとデータ構造を分析することができる手法。	★★☆
デンドログラム（dendrogram）	階層クラスタリングの構造を表現する樹形図。	★☆☆
ウォード法	階層クラスタリングの手法の 1 つ。どのクラスタを併合させるかの基準に各クラスタ内のばらつきと併合後のばらつきの差を使用する。	★☆☆
トピックモデル	クラスタリングの手法。データが複数のクラスタに所属することが許され、自然言語分野でよく使用される。	★★☆
協調フィルタリング	レコメンデーションの手法。ユーザー同士の情報の類似具合から推奨対象を選定する。	★★☆
コンテンツベース（内容ベース）フィルタリング	レコメンデーションの手法。推奨対象にタグ（特徴）付けが行われており、ユーザーの閲覧履歴などのタグと類似するタグの商品を推奨する。	★★☆
主成分分析	データの次元数の圧縮・特徴の抽出を目的とした手法。変換後の値のことを主成分と呼ぶ。	★★★
t-SNE 法	高次元データを主に可視化することを目的にした次元削減の手法。データの距離関係を保持したまま次元を圧縮する。	★☆☆
半教師あり学習	教師あり学習と教師なし学習を組み合わせた手法。少ない教師データで高い精度が期待できる。	★☆☆

2.6

用語	説明	重要度
強化学習	システム自身が試行錯誤して価値を最大化する行動を学習する。	★★★
エージェント	環境に対してなんらかの行動を起こす役割。	★☆☆
環境	エージェントの行動に対して状態を更新し、報酬を与える役割を持つ。	★☆☆
報酬	行動に対して与えられ、即時報酬とも呼ばれる。	★★★
方策	エージェントが起こす行動のルール。	★★★
価値	報酬のトータル。試行全体の長期的な報酬。	★★★

マルコフ決定過程	状態、行動、遷移確率、報酬から環境を表す確率過程。	★☆☆
バンディットアルゴリズム	行動の選択（活用 or 探索）をバランスよく行う強化学習のアルゴリズム。	★☆☆
ε -greedy 方策	バンディットアルゴリズムの 1 つ。活用をメインに行う。	★☆☆
UCB 方策	バンディットアルゴリズムの 1 つ。UCB スコアを基準に行動を選択する。	★☆☆
Q 値	状態行動価値で「状態」と「行動」から値が決定する。	★★☆
Q 学習	推定されるトータルの報酬（価値）が最大となる行動を選択する。	★★☆
SARSA	実際に行動した結果から行動を選択する方策を更新する。	★★☆
モンテカルロ法	試行をすべて終えてから一気に方策を更新する。	★★☆
DQN (Deep Q Network)	強化学習の行動価値に DNN を適用したもの。	★★☆
方策勾配法	方策を関数で表現することで直接方策を学習する。	★★☆
Actor-Critic 法	行動を決める（Actor）と方策を評価する（Critic）を同時に学習する。	★★☆
AlphaGo	Google DeepMind 社が開発した囲碁プログラム。その後、AlphaGo Zero と AlphaStar が開発される。	★★★

2.7

Web スクレイピング	Web からデータを抽出して、分析可能なデータ構造に変換する技術。	★☆☆
オープンデータ	国や地方公共団体、事業者などが公開しているデータ。誰でも使用できる。	★☆☆
データクレンジング	欠損・重複・表記ゆれなどに対処して、データの品質を高める行為。	★☆☆
外れ値	得られた観測値の中で他から大きく外れた値。	★★☆
Label Encoding	主に順位のあるカテゴリカル変数に数値を割り当てる手法。	★★☆
One-Hot Encoding	主に順位のないカテゴリカル変数を 0 と 1 で表現できるように、特徴量を置き換える手法。	★★☆
正規化	決められた範囲の値に変換する。0 ～ 1 への変換がよくされる。	★☆☆
標準化	平均を 0、分散を 1 に変換すること。	★☆☆
次元削減	データの情報を失わないように低次元に圧縮すること。	★★☆

特徴量エンジニアリング	モデルが認識しやすい特徴量をデータから作成すること。	★★☆
Data Augmentation	データ量を拡張する技法。データの水増し。	★☆☆
オーバーサンプリング	不均衡データに対して、多い方のデータ数に少ないデータ数を合わせて水増しをする技法。	★☆☆
SMOTE (Synthetic Minority Oversampling TEchnique)	k 近傍法を利用したオーバーサンプリングの手法。	★☆☆
ハイパーパラメータ	アルゴリズム挙動を決めるパラメータ。人間側が設定する必要がある。	★★☆
過学習	訓練データに適合しすぎることで、未知のデータへの汎用性がない状態のこと。	★★★
ホールドアウト法	データを学習用とテスト用に分割することで、モデルの精度を測定する手法。	★★☆
交差検証	データ全体を 3 つ以上に分割し、分割したそれぞれを順番にテスト用のデータとして使用すること。	★★☆
正則化	過学習対策の手法。モデルが複雑になりすぎないように抑制する効果がある。	★☆☆
決定係数	回帰問題の代表的な評価指標。予測値と実測値の差を元に計算される。	★★☆
混同行列	分類問題の予測結果から作成される真陽性・真陰性・偽陽性・偽陰性のマトリクス。	★★★
正解率 (accuracy)	分類問題の評価指標。全体のうち、正解した割合。	★★★
適合率 (precision)	分類の評価指標。見つけたい対象であると予測したうち、正解であった割合。	★★★
再現率 (recall)	分類の評価指標。見つけたい対象のうち、正解であった割合。	★★★
F 値 (F measure)	分類の評価指標。適合率と再現率の調和平均。	★★★
ROC 曲線	分類の評価指標。閾値 (しきいち) によって変化する真陽性率と偽陽性率をグラフ化したもの。描かれる線の形で評価する。	★★★
AUC	分類の評価指標。ROC 曲線の良し悪しを曲線の下部の面積を計算することで数値化する。	★★★

2.1 機械学習とは

機械学習とは、収集したデータに基づいてモデルの学習を行い、学習した結果できあがった学習済みモデルを使って、未知のデータから結果を予測する仕組みです。

機械学習は、以下の4つのカテゴリに大別されます（図2.1）。

- 教師あり学習
- 教師なし学習
- 半教師あり学習
- 強化学習

図2.1 機械学習のカテゴリ

まず、機械学習の基礎として、教師あり学習と教師なし学習について以下で説明していきます。

2.2 教師あり学習

教師あり学習では、入力データから答えを予測するモデルを作成します。そのため、学習時には入力データに対して答えとなる教師データが用意され、入力データから導き出される答えが教師データに近づくように各パラメータを調整していきます。例えば以下のようなものが教師あり学習になります。

- **過去の物件情報をもとに家賃を予測したい**
  入力データ：広さ、築年数、最寄り駅からの距離
  教師データ：過去の家賃データ
- **写真に写っている人物が誰なのかを判別したい**
  入力データ：写真（画像データ）
  教師データ：写真に写っている人物の名前
- **日本語を英語に翻訳したい**
  入力データ：こんにちは（日本語文）
  教師データ：Hello（英文）

このように、教師あり学習は入力データと出力データの間にどのような関係性があるかを学習することで、未知のデータに対して予測を行います。

なお、教師あり学習には、家賃予測のような数値（連続する値）を予測するものと、人物判別のようなカテゴリ（連続しない値）を予測するものの2種類があります。前者のように連続する値を予測する問題を回帰（Regression）といい、後者のようにカテゴリを予測する問題を分類（Classify）といいます。

2.2.1 回帰（Regression）

回帰では、家賃や気温、株価など連続した具体的な値を予測します。

家賃予測を例にすると、回帰とは「部屋の広さ」と「家賃」の関係を学習し、新しい未知の「部屋の広さ」から「家賃」を予測します。この時の「家賃」のように予測する対象を目的変数（従属変数）、「部屋の広さ」のように予測値の原因となる対象を説明変数（独立変数）と呼びます（図 2.2）。

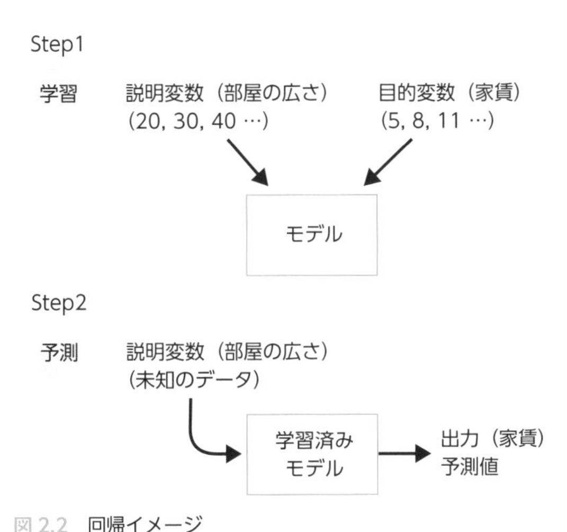

図 2.2　回帰イメージ

2.2.2 分類（Classify）

分類は、回帰とは異なり具体的な数字を出すのではなく、事前に分けられているカテゴリ（クラス）を予測します。例えば写真に写っている動物が「犬」なのか「猫」なのかを判別したり、気象データから明日の天気が「晴れ」なのか「くもり」なのか「雨」なのかを判断したりします。なお、「犬」/「猫」のような2つのクラス（カテゴリ）に分類することを二項分類（二値分類 /2 クラス分類）と呼び、3 クラス以上に分類することを多項分類（多クラス分類）と呼びます（図 2.3）。

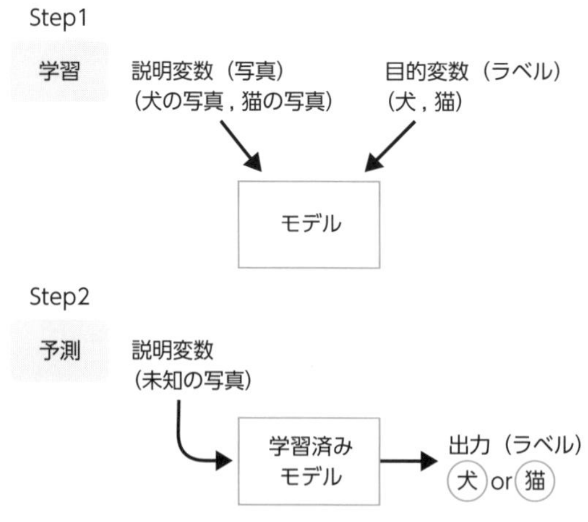

図 2.3　分類イメージ

多項分類問題の入門としてよく使われるのが、オープンデータとして広く使用されている「アヤメの分類」です（**図 2.4**）。アヤメの分類問題は、入力されたデータからどのアヤメに分類されるかを予測する問題です。予測されるアヤメの種類は、「setosa」「versicolor」「virginica」の 3 つのいずれかに分類されます。この問題では、説明変数は「がくの長さ」「がくの幅」「花びらの長さ」「花びらの幅」の 4 つで、目的変数は「アヤメの種類」（setosa/versicolor/virginica のいずれか）になります。

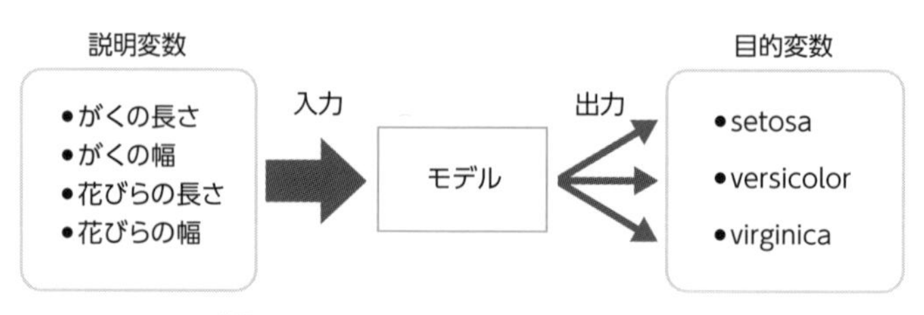

図 2.4　アヤメの分類

2.3 教師あり学習の手法

教師あり学習における代表的な手法を紹介します。

2.3.1 線形回帰（Liner Regression）

線形回帰は統計などでも利用されている、非常にシンプルなモデルです。前述の家賃予測（2.2.1）も線形回帰モデルの例になります。前述の例では、入力変数が「部屋の広さ」の1つだけのため、2次元で表現されます（**図 2.5**）。なお、入力変数に「築年数」や「駅からの距離」などが追加されると、3次元・4次元と高次元になっていきます。場合によっては説明変数が数十～数百個になりますが、この場合でも問題なくモデルを構築することが可能です。

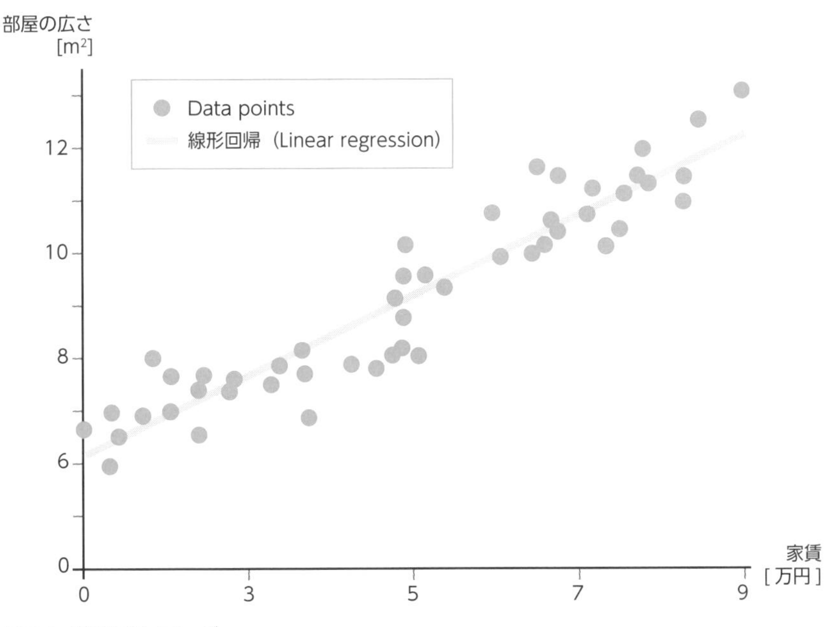

図 2.5　線形回帰イメージ

2.3.2 ロジスティック回帰（Logistic Regression）

ロジスティック回帰は、ある事象に対しての発生確率を予測して、その事象が起こるか起こらないかを予測するモデルです。回帰という名前がついていますが、具体的な値を求めることが目的ではありません。シグモイド関数を用いて求めた値が、閾値（しきいち）の上か下かで二値分類を行います。また、ソフトマックス関数を使用することで、多項分類が可能となります。

シグモイド関数とソフトマックス関数の詳細は、第3章で説明します。

2.3.3 自己回帰モデル（Autoregressive model：AR モデル）

自己回帰モデルは、時系列データの解析によく用いられる回帰分析手法です。過去のデータを用いて、現在もしくは未来の値を予測します。例として、植物の成長を予測するなら、過去1ヶ月の1日にどれくらい伸びていたかのデータから、明日はどれくらい伸びるかを予測するようなイメージです（**図 2.6**）。

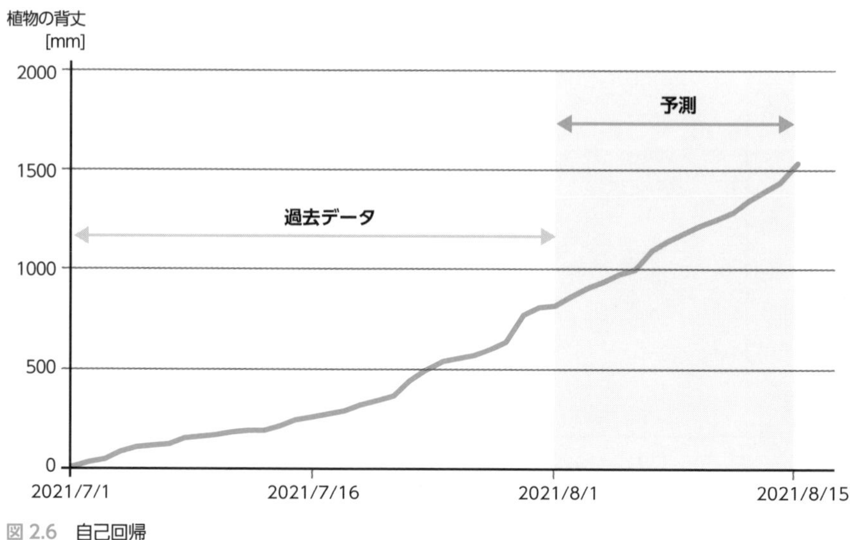

図 2.6　自己回帰

自己回帰モデルの改良版として、自己回帰移動平均モデル（ARMA モデル）や自己回帰和分移動平均モデル（ARIMA モデル）があります。

2.3.4 決定木

決定木は、木構造を用いた機械学習の手法です。分類を行う分類木と、回帰を行う回帰木があります。

決定木分析では、条件分岐によって、段階的にデータを分割していくことで分析結果を出力します。この時、決定木は情報利得が最大になるように分岐の条件を決定していきます。分岐は、不純度が0になるまで繰り返されます。不純度とは、条件によって分割されたデータセットの混ざり具合を指します。例えば、**図 2.7** ①のように分割後のデータセットがすべてミカンになった状態を不純度 0、**図 2.7** ②のようにミカンが 2、リンゴが 2 の状態を不純度が高いと表現されます。

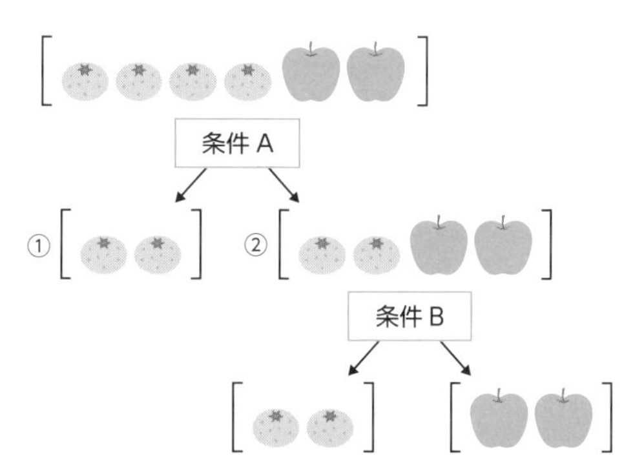

図 2.7　ミカンとリンゴの分類木

決定木分析には多くのアルゴリズムが存在します。代表的なアルゴリズムとして、CART と C4.5（C5.0）がよく使用されます。2つのアルゴリズムのわかりやすい違いとして、CART は各ノード（条件）から 2 つに分岐し（**図 2.7** の条件から①と②に分岐）、C4.5（C5.0）は 3 つ以上に分岐が可能です。

表 2.1　決定木のメリットとデメリット

メリット	デメリット
学習結果の可読性が高い	条件分岐が複雑になるほど過学習しやすい
データの前処理が少なくて済む	分類精度が飛びぬけて高いわけではない
予測に必要な計算量が少ない	
回帰と分類の両方に適応できる	

決定木について、メリットとデメリットを**表 2.1** にまとめました。過学習の問題に対しては、過度な学習をする前にある一定の段階で分岐を終わらせる剪定（枝刈り）や複数の学習器を組み合わせるアンサンブル学習によって、ある程度改善されました。しかし、高い精度が望みにくいことから、実際のプロジェクトでは決定木単体を使用することは稀（まれ）です。一方で、学習結果の解釈がしやすい点から、データの特徴をつかむためによく活用されます。

また、デメリットを補うために決定木はランダムフォレストや GBDT (Gradient Boosting Decision Tree) といったアンサンブル学習で使用されています。この 2 つの詳細については、次に紹介します。

2.3.5 ランダムフォレスト (Random Forest)

決定木を用いたアンサンブル学習の手法の 1 つとして、ランダムフォレストがあります。ランダムフォレストは、回帰、分類、クラスタリングに用いられます（**図 2.8**）。

ランダムフォレストは、入力データに対してブートストラップサンプリングを用いて使用するデータをランダムに抽出し、複数の組み合わせを作ります。作られた組み合わせに対して、それぞれ決定木（モデル）を作成し、学習を行います。複数のモデルが作成されるため各モデルの学習結果は異なる可能性がありますが、それぞれの結果の多数決、もしくは平均をとることで、予測結果を決定します。

アドバイス

ブートストラップサンプリングは、あるデータセットから新たに複数のデータセットにリサンプリング(再抽出)をする手法です。重複を許可した条件でランダムにサンプリングを行っており、アンサンブル学習によく使用されます。

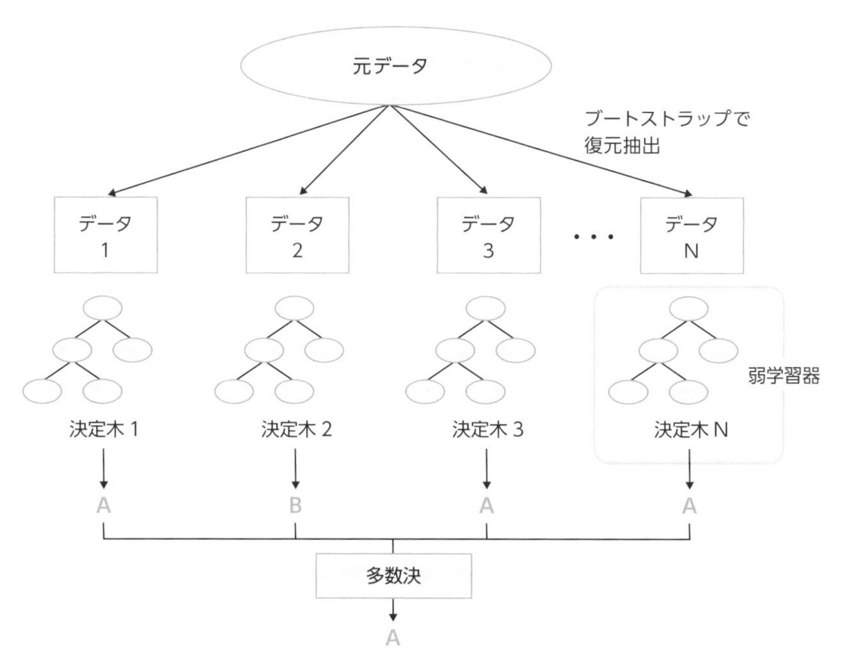

図 2.8 ランダムフォレスト

アドバイス

決定木やランダムフォレストの利点である可読性の高さは、とても重要な点となります。機械学習・ディープラーニングは、内部で何が起きているかわかりづらい難点があります。「なぜその結果が出たのか」を説明したい時に有用な手法として覚えておきましょう。

ランダムフォレストは、前述の決定木(2.3.4 参照)を用いたアンサンブル学習の手法です。アンサンブル学習を行う際に、内部に作られる複数のモデルの1つ1つを弱学習器と呼びます。

アンサンブル学習には、バギングやブースティング、スタッキングといった手法があります。ランダムフォレストのように、全体から一部のデータを抽出した組み合わせから、一気に複数の弱学習器を作る手法をバギングといいます(**図 2.9**)。

バギング

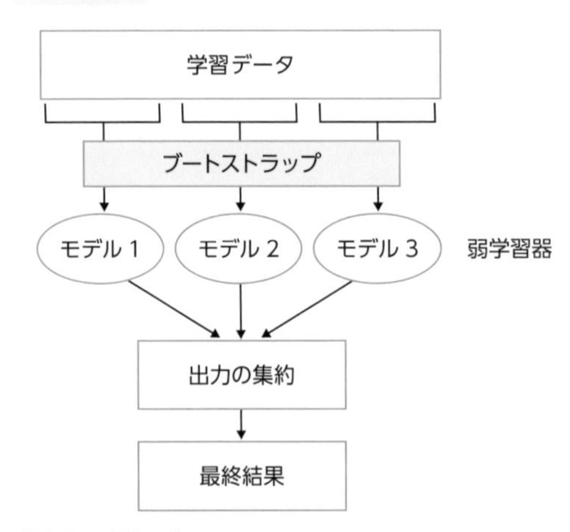

図 2.9　バギング

これに対して、ブースティングはベースとなる弱学習器を作成し、学習結果から弱点を補うように次の弱学習器を作成するといった操作を繰り返して、複数の弱学習器を作成します(**図 2.10**)。ブースティングを活用した決定木の例としては、GBDT (Gradient Boosting Decision Tree) や XGBoost、LightGBM などがあります。

ブースティング

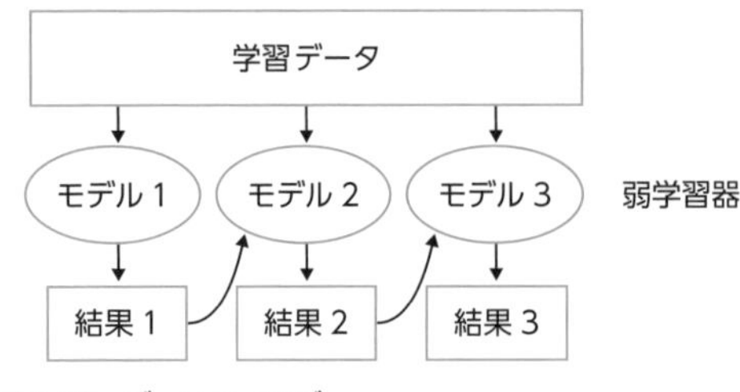

図 2.10　ブースティング

最後にスタッキングですが、言葉の通りモデルを積み上げていく手法になります(**図 2.11**)。例えば2段階のモデルを作るとすると、まず、第1段階で様々なアルゴリズムでそれぞれ学習させます。第2段階では、第1段階の学習結果を特徴量として学習を行います。このモデルをメタモデルと呼びます。

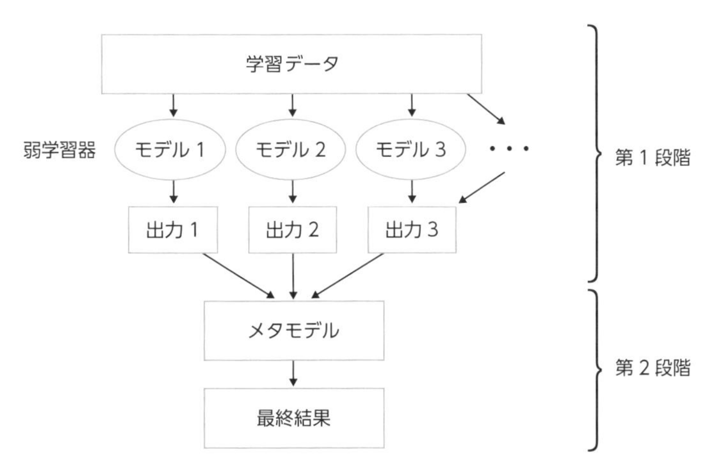

図 2.11 スタッキング

一般的にはバギング、ブースティング、スタッキングの順に精度が高くなりますが、これと同じ順で、学習に必要な時間は多くなります。精度を必要とせず素早く結果を得たい場合はバギング、精度が必要な場合はブースティング、更に突き詰めたい場合はスタッキングと使い分けるとよいでしょう。

アドバイス

バギングとスタッキングを混同しないように気をつけましょう。どちらも並列に弱学習器を学習していきますが、スタッキングでは第 1 段階で出た結果を次の入力データとして更に次の学習を行うことが大きな違いです。

2.3.6 サポートベクトルマシン（Support Vector Machine）

サポートベクトルマシン（以下、SVM）は、回帰と分類の両方で使用できますが、ここでは分類を例に説明していきます。まず、**図 2.12** をご覧ください。丸（●）と三角（▲）を分類したいと考えた時に、どのような線を引けばよいでしょうか。①から③の線はどれも綺麗に丸（●）と三角（▲）を分断していますが、①は丸（●）の範囲に余裕がなく、例えば A のような場所に丸（●）があった場合、うまく分類できません。③は①の逆で三角（▲）の範囲に余裕がない状態です。中間を通っている②が、一番それらしいことは感覚的にわかりやすいかと思います。それでは、どのように②の線を探し出していくのか仕組みを理解していきましょう。

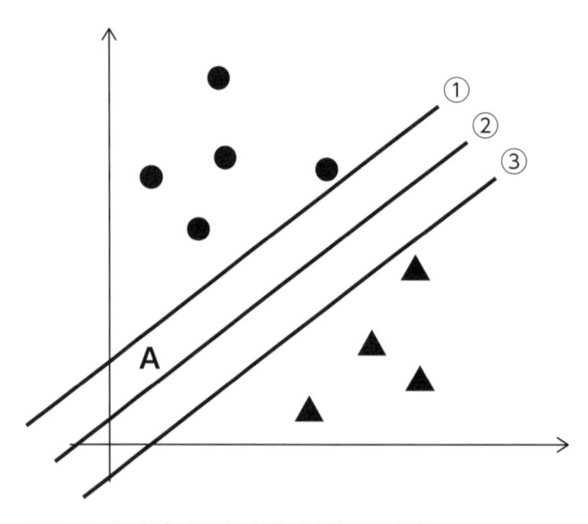

図 2.12　丸（●）と三角（▲）を分類する直線

まず、三角群に一番近い丸（●）と丸群に一番近い三角（▲）を見つけます（**図 2.13** の●と▲）。これをサポートベクトルと呼びます。そして、それぞれの丸（●）と三角（▲）を通る平行線を考えます（**図 2.13 の破線**）。この時、平行線の真ん中を通る線とサポートベクトルまでの距離を最大にするように平行線の角度を決めます。この距離をマージン（**図 2.13 の⟷**）と呼び、この線の決め方をマージン最大化と呼びます。マージンを最大化することはつまり、丸群からも三角群からも最も遠い線を引くということになります。

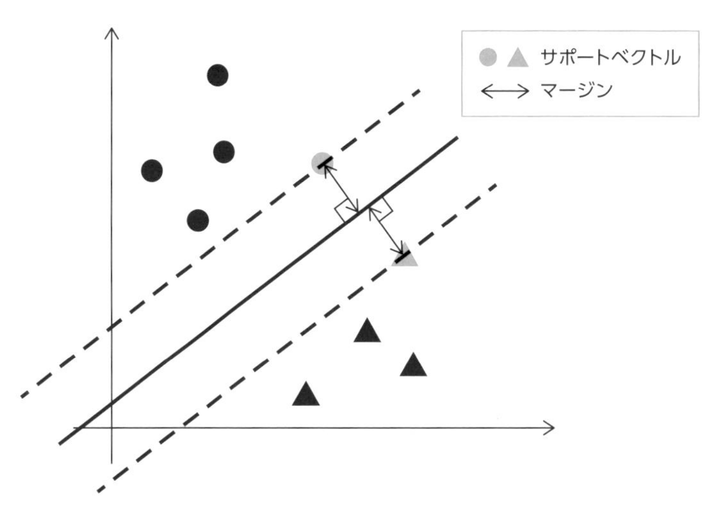

図 2.13　マージン最大化

SVM の利点として、計算コストが小さいことが挙げられます。上記の通り、境界を引くために必要なデータはサポートベクトルのみであるため、他のデータで逐一計算しなくてもよいのです。

さて、ここまでは直線で分類をする線形分離を例に説明してきました。しかし、線形分離が可能な問題は実は多くありません。多くのデータは**図 2.14** の□と○のように混ざり合っていることが常となります。このような時に、多少の間違いを許容するように調整した手法をソフトマージンと呼びます。ソフトマージンでは、**図 2.14** のようにそれぞれの平行線から識別できなかった要素との距離を求め、その距離が最小になるように調整していきます。これに対して、前述したように線形分離が可能なものをハードマージンと呼びます。

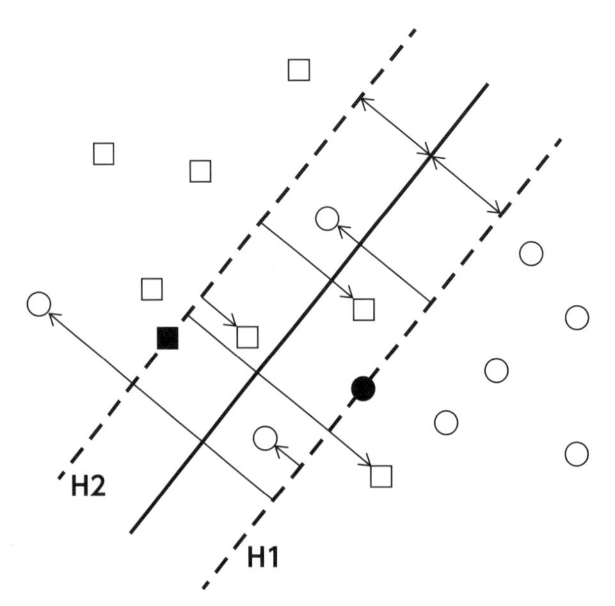

図 2.14　ソフトマージン

アドバイス

ソフトマージンとハードマージン、マージン最大化の方法の区別をしっかり理解しましょう。

- ソフトマージン：データが混ざり合う状態でも使用可能。基準となる線と複数のデータの距離が小さくなるように調整される。
- ハードマージン：データが線形分離できる時に使用可能。各クラスのサポートベクトル同士の距離が最大になるように調整される。

線形分離が不可能な場合、カーネルトリックと呼ばれる方法も用いられます。これは**図 2.15** のようにデータを高次元空間へと写像し、分類性能の向上を目指す手法です。3 次元空間 (**図 2.15 右**) に変換することで 2 次元 (**図 2.15 左**) の時は不可能であった直線的な分離が可能になったことがわかるかと思います。

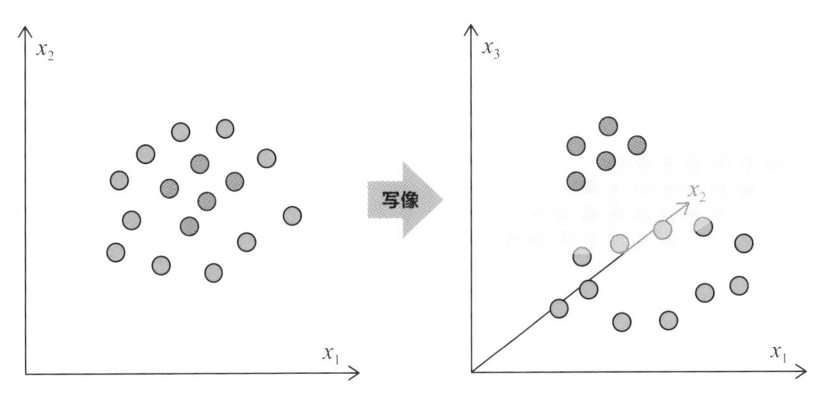

図 2.15 カーネルトリック

2.3.7 ニューラルネットワーク

ニューラルネットワークとは、人間の脳神経系のニューロンと呼ばれる神経細胞のつながりを数理モデル化したものです。

単純なニューラルネットワークのモデルは**図 2.16** になります。これを単純パーセプトロンと呼びます。このモデルの場合、3 つの入力値を受けて、1 つの出力を行います。この入力を受ける部分を入力層と呼び、結果を出力する部分を出力層と呼びます。入力層のニューロンと、出力層のニューロンのつながりは重みで表され、各入力がどのくらいの重要度を持って出力層に伝わるかが調整されます。ニューラルネットワークにおける学習とは、この重みを調整する行為になります。そして、出力層では重みを持ったデータがすべて積算された値が一定の基準に達すると 1、達しないと 0 を出力する関数に通されます。この関数を活性化関数と呼びます。

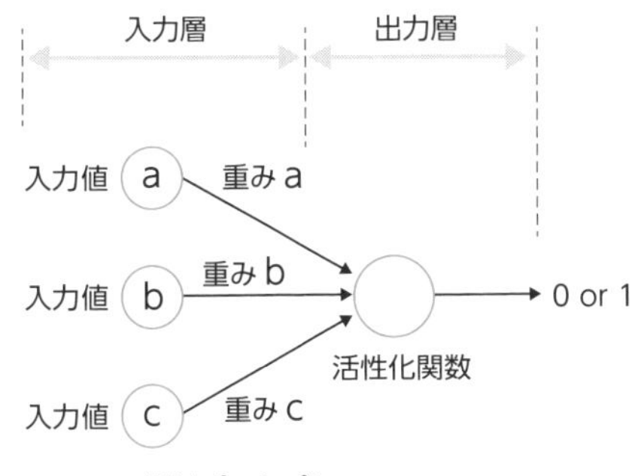

図 2.16 単純パーセプトロン

単純パーセプトロンでは線形分類しか行うことができないため、これらを層状に組み合わせ、非線形の分類または回帰を行えるようにしたものが考案されました。これを多層パーセプトロンと呼びます。

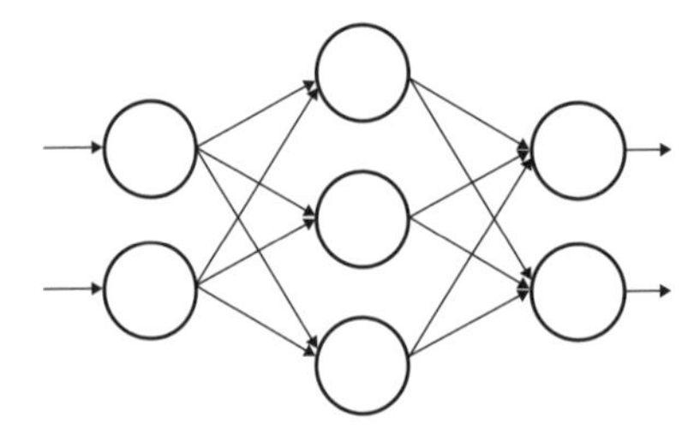

図2.17　多層パーセプトロン

多層パーセプトロンは図2.17のようなモデルとなり、入力層と出力層の間に追加された層を中間層(隠れ層)と呼びます。入力層と中間層、中間層と出力層の構造は単純パーセプトロンの時と同じです。多層パーセプトロンにおいても学習するということは、各層間の重みを調整する行為に変わりありません。

各層間の重みの調整を行うにあたり、あるアルゴリズムを用いて、予測値と実際の値の誤差を出力層から入力層に向けて伝播させていきます。この手法を誤差逆伝播法(Backpropagation)と呼びます。

誤差逆伝播法においては、活性化関数が微分可能である必要があります。このため、活性化関数としてシグモイド関数やハイパボリックタンジェント(tanh)関数、ソフトマックス関数、ガウス関数などが利用されていましたが、第3章で説明するディープラーニングでは、中間層の活性化関数としてReLU関数(Rectified Linear Unit)が使われることが一般的になりました。

2.4 教師なし学習

教師なし学習は、入力データに対する結果（教師データ）が用意されていないデータに対して学習を行うものです。出力すべきものがあらかじめ決まっていないという点で教師あり学習とは大きく異なり、データの項目間に存在する関連性を抽出するために用いられます（図 2.18）。よく用いられるものとしては、クラスタリングと主成分分析があります。

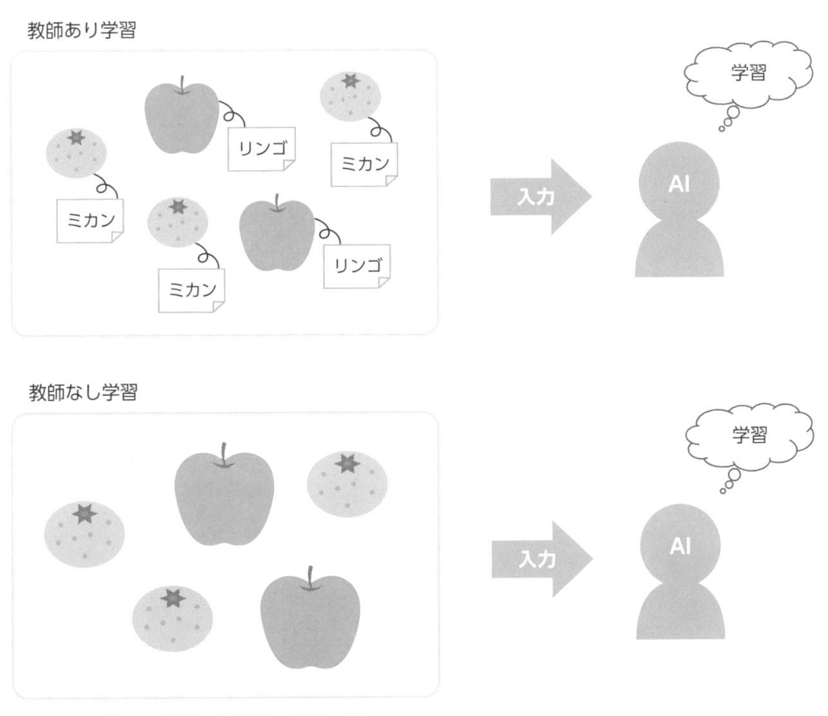

図 2.18　教師あり学習と教師なし学習の違い

2.5 教師なし学習の手法

教師なし学習における代表的な手法を紹介します。

2.5.1 クラスタリング

例えば、ワインのデータとして「度数」と「渋み」のデータがあったとします。2つの値を散布図で表したものが**図 2.19（左）**です。一見、ランダムにプロットされているようですが、なんとなく**図 2.19（右）**のように3つのグループに分かれているように見えます。クラスタリングでは、どの点がどのグループ（クラスタ）に属するかという情報（教師データ）を持たない状態で、グループに分けることを目的とします。

なお、クラスタは何かしらの理由で類似するデータの集まりです。出来上がったクラスタが何を意味しているのかを解釈するのは、人間側の作業となります。今回の例では、3つのグループはワインの種類（赤・白・ロゼ）や産地と解釈できるかもしれません。

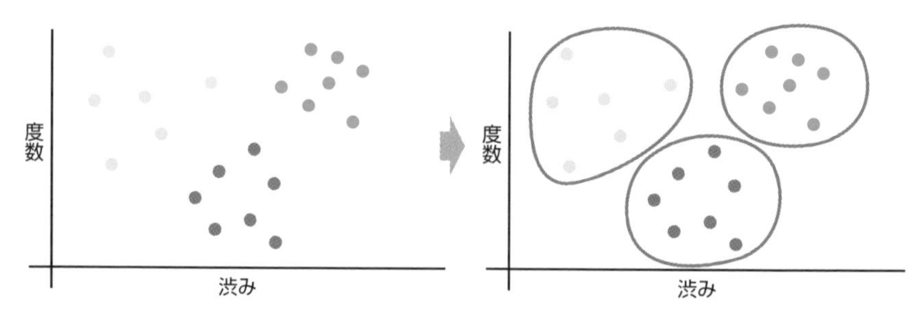

図 2.19　クラスタリング

アドバイス

教師あり学習の「分類」と教師なし学習の「クラスタリング」は混同しやすい単語です。大きな違いは「事前にクラス（教師データ）」が決められているかどうかです。

- 分類：事前にクラスが決められている。
- クラスタリング：事前に決めるのはクラスタの数（k-means 法の場合）。

2.5.2 k-means 法

k-means 法（k 平均法）は、教師なし学習でクラスタリングを行うためのモデルになります。アルゴリズムとしては以下のようになります。

1. 振り分けるクラスタの数を決める
 →緑とグレーの 2 つに分けたい
2. 各データを適当なクラスタに振り分ける
 →初期の中心をランダムに決める（★と★）

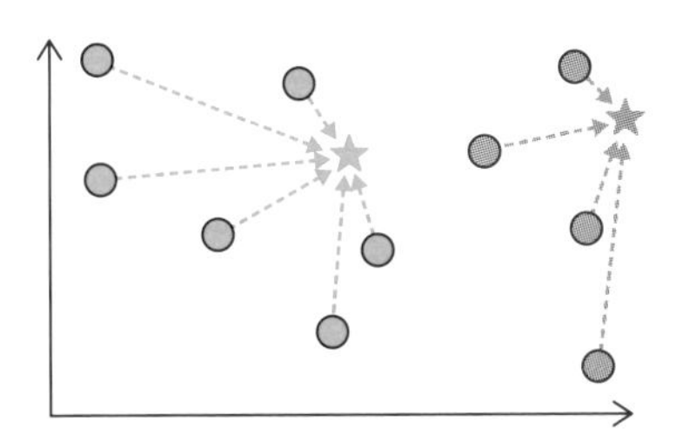

3. 各クラスタの重心を求める

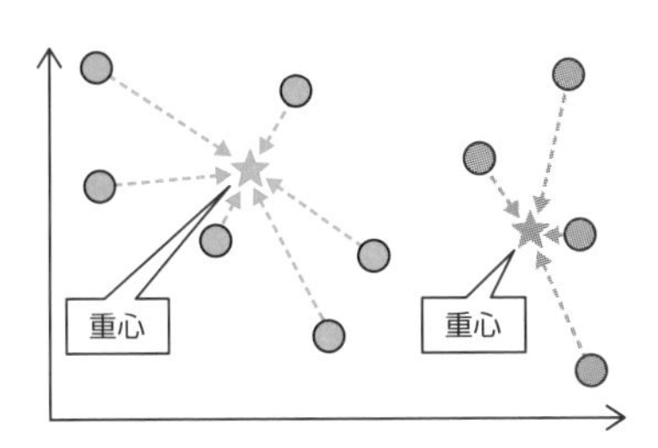

4. 求めた重心と各データの距離を求め、各データを最も距離が近い重心のクラスタに割り当て直す

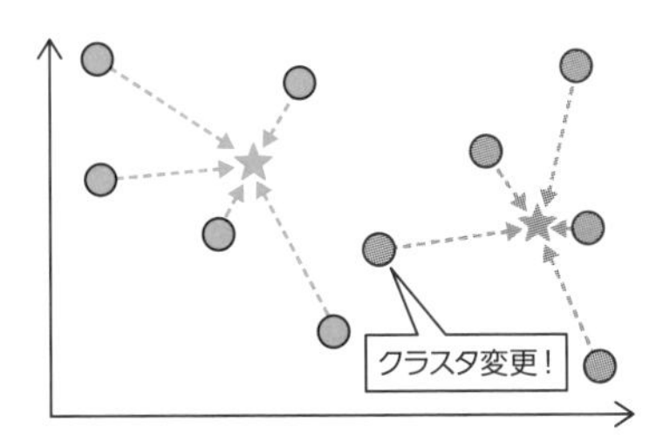

5. 重心の移動が、設定した閾値（しきいち）を下回るまで 3 ～ 4 を繰り返す

これにより、教師データなしでクラスタリングを行うことが可能になります。なお、この手法では各データが最初にどのクラスタに所属するかはランダムに決められるため、振り分け方によって結果が異なる可能性があります。

また、k-means法では振り分けるクラスタの数は人の手で決定する必要があります。このように、人が決める必要のあるアルゴリズムの挙動を制御する値をハイパーパラメータと呼びます。地道に自分で最適なクラスタ数を探すこともできますが、エルボー法とシルエット法と呼ばれる手法を使って適切なクラスタ数を検討する方法もあります。

2.5.3 階層クラスタリング

階層クラスタリングでは、まずは各データ同士の最も距離が近いデータの組み合わせでクラスタを形成していきます(図2.20：A・B・C)。出来上がったクラスタ同士の距離を求め、近いもので更にグループを作っていきます(図2.20：A・BC)。このようにクラスタの合併を繰り返すことで最終的にはデータ全体が1つのクラスタ(図2.20：ABC)となります。

少しずつ大きなクラスタになっていく工程を表す樹形図をデンドログラム(dendrogram)と呼びます。デンドログラムを高さごとに見ていくとクラスタの数が変わることから「階層」クラスタリングと呼ばれています(図2.20)。

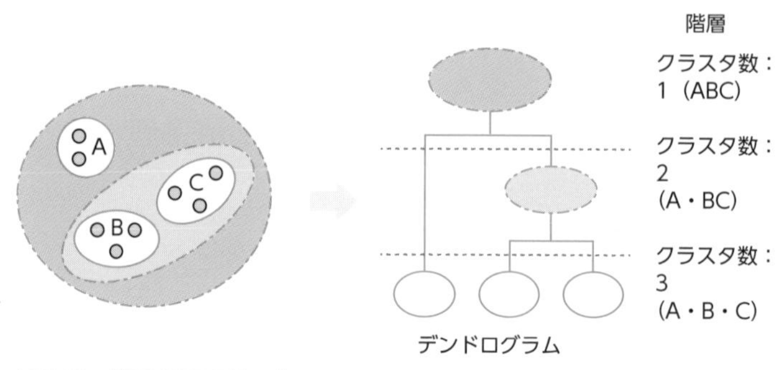

図2.20　階層クラスタリング

先ほど紹介したk-means法では先にいくつのクラスタに分けるか決定する必要がありましたが、階層クラスタリングでは階層の構造を確認してから目的に応じたクラスタの数を決めることができます。また、階層の構造からデータの特性の分析にも役立てることができます。

一方、全データの組み合わせを計算するため、計算量の多さがデメリットとして挙げられます。データ数が多いほどデンドログラムも複雑になり解釈性が落ちることもあり、データ数が少ない場合に適した手法といえます。

なお、階層クラスタリングはクラスタ同士の類似度の測り方によって以下の5つの手法に分かれます。

- **単連結法（最短距離法）**
  クラスタ間で最も近いサンプルとの距離が小さいクラスタ同士を融合。
- **完全連結法（最長距離法）**
  クラスタ間で最も遠いサンプルとの距離が小さいクラスタ同士を融合。
- **群平均法（平均距離法）**
  クラスタ間すべてのサンプルとの距離の平均が小さいクラスタ同士を融合。
- **重心法**
  クラスタごとに重心を算出し、その重心同士の距離が小さいクラスタ同士を融合。
- **ウォード法**
  元のクラスタと融合後のクラスタのばらつき（偏差平方和）の差が小さい組み合わせで融合。

アドバイス

階層クラスタリング＝ウォード法のように表記されることがあるほど、5つの手法の中でもウォード法がポピュラーな手法です。特に名前を覚えておくとよいでしょう。

2.5.4 トピックモデル

k-means 法と階層クラスタリングの手法では、データは最終的に1つのクラスタに所属します。それに対して、複数のクラスタに属することを許したクラスタリングの手法をトピックモデルと呼びます。代表的な手法として LDA（Latent Dirichlet Allocation：潜在的ディリクレ配分法）があります。

トピックモデルは、自然言語処理分野のクラスタリングでよく活用されており、文章中に出現する単語の種類・出現率などから文章の意味を解析します。例えば、「食い倒れ旅行日記」というブログ記事は「レジャー」と「食レポ」など複数のジャンル（クラスタ）に所属すると考えられます。

また、文章の意味の解析をすることで文章の類似度を算出し、その類似度をレコメンドシステム（推薦システム）に活用する例もあります。

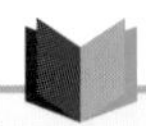
COLUMN

レコメンデーション

クラスタリングは顧客の属性分析などによく用いられ、レコメンデーションなどで活用されています。例えば、ECサイトでおすすめの商品を推薦された経験は誰しも覚えがあるものかと思います。顧客の購入実績や商品の閲覧状況などから、顧客が買いたいと思っている商品カテゴリの予測には教師なし学習のクラスタリングが活用されています。

上記のように、おすすめ商品を予測する手法には協調フィルタリング（図2.21）とコンテンツベース（内容ベース）フィルタリング（図2.22）があります。

● **協調フィルタリング**

類似する顧客情報を参照することで、まだ購入していない商品をおすすめします。

例）購入実績が類似するユーザーAとユーザーB
　→ユーザーAに商品④をおすすめする。

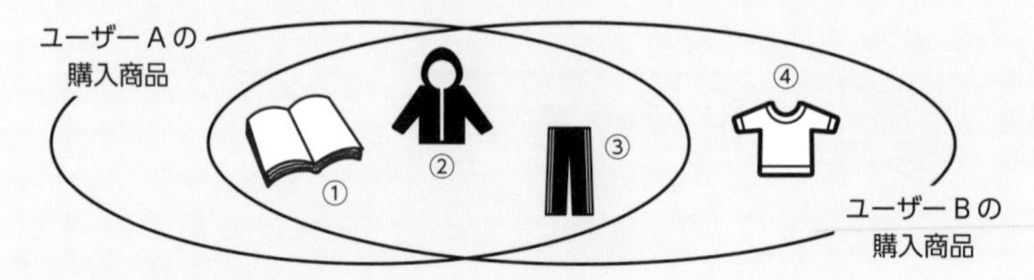

図2.21　協調フィルタリングのイメージ

● **コンテンツベース(内容ベース)フィルタリング**

類似する商品情報を参照することで、同じ特徴を持つ商品をおすすめします。

例) ユーザーAの購入商品と同じ特徴(タグ)を持つ商品

→「カジュアル」のタグを持つ衣類をおすすめする。

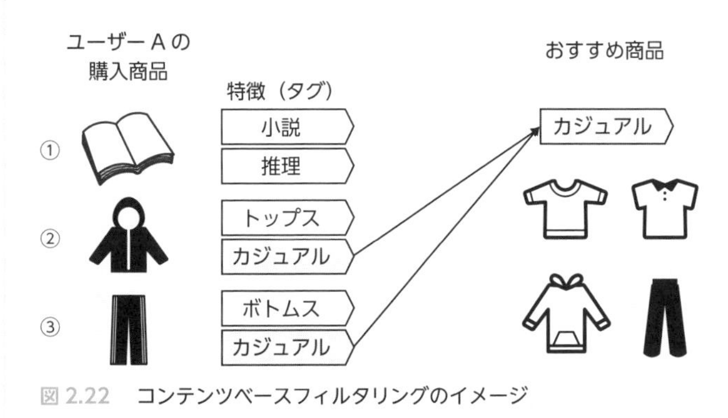

図 2.22　コンテンツベースフィルタリングのイメージ

2.5.5 主成分分析

クラスタリングは類似データをグループ分けすることでデータの構造を表現していました。一方、主成分分析は入力データ(特徴量)間の相関を分析することでデータの構造をつかむ手法です。特に、特徴量の数が多い場合にその数を減らす目的で用いられます。特徴量間の相関を分析した結果、相関関係が高いものは似たような傾向にあるという判断でどちらかを削除、もしくは統合することで相関が低い特徴量へ次元削減することができます。次元削減を行った結果、残った特徴量を主成分といいます。

例えば、国語・社会・数学・理科のテストの点数のデータ(=特徴量)があったとします。国語と社会、数学と理科の相関が高く、それらの点数の組み合わせから新たに文系科目と理系科目を表現する値(=主成分)を求めるのが主成分分析のイメージです。

2.5.6 t-SNE 法

t-SNE 法は、高次元のデータを 2 次元、もしくは 3 次元に落とし込むことで可視化を可能にすることを目的とした次元削減の手法です。

この手法の特徴は、データ間の関係性（類似度）の表現に確率分布を用いる点です。高次元の時と次元削減後の次元の時、それぞれのデータ間の関係性を t 分布を用いて表現します。この関係性をできるだけ維持して可視化可能な次元数にデータを変換します。

アドバイス

t 分布とは、統計学で使用される連続確率分布の 1 つです。自由度と呼ばれる値によって、分布の形が変化する特徴を持ちます。

※ G 検定では t 分布自体の説明について出題される確率は低いですが、t-SNE 法のように手法の説明文として目にする場合があります。

COLUMN

半教師あり学習

半教師あり学習は、教師あり学習と教師なし学習の間をとったような手法になります。半教師あり学習は次の 2 つに大別されます。

- 半教師あり分類
- 半教師ありクラスタリング

半教師あり分類は、一部のデータに対して教師データがあり、それに基づいて学習を行い、教師データがないデータに対しても自動的に学習しようというものです。通常の分類では、すべてのデータに対して教師データを用意する必要がありますが、教師データを作るには多大なコストがかかります。半教師あり分類では、用意する教師データを減らすことで、コストの削減を目指しています。

半教師ありクラスタリングは、教師なしクラスタリングと同様に教師データのない状態でのクラスタリングを行います。しかし、一部のデータに対しては、どのクラスタに振り分けられるか事前に情報を与えることにより、精度向上を目指します。

2.6 強化学習

強化学習（RL：Reinforcement Learning）とは、システム自身が試行錯誤し、最適な行動を探す手法です。ある環境下でエージェントが環境に対して行動し、得られる報酬が最大化されるような方策を求めます（図 2.23）。

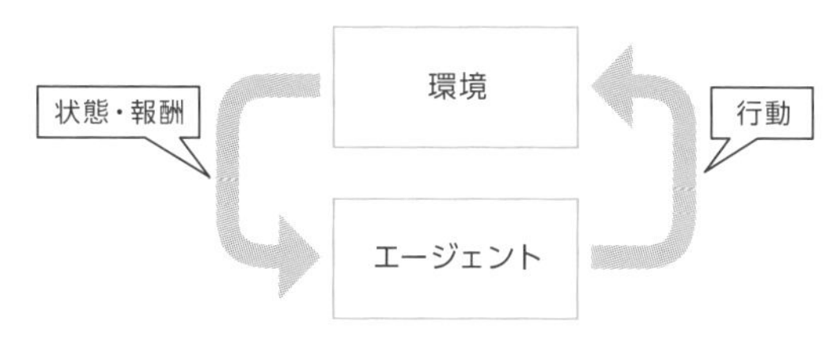

図 2.23　強化学習

これまでの機械学習では聞きなれない用語が出てきたので、詳しく解説します。まず、エージェント（Agent）とは、ゲームに例えると、環境に対して行動するプレイヤーの立場になります。次に環境（Environment）は、エージェントの行動に対して状態の更新を行い、報酬を与えます。報酬は、エージェントが環境に対して望ましい結果を与えた時にエージェントに付与されます。方策は、エージェントが行動する際の指標（ルール）となります。得られた報酬によって、次の行動の方策が更新されます。

強化学習には明確な教師データは存在しませんが、目的に近づくにつれて報酬が高くなるような条件を設定します。例えば自動運転を例にした場合、コース内にとどまっている場合は加点されていき、コースアウトした場合は減点するなどです。このように、報酬条件を設定することにより、学習器は総合的に報酬が高くなるような方策を得ようと学習します。ただし、この例ではコース中央で停車して時間を稼ぐことで高い報酬を得るように学習してしまう可能性があり、本来の目的を達することができません。この場合、時間あたりの移動量が多い場合に報酬を与えて、停車した時間に応じて減点するなどの必要があります。このように状態の表し方や行動に対する報酬の設定が難しいところが、強化学習の課題となっています。

表 2.2　強化学習の用語

状態 (state)	エージェントが環境を観測した情報
行動 (action)	エージェントが行う行動
報酬 (reward)	エージェントが環境から受け取る評価
方策 (policy)	エージェントの行動ルール。ある状態である行動をとる確率
価値 (収益)	長期的な報酬。時間経過による割引率 (将来得られる報酬の反映度) を考慮した報酬の和

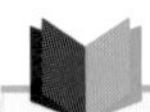

ある行動をとった時点で得らえる報酬を即時報酬と呼ぶことがあります。強化学習で最大化したいのは、このような即時報酬ではなく、最終的な報酬の合計 (価値) です。

COLUMN

マルコフ決定過程

マルコフ決定過程は環境を表現する確率過程です。状態・行動・遷移確率・報酬という要素で構成され、現在時刻 t の「状態 t」とその時の「行動 t」の結果から確率的に次の「状態 t+1」を決定します。この際に「状態 t+1」は現在時刻 t の状態と行動にのみ依存しており、それより過去の情報には依存しません。このように、これまでの状態に依存しない確率過程の性質をマルコフ性と呼びます。

2.6.1 バンディットアルゴリズム

強化学習の具体的な手法を紹介する前に、土台となる考え方として、無数の行動の組み合わせ (選択肢) の試行方法について解説していきます。

先ほどの自動運転の例えであれば、ハンドルを「左右どちらか」に「何度」動かすかだけでもコース内を走り切るまでに数えきれない組み合わせがあることがわかるでしょう。では、一番良い行動の組み合わせはどのように試行錯誤しているのでしょうか。もちろん、すべての組み合わせを総当たりすれば最適解は見つかるはずですが、現実的ではありません。そのため、試行錯誤には活用と探索という 2 つの考え方が利用されています。

活用は、これまでに得た経験から報酬が高かった行動を選択していく考え方です。経験を活かして持ち得る手札内から最適な行動を選択することができます。次に探索は、まだ経験のない行動を模索していきます。新しく報酬の多い行動を見つける可能性がありますが、ランダムに行動を選択するために徒労となる場合もあります。それぞれの特性から、この2つの考え方はトレードオフの関係にあることがわかるかと思います。活用ばかり行えば、経験した選択肢の中から最良のものを見つけることができますが、あるかもしれない有効な選択肢を見逃すことになります。逆に探索ではより良い選択肢を発見することもできますが、ランダムに行動を選択するため無駄な試行を増やすことにもなり、効率が良いとはいえません。活用と探索をバランスよく行うことが強化学習では肝要となってきます。

このような活用と探索のバランスを考慮した強化学習のアルゴリズムをバンディットアルゴリズムと呼びます。代表的な手法として、ε -greedy 方策とUCB 方策があります。

ε -greedy 方策

ε -greedy 方策は活用をメインに据えた手法です。ある小さな確率（ε）でランダムに行動を選択（探索）します。そして、残りの確率（1- ε）で、これまでに得た経験から良い組み合わせを選択（活用）することで最良の組み合わせを試行錯誤します。

UCB 方策

UCB 方策では、UCB スコアと呼ばれる値を使用して行動選択を行います。UCB スコアは、ある行動を選んだ際の報酬の期待値（これまで経験した報酬の平均）と、これまでの全試行の中でその選択肢を使用した回数から算出されます。選択肢の選考基準に選択肢の使用回数を含めることで、検証が少ない選択肢に関しては優先的に探索できるようになっています。

では、強化学習の基本を理解したら具体的な手法についても覚えていきましょう。

まず、前提となる強化学習の目標を思い出してください。強化学習の目標は、得られる報酬が最大化されるような方策を求めることです。その方策を求めるアルゴリズムは大きく2つのアプローチ手法に分かれます（**表2.3**）。

表2.3 強化学習の手法

価値ベースの手法	方策ベースの手法
価値関数によって求められる価値を高める方策を選択する手法。 例：Q学習・SARSA	方策を直接推定し、価値関数で評価することで良い方策になるように改善していく手法。 例：方策勾配法・Actor-Critic法

それでは、それぞれの手法について見ていきましょう。

2.6.2 価値ベースの手法

価値ベースの手法（価値反復法）では、まず行動を起こして報酬などの情報を収集し、得た情報から状態行動価値（ある状態からとる行動の価値）を計算します。この時の状態行動価値のことをQ値と呼びます。Q値を利用した手法として、Q学習、SARSA、モンテカルロ法が有名です。

● Q学習

Q学習は、期待値の見積もりを現在推定している値の最大値で更新する手法です。つまり、Q学習ではある時点で選択できる行動の中で、Q値の最も高い行動を選択していきます。

Q学習の中でもディープラーニング（第3章参照）と組み合わせ、表現力を上げたものを深層強化学習（DQN：Deep Q Network）と呼びます。パターンが少ない場合は限られたQ値で済みますが、この方法を大きなパターン（例えば囲碁のマス19×19）で行う場合、数手進んだだけで「ある局面からの次の一手」の組み合わせが膨大になり、保存するQ値の数が桁外れになり処理できなくなってしまいます。これを状態空間の爆発といいます。Q値を近似するアイデアは以前からありましたが、AlphaGo（2.6.3 COLUMN「強化学習とゲーム」参照）はQ値をニューラルネットワークで近似して解決しています。保存するQ値の数が膨大になった場合であっても、これを深い構造を持ったニューラルネットワークで代替するのがDQNです。DQNはGoogle DeepMind社が開発した強化学習の手法です。

SARSA

Q 学習に対し、SARSA は実際に行動してみた結果を使って期待値の見積もりを更新する手法です。

モンテカルロ法

モンテカルロ法とは、何らかの価値が得られるまで行動し、その価値を知ってからそれまでの過程をたどり、状態と行動に対して報酬を分配する手法です。そのため、常に Q 値を使って更新する Q 学習や SARSA と異なり、モンテカルロ法は報酬が得られて初めて Q 値を更新できます。

2.6.3 方策ベースの手法

ある状態であることの価値を表現する「状態価値関数」による方策評価と方策改善を繰り返すことで最適な方策を得るアルゴリズムを方策反復法と呼びます。このような方策ベースの強化学習の代表的な手法として、方策勾配法とActor-Critic 法が挙げられます。

方策勾配法

方策をあるパラメータで表す関数とし、そのパラメータを学習することで方策を学習していくアプローチです。確率的な方策と確定的な方策の両方を扱うことができ、連続値が扱いやすくなる、メモリ消費の高い手法が不要などの利点があります。

アルゴリズム例：'Vanilla' Policy Gradient・REINFORCE 等

Actor-Critic 法

行動を選択するための確率分布を持った「Actor」と、その確率分布に則った行動を評価する「Critic」があり、その評価時に TD 誤差を使用します。得た TD 誤差に基づき、Actor 内の確率分布を更新することで、TD 誤差が 0 になることを目指します。

アルゴリズム例：A3C（asynchronous advantage Actor-Critic）・DDPG（deep deterministic policy gradient）等

アドバイス

TD 誤差学習（TD: Temporal Difference）

強化学習の手法の 1 つ。自身の評価を行い、TD 誤差を用いて更新を行います。TD 誤差とは見積もりと実際に得られた値の誤差であり、TD 誤差学習ではこの誤差を 0 に近づけるように学習が行われます。Actor-Critic 法はこの手法の 1 つです。

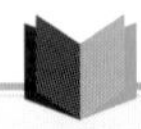

COLUMN

強化学習とゲーム

強化学習が注目されるきっかけとして、AlphaGo と呼ばれる囲碁 AI が人間に勝利したことが有名です。強化学習は自動運転などの実用化も研究されていますが、現時点ではゲームやロボットへの適用が主流です。強化学習はシミュレータまたは実機を利用したデータが必要であるため、これらを比較的容易に調達できるゲームやロボットへの活用が多くなっています。

● AlphaGo

モンテカルロ法を取り入れた囲碁プログラムで、Google DeepMind 社が開発しました。AlphaGo は、2015 年 10 月に人間のプロ囲碁棋士をハンディキャップなしで破った初のコンピュータ囲碁プログラムです。

● AlphaGo Zero

これまでの強化学習で必要だった棋譜等のデータを使用せずに、セルフプレイ（自身と競う）を用いた強化学習です。

● AlphaStar

ビデオゲーム『StarCraft II』をプレイする AlphaStar は、2019 年 1 月に一般公開されました。このゲームは、盤面で相手の動きを確認できる囲碁と異なり、すべての情報を見ることができないので、相手の行動を予測しなければなりません。また、配置スペースは囲碁の 361（19 × 19）に対し、『StarCraft II』では 10 の 26 乗にもなります。AlphaStar は、人間の反応速度や操作量と同程度にする制限がありましたが、好成績を収めました。

アドバイス

AlphaGo（2015年）、AlphaGo Zero（2017年）、AlphaStar（2019年）が発表された順番も覚えておきましょう。

アドバイス

強化学習のシミュレーションライブラリとして、非営利団体「OpenAI」が提供するOpenAI Gymがあります。OpenAI Gymは強化学習を学べる環境が準備されています。倒立振子やパックマン問題などに取り組むことができます。

2.7 機械学習のワークフロー

ここまでで、どのような機械学習があるのかだいたい理解できたかと思います。では、いざ機械学習を行おうと思った時、どのような手順を踏めばよいのでしょうか。本節では機械学習のワークフローを**図 2.24** のように「データの収集」から「モデルの評価」までの、4つの工程に分けて説明していきます。

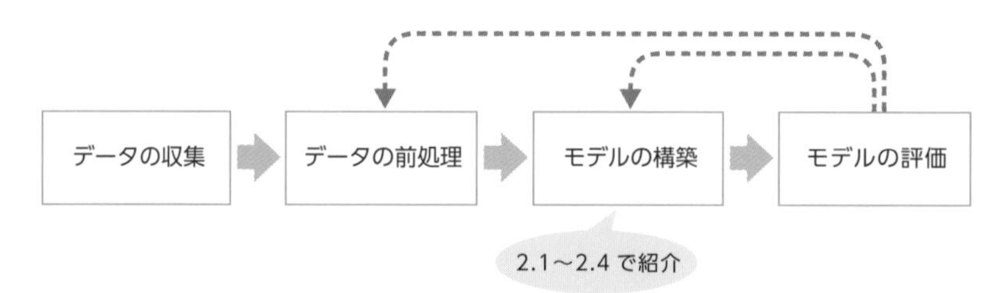

図 2.24　機械学習のワークフロー

これまでに紹介してきた機械学習の手法(2.1 ～ 2.4 参照)は、「モデルの構築」の学習で使用されるものです。機械学習を行う際の花形といってよい部分ですが、その他の「データの収集」、「データの前処理」、「モデルの評価」の方法についても概要をつかんでおきましょう。

2.7.1 データ収集

データの収集方法は主に3つ挙げられます。

1つ目は、自前でデータを収集・蓄積する方法です。目的に合わせたデータを収集することができますが、かかる時間と労力は大きくなります。

2つ目は、Web サイトから情報を検索して抽出する Web スクレイピングです。インターネットが普及してから、日々膨大なデータが Web 上に存在しています。実際にこれらの情報を活用することでディープラーニングも大きく発展を遂げました。ただし、Web スクレイピングを禁止しているサイトがあることや、対象の Web サイトへの過度なアクセスをするプログラムを使用しないこと、著作権法等の法律面での配慮が必要であることに留意しましょう。

3つ目は、政府や大学・研究機関・企業などが公開しているオープンデータの使用です。Web上には機械学習用のデータセットが数多く公開されています。「アヤメ（iris）」や「タイタニック号乗客」のデータは機械学習のチュートリアルなどでもよく使用される有名なデータセットです。

もちろん、オープンデータは数多く存在しますが、自身の目的に完全に適したオープンデータは少ないので、自前のデータを組み合わせて使用するなどの工夫も必要です。

2.7.2 データの前処理

集めたデータを、そのまま学習に使用できるケースは非常に稀です。特に、自前で蓄積したデータやWebスクレイピングで収集したデータには、必ずといってよいほど異常なデータや欠損が含まれています。そうした、異常や欠損を含んだデータは機械学習を利用する時に悪影響を及ぼすため、学習を始める前には適切なデータの前処理を行うことが重要です。以下に示す代表的な前処理の手法を覚えておくとよいでしょう。

● 異常値・欠損への対応（データクレンジング）

データクレンジングとは、データの欠損やノイズ、表記ゆれ、粒度の違いなどを特定し、分析に適したデータとなるようにデータを削除・変換・整理することを指します。機械学習・ディープラーニングに限らず、データ解析を行う上で重要な処理の1つです。例えば、**表2.4**のようなデータがあるとします。

表2.4

	生年月日	身長	体重	性別
A	1982年8月5日	175	75	男
B	平成3年4月20日		159	男
C	1999年11月7日	155	51	女
D	1960年6月20日	1.7	60	女

このデータの問題点は何でしょうか。データの品質を確認する基準として、以下の5点があります。これらについて確認してみましょう。

- 完全性：欠損データの有無
- 適合性：表記ゆれの有無
- 一貫性：不整合の有無
- 精度：ノイズ・外れ値・誤りの有無
- 重複度：データの重複の有無

まず、生年月日では西暦と和暦が混在しています。次に、身長では空欄（欠損）と単位に誤りがあるだろうと予想できる数値があります。最後に、体重では明らかに大きく平均から離れた数値があります。これは外れ値といい、取り扱いに注意が必要な数値となります。これらの異常や表記ゆれを統一、削除、補完することによって品質の高いデータに改善されていきます。

なお、欠損値に対するアプローチは2種類あります。除去するか、なんらかの数値で補完するかです。除去方法としては、欠損値を含む行（サンプル）を取り除くか、列（入力変数）を取り除くかのいずれかです。補完する数値で代表的なものとしては、平均値と中央値、最頻値などがあります。どのような数値で補完するかは、データのばらつきや欠損値の有無など、データの分布や傾向をもとに判断していきます。

表現変換

多くの機械学習モデルでは、**表2.4**の「性別」のようなカテゴリカル変数（文字列）をそのまま取り扱うことができません。そのため、以下のような方法で数値に変換する必要があります。変換方法の代表例としてLabel EncodingとOne-Hot Encodingがあります。

表2.5の性別データを例に考えてみましょう。**表2.5**のLabel Encodingでは、男性を1、女性を2というように重複しない数値を割り振り、文字列を数値に変換します。**表2.6**のOne-Hot Encodingでは、性別という列を「男性の列」と「女性の列」に分け、Yes、Noをそれぞれ「True (1)」「False (0)」で表現します。

表 2.5 Label Encoding

	生年月日	身長	体重	性別
A	1982年8月5日	175	75	1
B	平成3年4月20日		159	1
C	1999年11月7日	155	51	2
D	1960年6月20日	1.7	60	2

表 2.6 One-Hot Encoding

	生年月日	身長	体重	性別 - 男性	性別 - 女性
A	1982年8月5日	175	75	1	0
B	平成3年4月20日		159	1	0
C	1999年11月7日	155	51	0	1
D	1960年6月20日	1.7	60	0	1

今回は性別を例にしましたが、Label Encodingは本来、順位に意味のあるカテゴリカルデータ、例えば服のサイズ(S·M·L)やチケットの等級(B席・A席・S席)に適しています。One-Hot Encodingでは順位が関係ないカテゴリカルデータを数値に変換できますが、列(説明変数)が増える点に注意が必要です。

スケーリング

機械学習で扱うデータは、**表2.6**の「身長」と「性別 - 男性」などのようにスケールに大きな違いがあるものが多くあります。100を超える「身長」と、「性別 - 男性」の有無を示す0・1の数字とでは、それぞれ表す意味が異なることは人間には容易にわかります。しかし、コンピュータは、これらをただの数字としか認識できません。そのためこのようなスケールの差は、学習の効率を悪くしたり精度に影響を及ぼしたりする可能性を持っています。このような悪影響を回避するために必要な処理がスケーリングです。代表的なスケーリングには、正規化・標準化(**表2.7、図2.25、図2.26**)があります。ある一定の範囲に数値を変換する正規化では、よく「最低が0、最高が1になるようにデータを加工」します。また、標準化は「平均が0、標準偏差が1になるようにデータを加工(スケーリング)」することを指します。

表 2.7　正規化と標準化の例

No	データ	正規化	標準化
1	1	0	-1.12437
2	2	0.25	-0.49191
3	3	0.5	0.140546
4	4	0.75	0.773001
5	5	1	1.405457
6	4	0.75	0.773001
7	3	0.5	0.140546
8	2	0.25	-0.49191
9	1	0	-1.12437
平均	2.777778	0.444444	0
標準偏差	1.581139	0.395285	1
最小値	1	0	
最大値	5	1	

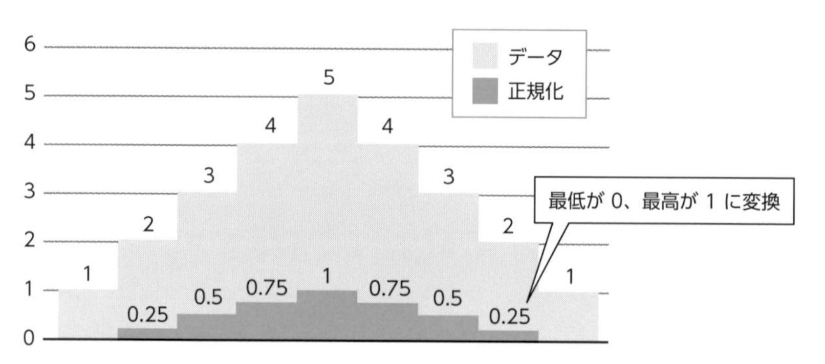

図 2.25　正規化

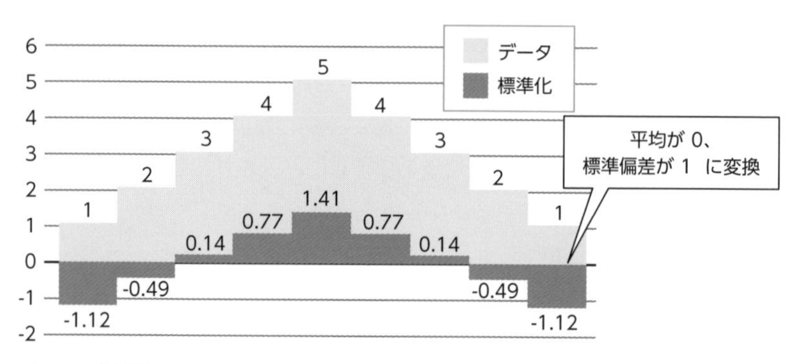

図 2.26　標準化

また、正規化・標準化の他に白色化というスケーリング方法もあります。

白色化は各データ同士の相関関係を無くしてから標準化することで、データの散らばり具合のスケール感を整えることができます。

アドバイス

正規化と標準化は混同しやすい手法です。図2.25（濃い緑色の部分）と図2.26（グレーの部分）のように、変換後の状態を視覚的に覚えるとイメージしやすくなります。

次元削減

機械学習では、次元（特徴量）数は多ければ多いほどよいというわけではありません。それぞれの特徴を打ち消し合い、逆に強調しすぎてしまう場合もあります。逆に、使用する特徴量を効果的に減らすことで精度を向上させられる場合があります。また、**図2.27**のように特徴量を減らすと学習にかかる時間も減らせるので、次元を削除することで有利に働きます。次元削減の代表的な手法として主成分分析（2.5.5参照）とt-SNE法（2.5.6参照）があります。

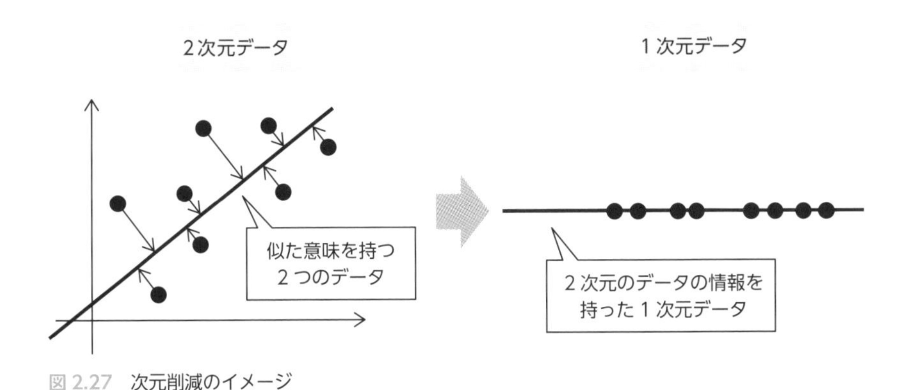

図2.27　次元削減のイメージ

なお、せっかくある特徴量は捨てずにすべて使うという考え方や、特徴量同士をかけ合わせて新たな特徴量を作る手法もあります。このように特徴量を分析し、次元削減を行ったり、新たな特徴量を作り出したりすることを特徴量エンジニアリングといいます。

● データの水増し（Data Augmentation）

機械学習を行うために、十分なデータ量を確保できるとは限りません。例えば工場で異常品の検査を機械学習で行いたいと考えた時に、異常データを集めようと思っても、そもそも異常品の数は少ないため十分な量を集めることは困難を極めます。そこで、現状あるデータに工夫を凝らして新しいデータ量を増やします。これをデータの水増し（Data Augmentation）といいます。

Data Augmentationの手法としてよく用いられるのは、オーバーサンプリング（Oversampling）です。これは不均衡なデータに対して、データを水増しして、データを均衡状態にしてから学習を行う手法です。例えば、肺がん検査の場合、一般的に全検査数に対して陽性データは極端に少なくなります。陽性データが少ない状態で学習を進めると、モデルの予測はデータの多い陰性側に傾く傾向があります。このような状態に陥らないよう、陽性データをオーバーサンプリングして、陽性データと陰性データを均衡状態にしてから学習を行うことで、汎化性能の向上を目指します。

データ量を増やすには、k近傍法を利用したオーバーサンプリングの手法の1つ「SMOTE（Synthetic Minority Oversampling TEchnique）」を用いることができます。また、画像データであれば、画像を傾けたりランダムにノイズを入れたりする他、場合によっては左右上下の反転などを行います。なお、オーバーサンプリングとは逆の行為を行うアンダーサンプリングという手法もありますが、データを減らすことになるためあまり利用されません。

アドバイス

k近傍法は、機械学習の分類に使用されるアルゴリズムの１つです。未知の新しいデータのクラスを、既知のデータとの距離が近いデータのクラスを多数決で決定します。

● アノテーション

アノテーションとは、収集したデータに対して意味（タグ）付けをすることを指します。教師あり学習でいうところの「教師（正解）データ」を作成する作業となります。正確なアノテーションがされないとAIは正しく学習することができないため、とても重要な作業となります。

ただし、膨大な量のアノテーションを行わなければならず、教師なし学習や半教師あり学習を活用するなどして、労力を省く工夫も大切です。

アドバイス

機械学習で扱うデータは何千、何万の値になります。一からタグ付けをすることの大変さから、自動でアノテーションできる手法・ツールなども研究されています。

2.7.3 モデルの構築

データの準備が整ったら使用するモデルを選び、学習を行います。使用するモデルは前節で紹介した通り様々な種類があります。どれを選択すればよいか、一概に「これが正解である」といった基準は定められません。データとモデルの相性は様々で、試して検証していくことがほとんどです。実務で使う際は、「ただ良い予測を求める」か「予測結果の要因がわかること（説明性）を重視」するかなど、解析の方針で使用するモデルの方向性を決める場合もあります。

また、同じモデルを使用する場合でも、ハイパーパラメータと呼ばれるアルゴリズムの動きを制御する値によっても予測精度は大きく変わります。例えば、決定木（2.3.4 参照）であれば、分岐する階層の深さや分岐後のサンプル数の制限などをハイパーパラメータとして設定することができます。その値の調整方法としては、主に「人間が手動で調整」する場合と「アルゴリズムで調整」する場合（3.2 COLUMN「ハイパーパラメータのチューニング」参照）があります。

2.7.4 モデルの評価

機械学習においては単にモデルを学習するだけではなく、そのモデルがどのくらいの性能を持っているのか評価する必要があります。この時、適切に評価を行わないと、想定していた性能が出ずにトラブルに発展する可能性があります。ここではモデルをどのように評価するかを解説していきます。

モデルの検証方法

機械学習は、未知（未来）のデータに対して分類や値の予測を行うことを目的としています。一方で学習に際しては、既知（過去）のデータに基づいて学習を行うため、データに対する予測精度は、学習に利用した既知のデータの方が未知のデータよりも高くなる傾向にあります。そのため、訓練データでは99%以上の精度が出ていたのに、完成したモデルを実際に使ってみたら50%以下の精度しか出なくなるといった現象が起こることがあります。このように、訓練データに対してのみ精度が高くなる状態を過学習（オーバーフィッティング、過剰適合）と呼びます。

このような偏った学習を防ぐために、モデルの評価は未知のデータに対する精度を評価することが望ましいのです。

未知のデータに対する予測能力は汎化性能（ロバスト性）と呼ばれます。過学習したモデルは、この汎化性能が低い状態のモデルであり、実プロジェクトでは役に立たないモデルということになります。過学習しないようにするには、できるだけ多くのデータを使って学習を行い、未知のデータへの適合性を高める必要があります。しかし、未知のデータは手元にないから未知であり、学習時に利用できません。また、無限の組み合わせが存在する未知のデータを事前に用意することはできません。このため、機械学習では擬似的に未知のデータを作り出すことで、汎化性能を高める試みをします。

擬似的に未知のデータを得る手法の1つとして、手元にあるデータの一部（例えば7割）を学習用のデータ（訓練データ）とし、残ったデータを評価用のデータ（検証データ）として利用する方法があります。この手法をホールドアウト法（Hold Out）と呼びます（図2.28）。

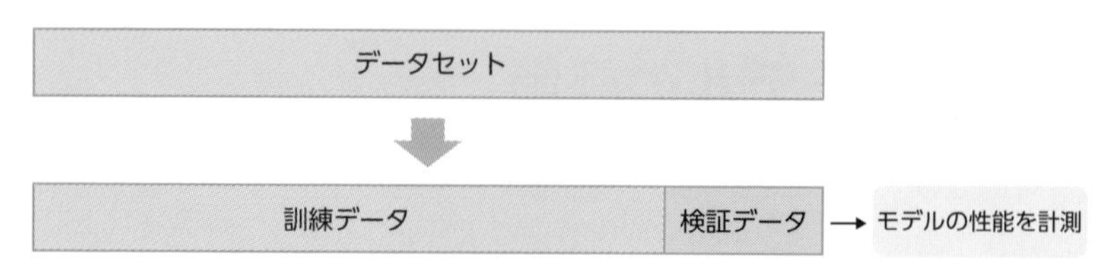

図2.28　ホールドアウト法

ホールドアウト法では評価データは学習に利用しないことで、検証時に未知のデータとして扱うことができます。この手法は非常にシンプルでわかりやすいのですが、検証データが偶然にも評価中のモデルにフィットしていて、高い性能を示してしまう場合があります。この偶然による影響を受けないようにするための方法として、交差検証（Cross Validation）という手法があります（**図2.29**）。

交差検証では、手元のデータ（データセット）をいくつかに分割します。例えば全データを10分割した場合、このうちの9セットを訓練データとして学習に利用し、残りの1セットを検証データとしてモデルを評価します。ここまではホールドアウト法と変わりません。次に、先ほど検証データとして使ったデータとは別のものを検証データとして選別し、残ったデータを訓練データとして利用して学習・評価という行為を繰り返します。データを10分割した場合、この行為を10回繰り返し、結果10個の評価を得られますが、これらの評価の平均をモデルの評価として採用します。

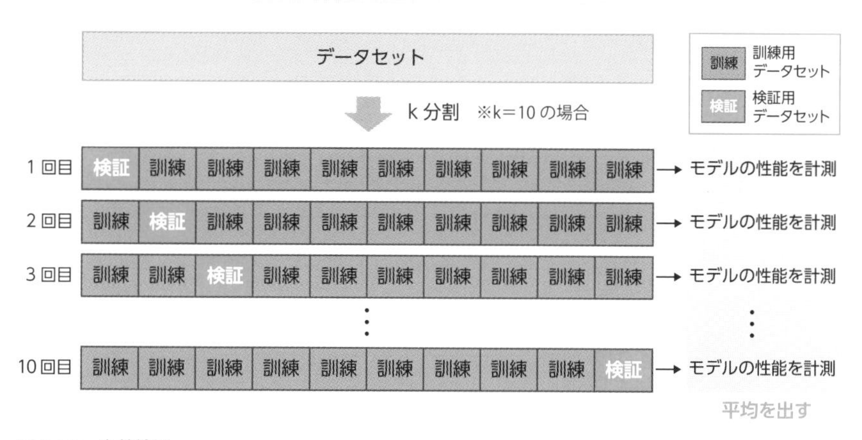

図2.29　交差検証

アドバイス

ホールドアウト法と交差検証の特徴をしっかり区別しましょう。

- ホールドアウト法：データセットを訓練データと検証データの2つに分割。
- 交差検証：任意の数にデータセットを分割し、分割した数だけ訓練と検証を入れ替え。

また、過学習対策の1つとして、データの正則化を行う手法もあります。正則化により学習データに含まれているノイズや外れ値の影響を抑えられ、重みが訓練データに対してのみ調整されることを防ぎます。よく使われる正則化としてはL1正則化（L1ノルム）とL2正則化（L2ノルム）があります。それぞれの特徴は以下の通りです。

- **L1正則化**
  一部の特徴量の重みを0にすることで、不要なデータを削除する（次元削減）
- **L2正則化**
  特徴量の大きさに応じて0に近づけて、滑らかなモデルを得る

また、これらの正則化を考慮した線形モデルとしてラッソ回帰（L1ノルム）やリッジ回帰（L2ノルム）があります。なお、正則化を行いすぎると全体の汎化性能が低下してしまうことがあるため、注意しましょう。この状態をアンダーフィッティングと呼びます。

アドバイス

「正則化」と「正規化」は、焦ると視覚的に間違えやすい単語です。試験中は、落ち着いて文章を読むことを意識していきましょう。

評価指標

モデルの評価に使用する評価指標は、回帰や分類などの問題設定によって変わってきます（**表2.8**）。機械学習の実装を行う上で正しい評価指標を選ぶことはとても重要です。

表2.8　代表的な評価指標

問題設定	評価指標
回帰	決定係数
分類	正解率、適合率、再現率、F値、ROC曲線、AUC

- **回帰問題の評価指標**
  回帰では、何かしらの入力データから具体的な数値（連続値）を予測します。この予測を評価するには、予測値がどのくらい答えである実測値を再現できているか

を表現する必要があります。基本的に予測値と実測値のずれ (誤差) を使用した計算で表現されます。代表的な評価指標として決定係数 (R^2) があります。

● **分類問題の評価指標**

分類では、何かしらの入力データがどのクラスに属しているかを予測します。予測は「単純に所属するクラスを判定する方法」と、「クラスに所属する確率を求める方法」の 2 種類があります。

まずは、「単純に所属するクラスを判定する方法」で使用される評価指標について紹介していきます。例えば肺の CT 画像を用いて肺がんに罹患しているか、していないかを判別するとします。予測値と実際の値は「陽性」もしくは「陰性」となり、その組み合わせは 2 × 2 の 4 通りになります (**表 2.9**)。この組み合わせの表を、混同行列 (Confusion Matrix) といいます。

表 2.9 混同行列

実際の値 ＼ 予測値	陽性 (Positive)	陰性 (Negative)
陽性 (Positive)	真陽性 (True Positive: TP)	偽陰性 (False Negative: FN)
陰性 (Negative)	偽陽性 (False Positive: FP)	真陰性 (True Negative: TN)

表 2.9 の白い部分 (真陽性および真陰性) は実際の値と予測値があっている部分、グレーの部分 (偽陽性および偽陰性) は予想が間違っている部分になります。

よく用いられる評価指標としては、予想があっているかどうかを評価する、「正解率 (Accuracy)」があります。正解率は「予想が正解した数」を「検査した全数」で割ることで求めることができます。

正解率はわかりやすい指標ですが、評価指標として適切ではない場合があります。例えば上記の肺がんの罹患率の例の場合、検査数が 10,000 件に対して実際の陽性数が 5 件だったとします。今回作ったモデルが仮に 10,000 件すべてを陰性とみなしてしまった場合、正解率は 9,995/10,000 = 99.95% になります。一見すると、とても精度が高いように思えますが、陽性者をすべて見逃しているため本来の目的を達していないといえます。この場合、正解率は評価指標として不適切です。このように、評価指標には目的に応じて選ぶ必要があります。なお、代表的な評価指標には以下のものがあります。

- **正解率（accuracy）**

  正や負と予測したデータのうち、正しく予測できたものの割合

- **適合率（precision）**

  正と予測したデータのうち、実際に正であるものの割合

  使用場面：見つけたい対象を間違えずに予測したい時に使用される

  注意点：見つけたい対象の見落とし（FN）が考慮されない

- **再現率（recall）**

  実際に正であるもののうち、正であると予測されたものの割合

  使用場面：見つけたい対象を見落としなく予測したい時に使用される

  注意点：見つけたい対象であると誤って予測するもの（FP）が考慮されない

- **F値（F measure）**

  適合率と再現率の調和平均

  使用場面：適合率と再現率をバランスよく考慮したい場合に使用される

各指標の計算式は以下になります。

$$\text{正解率}\ (accuracy) = \frac{TP + TN}{TP + TN + FP + FN}$$

$$\text{適合率}\ (precision) = \frac{TP}{TP + FP}$$

$$\text{再現率}\ (recall) = \frac{TP}{TP + FN}$$

$$F\ \text{値}\ (F\ measure) = \frac{2 \times precision \times recall}{precision + recall}$$

目的に応じてこれらの指標を適切に選ぶ必要があります。前述の肺がん判別の場合、陽性患者を見逃さず、ある程度偽陽性は許容するというのであれば評価指標として「再現率（recall）」を選ぶのがよいでしょう。

続いて、「クラスに所属する確率を求める方法」の時に使用される評価指標ですが、評価指標を紹介する前に、まず確率によって分類を行う仕組みを理解しましょう。

前述の肺がんの例を確率で表現してみます。例えば陽性である確率が20%、陰性である確率が80%といった風に予測確率が出ます。最終的に陽性か陰性かを決めるのは閾値(しきいち)と呼ばれる値で、仮に「陽性である確率が50%以上なら陽性と判断する」と閾値を定めたならば、上記の例は「陰性」と判断されます。これが「陽性である確率が10%以上なら陽性と判断する」と閾値を定めたならば上記の例は「陽性」と判断されます。閾値を変動させることで所属するクラスの予測が変わることが「クラスに所属する確率を求める方法」の特徴です。

では、この時に使用できる評価指標を紹介します。評価には先ほどと同様に混同行列を用いた値を使用します。使用する値はTrue Positive Rate（真陽性率）とFalse Positive Rate（偽陽性率）と呼ばれ、以下のように計算されます。

・True Positive Rate（TPR：真陽性率）$= \dfrac{TP}{TP + FN}$

→実際に陽性であるものを正しく予測できた割合

・False Positive Rate（FPR：偽陽性率）$= \dfrac{FP}{FP + TN}$

→実際に陰性であるものを間違えて陽性と予測してしまった割合

この2つの値は確率なので0～1の範囲をとり、閾値を変化させることによって変動していきます。閾値を連続的に変化させ、変化するTPRとFPRをグラフで表したものをROC曲線と呼びます（**図2.30**）。

図2.30　ROC曲線

アドバイス

計算方法からわかるように、再現率 (recall) と True Positive Rate (真陽性率) は名前が違うだけで同じ値です。名前で混乱してしまう時は混同行列の図をイメージとして一緒に覚えましょう。

ROC 曲線の良し悪しについて考えてみましょう。まず、前提として良いモデルの判定であれば、ある閾値できれいに陽性・陰性を分類することができるはずです。つまり、TPR が高くて FPR が低い状態です。この状態の時、グラフは左上に寄るような曲線を描きます (**図 2.30 の緑線**)。逆に正しい予測のできないモデルの判定では、TPR が上がると FPR も上がり、グラフは左下と右上をつなぐ直線のように描画されます (**図 2.30 のグレー線**)。

このように ROC 曲線ではモデルの良し悪しを視覚的に表現することができます。

なお、ROC 曲線でのモデル評価を数値で表したものを AUC (Area Under Curve) と呼びます (**図 2.31**)。曲線の下の面積を計算したもので、縦横軸が 0 ～ 1 の値をとるため、最大値は 1 となります。

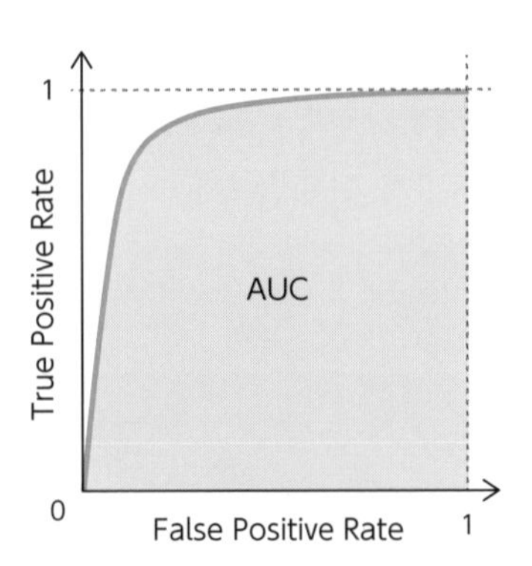

図 2.31　AUC

第 2 章まとめ

第 2 章では機械学習の基本的な考え方と代表的な手法について紹介しました。

機械学習には大きく分けて教師あり学習と教師なし学習、強化学習があります（図 2.32）。この 3 つの枠組みはすべての土台となる考え方となります。

教師あり学習は、求めたい値の種類によって回帰と分類といったジャンルに分かれます。同様に教師なし学習も主成分分析とクラスタリングといったジャンルがあります。それぞれ多くの手法が発案され、改良が進められています。

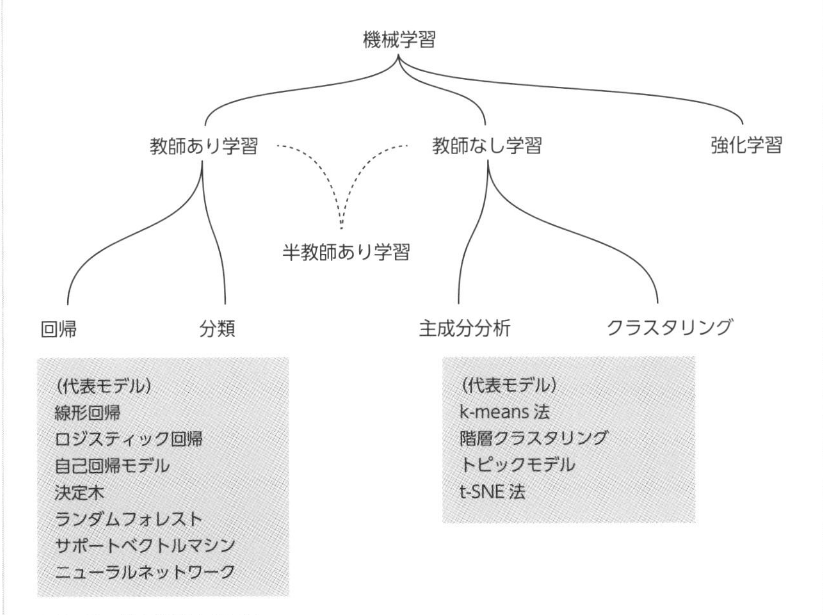

図 2.32　機械学習と各手法

これらの機械学習モデルを実装するためには、まずデータの収集から始めます。集めたデータもそのまま使用できるとは限りません。クレンジングやスケーリングなどの前処理を行い、ようやくモデルの学習を行います。学習し終わったモデルは、有用かどうかを正しく評価する必要があります。評価指標は目的に応じて様々なものが用意されており、状況に応じて選ぶ必要があります。なお、評価の結果によっては②、③に戻り、手順を繰り返します。

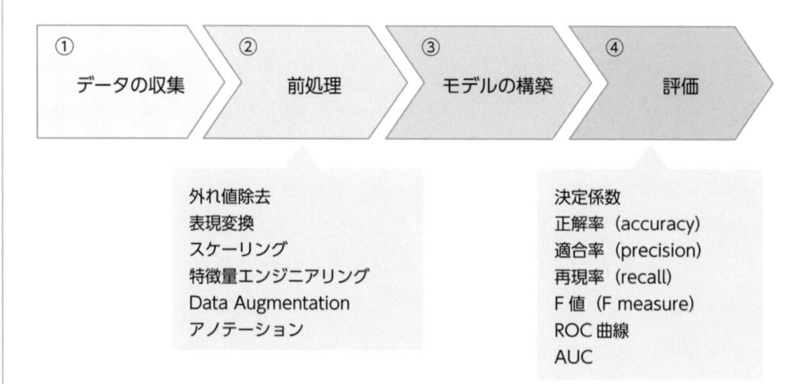

図 2.33　機械学習のワークフロー

本章のポイントは、機械学習とは何かを理解することと、各手法の特徴と違いを把握することです。試験では、手法の特徴や使用される問題設定が問われることが多いので、その点をしっかりおさえていきましょう。

章末問題

▶ 問題 1

以下の文章を読み、空欄に最も当てはまる選択肢を 1 つ選べ。

機械学習は大きく分けて 3 種類ある。まず、教師あり学習では入力データに対して（　）を用意した上で学習を行う。

① 検証データ
② 教師データ
③ 未知のデータ
④ 訓練データ

解説

教師あり学習では入力されたデータから導かれる答えを用意します。その答えのことを教師データといいます。

▶ 問題 2

以下の文章を読み、問いに答えよ。

分類問題では事前に定められた **(ア)** を予測する。例えばリンゴとミカンの 2 種類を分類するものを **(イ)**、2 種類以上を分類するものを **(ウ)** と呼ぶ。

2-1　空欄 (ア) に最も当てはまる選択肢を選べ。

① 具体的な数字
② 外れ値
③ 独立変数
④ カテゴリ

2-2　空欄 (イ) に最も当てはまる選択肢を選べ。

① 二項分類
② クラスタリング

解答 1：②

③ 線形分類
④ 多クラス分類

2-3　空欄（ウ）に最も当てはまる選択肢を選べ。

① 二項分類
② クラスタリング
③ 線形分類
④ 多クラス分類

解説

分類問題では回帰問題と違って具体的な数値を予測するのではなく、事前に分けられたカテゴリに分類します。文中の通り、大きく二項分類と多クラス分類の問題に分けられます。

▶ 問題3

以下の文章を読み、それぞれの空欄に当てはまる単語の組み合わせを選べ。

アンサンブル学習には、ブートストラップサンプリングによって得た学習データを使用して学習器を複数作成し、それらの学習器の結果から多数決や平均を取る **(ア)** と、学習器を連続的に学習させ、前の学習器の弱点を補うように学習を進める **(イ)**、複数のモデルで学習したそれぞれの結果を特徴量として利用する **(ウ)** がある。

① **(ア)** ブースティング　**(イ)** プーリング　**(ウ)** バギング
② **(ア)** バギング　**(イ)** ブースティング　**(ウ)** スタッキング
③ **(ア)** 畳み込み　**(イ)** バギング　**(ウ)** スタッキング
④ **(ア)** バギング　**(イ)** スタッキング　**(ウ)** ブースティング

解説

アンサンブル学習のそれぞれの手法の違いを把握しましょう。

解答2-1：④　解答2-2：①　解答2-3：④

バギング	複数のモデルをブートストラップサンプリングによってランダムに選抜されたデータで学習し、結果を集計することで最終結果を出す。
ブースティング	モデルを直列に配列して前段階の結果を踏まえて次のモデルを学習する。
スタッキング	前段階のモデルの結果を次のモデルの特徴量にする。

▶ 問題 4

Web スクレイピングにおける注意点として適切ではない選択肢を 1 つ選べ。

① スクレイピングが禁止されているサイトでないことを必ず確認する必要がある
② 使用するプログラムによって対象のサイトに過度な負荷がかからないか考慮する必要がある
③ すべてのサイトにおいて使用許可を得るには、使用した Web サイトを明記すればよい
④ 著作権の侵害にあたる場合もあり得るのでサイトの利用規約をチェックする

解説

Web スクレイピングを行う際には、様々な注意事項があります。著作権侵害に当たらないか、サイトの利用規約に違反していないかなどを確認する必要があります。まずはサイトの規約をチェックしたり、運営元の了承をとるなどして、Web スクレイピングが禁止されている Web サイトでないか必ず確認しましょう。また、Web サイトのサーバに負荷をかけるような連続的なアクセスにも気をつける必要があります。

▶ 問題 5

以下の文章を読み、問いに答えよ。

選択肢のうち強化学習の行動価値関数にニューラルネットワークを用いた例を選択しなさい。

① DNN
② AlexNet
③ DQN
④ VGG

解答 3：② 解答 4：③

解説

DQN（Deep Q Network）は強化学習の手法のうち、行動価値関数にニューラルネットワークを用いた手法です。その他の選択肢は強化学習の手法ではありません。DNNはニューラルネットワークの層をより深くする手法、AlexNetとVGGはDNNの中でも画像認識に使用されるモデルです。

解答5：③

第3章

ディープラーニング

本章では、いよいよディープラーニングについて解説していきます。基本的な仕組みを理解した上で、どのように進化を遂げてきたか把握しましょう。また、これまで学んできた従来の AI との違いにも注目しましょう。

学習 Map

第３章では、第２章で学んだ機械学習の手法の１つである「ニューラルネットワーク」から発展した、ディープラーニングと呼ばれる手法について詳しく学んでいきます。ニューラルネットワークからディープラーニングに発展するにあたってどのような問題があり、どう克服したかに注目してください。また、第４章ではディープラーニングがどのような分野で活用されているかを具体的な手法とともに学びます。本章でしっかりとディープラーニングの基本構造を理解してから第４章に進みましょう。

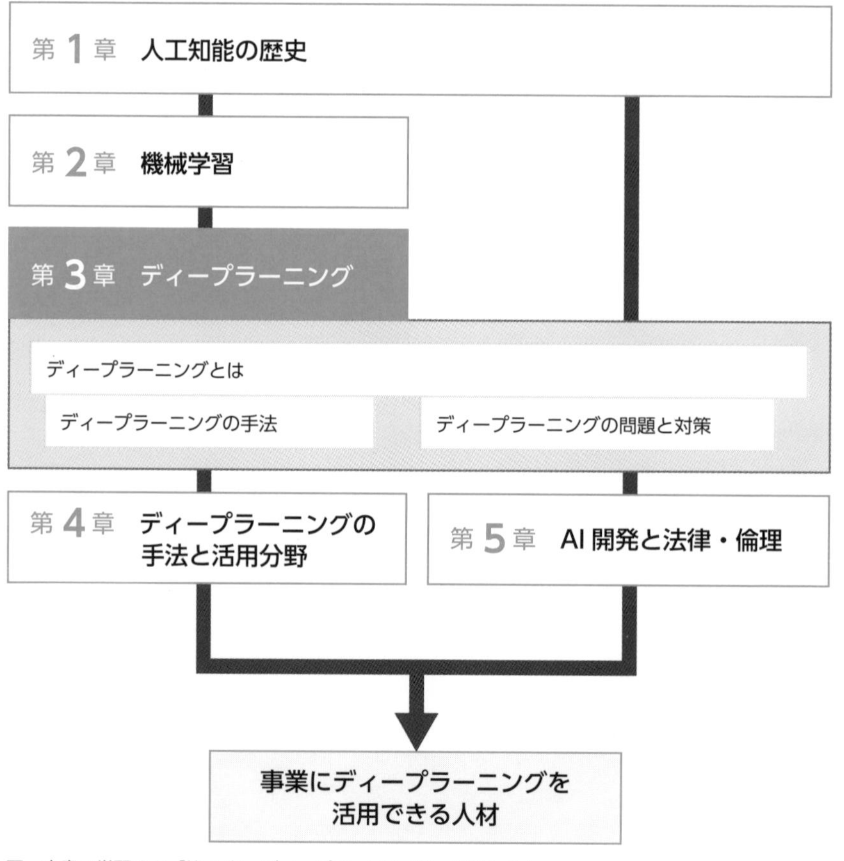

図　本書で学習する「第３章　ディープラーニング」の位置づけ

主要キーワード

(本文中に🔍鍵マークを付けています。また、重要度に応じて★の数を増やしています)

3 ★★★
2 ★★
1 ★

3.1

キーワード	説明	重要度
ディープラーニング(深層学習)	機械学習の手法の 1 つ。深い層のニューラルネットワーク。	★★★
形式ニューロン	人間の神経細胞を数理的にモデル化したもの。	★☆☆
パーセプトロン	ニューラルネットワークの基となる識別器。単純パーセプトロンと多層化した多層パーセプトロンがある。	★☆☆
オートエンコーダ	ニューラルネットワークの1つ。情報の圧縮(エンコーダ)と復元(デコーダ)の機能を持つ。	★★☆
積層オートエンコーダ	エンコーダとデコーダを多層化したもの。	★☆☆
事前学習	初期パラメータを先に取得してモデルの精度を上げるテクニック。	★☆☆

3.2

キーワード	説明	重要度
誤差逆伝播法	モデルの予測値と実際の答えの誤差を伝播し、各重みを調整する。	★★★
勾配消失問題	モデルの層が深くなるほど伝播される誤差が小さくなり、入力層まで届かなくなってしまう現象。	★★★
活性化関数(伝達関数)	入力に対して出力を決めるための関数。	★★★
シグモイド関数	0 から 1 の間の値を返す。	★★☆
tanh 関数	1 から -1 の間の値を返す。	★☆☆
ReLU 関数	入力が正の値の場合、微分値が 1 となる。勾配消失問題に有効である。	★★☆
ソフトマックス関数	多項問題の分類に用いられることが多く、出力をすべて足すと 1 となる。	★★☆
過学習	学習データに適合しすぎて汎用性を失った状態。	★★★
早期終了	学習を早い段階で終わらせる手法。	★☆☆
ドロップアウト	疑似的なアンサンブル学習が行える手法。	★☆☆
損失関数(誤差関数)	モデルの損失(誤差)を定義する関数。	★★★
最急降下法	最適なパラメータを求める方法の 1 つ。関数から得られる傾きから最小値を求める。	★★☆
学習率	モデル学習時のパラメータの更新量を指す。	★★☆
グリッドサーチ	ハイパーパラメータのすべての組み合わせを総当たりで試す手法。	★★☆
ランダムサーチ	ハイパーパラメータの組み合わせをランダムに試す手法。	★★☆

大域的最適解	全体において最小値となる地点。	★★☆
局所最適解	ある領域内では最小値となるが、全体で見ると最小値ではない地点。	★★☆
鞍点（あんてん）	多次元空間において、ある一方からは極小値となるが、別の一方からすると極大値となる地点。	★☆☆
確率的勾配降下法	データのうち 1 つだけをサンプルとして用いて、逐次パラメータの更新を行う。	★★☆
ミニバッチ確率的勾配降下法	ランダムないくつかのデータを用いてパラメータの更新を行う。	★★☆
モーメンタム	物理法則的な考え方からパラメータの最小値を求める手法。振動を抑制する効果がある。	★☆☆
ミニバッチ学習	全データをいくつかのデータに区切って取り出し、パラメータを更新する。	★★☆
ミニバッチサイズ	ミニバッチ学習で区切って取り出す際のデータ数。	★☆☆
イテレーション	パラメータを 1 回更新すること。	★★☆
エポック	学習データすべてを学習に使用した回数。	★★☆
オンライン学習	データ 1 つずつに対してパラメータを更新する。 常にデータが生成される環境下での学習を効率化できる。	★☆☆

3.1 ディープラーニングとは

これまで人工知能・機械学習について学んできました。本章で紹介するディープラーニング（深層学習）は、よく機械学習と混同されます。最初に2つの技術の違いをしっかりと理解しておきましょう。

まず、ディープラーニングとは機械学習の技術のうちの1つです。**図3.1**で、これまで学んできた分野の関係性を整理しましょう。

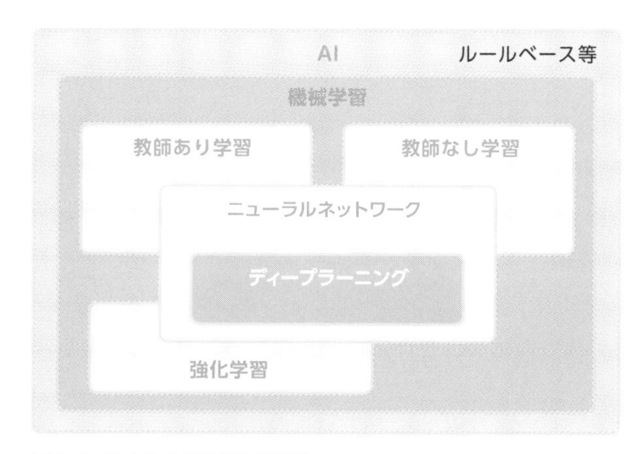

図3.1　AIを支える技術の関係性

機械学習の他の技術との大きな違いは、特徴を「人間が手動で入力するか」、「機械が自ら学習するか」です。例えば、ミカンとリンゴを見分ける際に、機械学習の他の技術では人間が「色を特徴として識別する」と定義します。これに対して、ディープラーニングは多くの特徴からミカンとリンゴを見分けるために必要な特徴に対して重みづけを行います。重みがつけられた特徴は、色のように人間にとって認識しやすいものもあれば、明文化できないものもあります。

3.1.1 ディープラーニングの歴史

ディープラーニングの誕生までを、順を追って説明していきましょう。

表 3.1　ディープラーニング年表

1943	形式ニューロン
1958～	パーセプトロン
	単純パーセプトロン
	多層パーセプトロン
	ニューラルネットワーク
	オートエンコーダ
2006	ディープラーニング提唱
2012	ILSVRC2012 でディープラーニングが注目される

● 形式ニューロン（マカロック - ピッツモデル）

ニューロンとは神経を構成する細胞で、刺激を受けて興奮し、またその刺激を他の細胞に伝達する神経細胞のことです。ニューロンは外部からの入力を受け、その刺激が閾値（しきいち）を超えると発火し、次のニューロンに刺激を与えます。形式ニューロンとは、このような人間の神経細胞を数理的にモデル化したものです（図 3.2）。

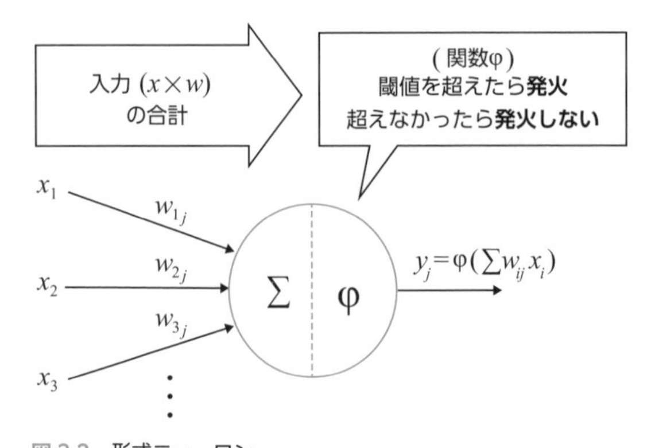

図 3.2　形式ニューロン

パーセプトロン

パーセプトロンは、形式ニューロンをもとに生まれた数理モデルです(**図3.3**)。パーセプトロンは外部から受け取った複数の信号に対して重みの積をとり、それらの総和を活性化関数に通した結果を出力します。活性化関数は、ニューロンが発火する様子を模しています。パーセプトロンにおける学習とは、入力に対する重みを調整する行為です(3.2.2参照)。

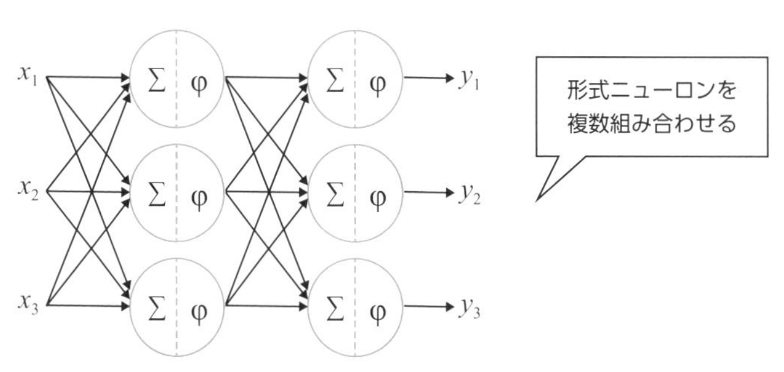

図3.3　パーセプトロン

単純パーセプトロン

単純パーセプトロンは、形式ニューロンと同じくニューロン1個のモデルですが、閾値をマイナスの値をとり得るバイアス値(b)として加算するように変形しています(**図3.4**)。これが、この後に説明する「ニューラルネットワーク」の基本単位となります。なお、単体では表現が乏しいため、単純な線形の回帰や分類しか行うことができません。

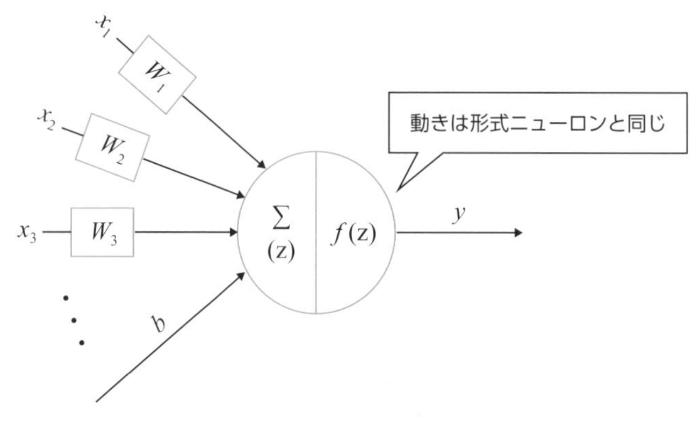

図3.4　単純パーセプトロン

多層パーセプトロン

多層パーセプトロンは、パーセプトロンを層状に配置したネットワークモデルです(**図3.5**)。多層パーセプトロンを構成している最小単位のパーセプトロンをノード(node)と呼びます。

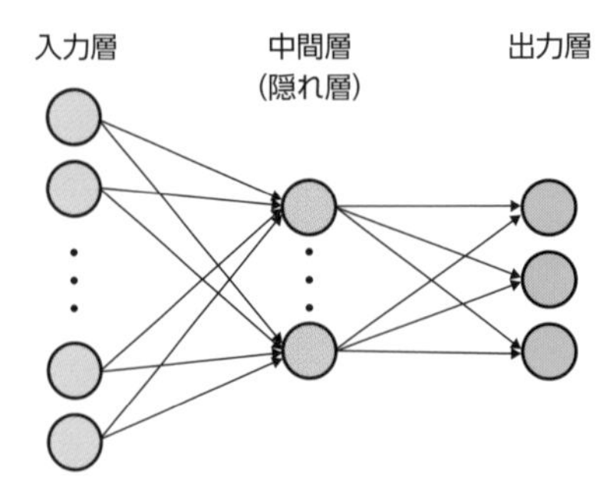

図3.5　多層パーセプトロン

多層パーセプトロンは入力層、中間層(隠れ層)、出力層から構成され、各層間の重みを調整することで学習を進めます。単純パーセプトロンに比べて表現力に優れているため非線形の回帰や分類を行うことが可能です。

ニューラルネットワーク

第2章(2.3.7)で説明したニューラルネットワークを覚えているでしょうか。ニューロンの繋がり方はパーセプトロンと変わりありませんが、使用している活性化関数が異なります。パーセプトロンでは、出力のノード(node)で活性化関数としてステップ関数(**図3.6破線**)を使用します。それに対してニューラルネットワークでは、シグモイド関数(**図3.6実線**)などの滑らかな活性化関数を使用します(3.2.2参照)。

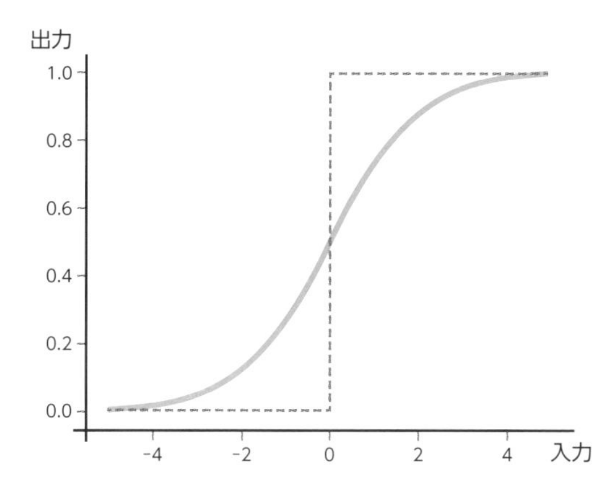

図 3.6　ステップ関数（破線）・シグモイド関数（実線）

オートエンコーダ（自己符号化器）

オートエンコーダは、ニューラルネットワークの仕組みの1つであり、隠れ層（中間層）と可視層（入力層と出力層）によって構成されます。入力されたデータを圧縮し、出力で入力と同じ形で復元されるように学習します。中間層（隠れ層）は常に入力層よりも次元を小さく設定します。これにより中間層では次元が圧縮され、情報が要約されることになります。この作業を次元削減または特徴抽出と呼びます。なお、入力層から中間層へ情報を要約する処理をエンコーダ（encoder）、中間層から出力層へデータを復元する処理をデコーダ（decoder）といいます。学習後にエンコーダとデコーダを独立に用いることもできます。

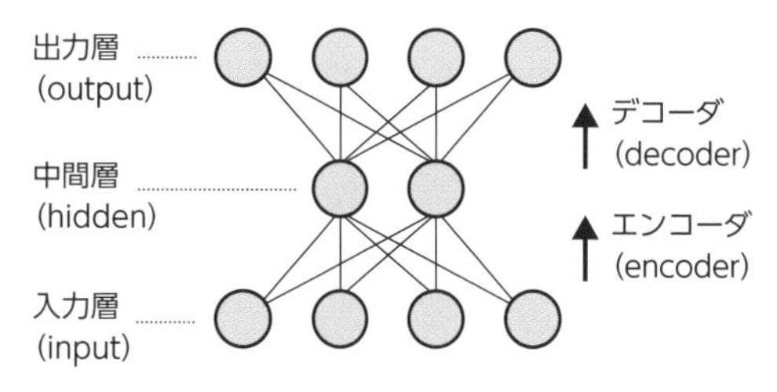

図 3.7　オートエンコーダ

さて、一見、入力したものを同じ形で吐き出すことに意味があるのか疑問に思うかもしれません。しかし、このオートエンコーダを用いて事前学習を行うことで勾配消失と過学習の軽減が可能となります。また、オートエンコーダは様々な発展をとげ、積層オートエンコーダや畳み込みオートエンコーダなどが考案されました。

積層オートエンコーダは、エンコーダとデコーダを多層化した構造をとります(**図3.8**)。多層化することによって、より高度な特徴量抽出を行うアプローチができます。ニューラルネットワークでは層が深くなることで勾配消失の問題が発生しましたが、積層オートエンコーダでは学習を1層ずつ行い、最後にすべてを積み重ねるという工夫でこれを解消しました。このような順番で学習していくことを、事前学習といいます。

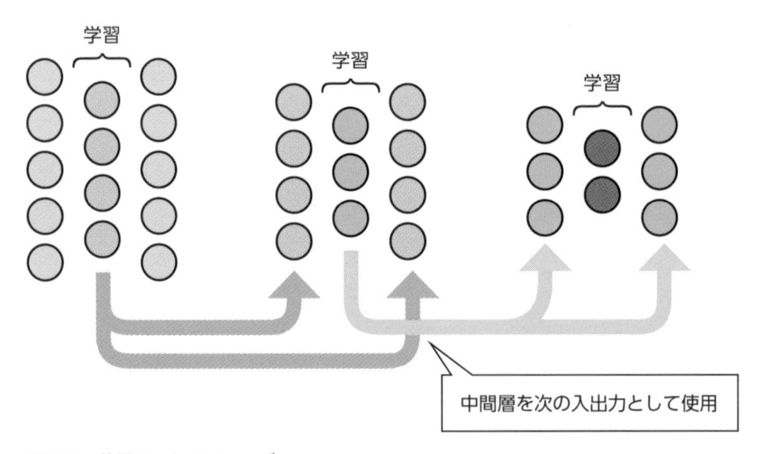

図3.8 積層オートエンコーダ

畳み込みオートエンコーダは画像に対してよく用いられる手法で、エンコーダとデコーダの部分で畳み込み層と呼ばれる構造を用います。畳み込みについては後述するCNNで詳しく解説します(4.1参照)。

また、オートエンコーダと同じように入力層と中間層(隠れ層)によって構成されるネットワークに、制限付きボルツマンマシンと呼ばれるものがあります。構造はオートエンコーダと同じですが、大きな違いとして、情報がノード(node)間を相互に行き来する点が挙げられます(**図3.9**)。制限付きボルツマンマシンは、オートエンコーダと同じように特徴量を抽出する働きを持ち、これを事前学習に用いた手法を深層信念ネットワークと呼びます。

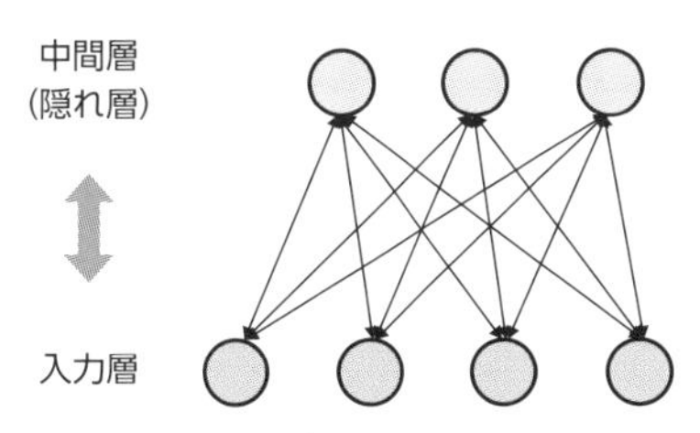

図 3.9 制限付きボルツマンマシン

● ディープラーニング

単純パーセプトロンから多層パーセプトロンへの遷移において、中間層を追加することで表現が豊かになり、難しい問題を解決できるようになりました。そこで、中間層を増やせばもっと難しい問題も解けるようになるのではと考えられたのがディープラーニングです。層を増やしていく、すなわち層が深く(ディープ)なっていくので、ディープラーニング(深層学習)と呼ばれます。

このディープラーニングは、画像認識、自然言語、音声認識などの分野において大きなインパクトを与えました。ディープラーニングの大元となった形式ニューロンが発表されたのは1943年、パーセプトロンが発表されたのは1958年、ディープラーニングにスポットライトが当たったのは画像認識の国際的なコンテストである ILSVRC2012 開催からです。なぜ成果を出して脚光を浴びるまでに、こんなにも時間がかかったのでしょうか。**表 3.2** にニューラルネットワークの抱えていた問題をまとめました。

表 3.2 ニューラルネットワークの問題点と対策

問題	現在の対応
技術的問題 (勾配消失問題・過学習・局所最適解)	正則化・早期終了・ドロップアウトなど
学習データ不足	インターネットの普及により、学習データが急増し、収集が容易になる
マシンパワー不足	CPU の能力向上・GPU の導入

これらの問題については、次節で解説していきます。

3.2 ディープラーニングの問題と対策

前節で表に示した問題に対して、どのような対応・発展をしたのか詳しく見ていきます。

3.2.1 勾配消失問題

ディープラーニングの表現力を上げる手法は、単純に中間層(隠れ層)を増やすというとても簡単な考え方でした。しかし、実装するにあたり非常に大きな問題を抱えていました。

ニューラルネットワークおける学習は、各層間の重みを調整することです。その際には、誤差逆伝播法を用いて予測値と実際の値の誤差を出力層から入力層に向けて伝播させていきます。こうした伝搬のさせ方により、層を深くすると層を遡るにつれて伝播される誤差は微分の計算によって徐々に小さくなり、入力層付近ではほとんど伝播されない状態が発生します。この問題を、勾配消失問題といいます。

3.2.2 活性化関数の工夫

活性化関数(伝達関数)(3.1.1 参照)とは、ニューラルネットワークのニューロンにおける、入力に対してどのように信号を出力するかを調整する関数です。わかりやすい例として、ステップ関数は通常は0を出力しますが、閾値を超えたら発火して1を出力します(図 3.10)。

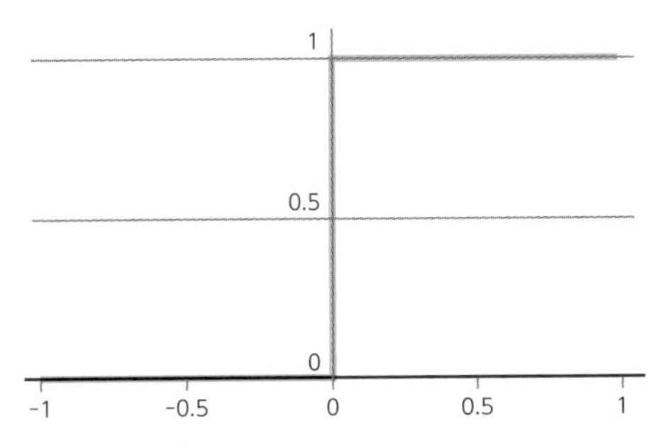

図 3.10 ステップ関数

なお、誤差逆伝播法においては活性化関数が微分可能である必要があるため、シグモイド関数、ハイパボリックタンジェント(tanh)関数、ReLU 関数、ソフトマックス関数などが利用されます。次に各関数の特徴を説明します。

シグモイド関数

シグモイド関数はステップ関数に比べ緩やかなS字の曲線を描く形で、入力された値は0から1の間の値で返されます。従来はよく用いられていましたが、シグモイド関数の微分係数は最大値が0.25と小さく、学習が進むにつれて勾配が小さくなる問題がありました(**図 3.11**)。これによって、勾配消失問題が発生しやすくなることから、層の深いディープラーニングの中間層ではほとんど使われなくなっていきました。

現在は、出力される値(0 ～ 1)を確率として解釈することで、二項分類の出力層の活性化関数として使用されることが主となっています。例えば犬と猫を分類する二項分類でシグモイド関数を使用したなら、犬である確率が0.8と出力されるイメージです。シグモイド関数が出力する値はあくまで確率ですが、そこに閾値を設けることで犬か猫かの分類結果を決めることができます。

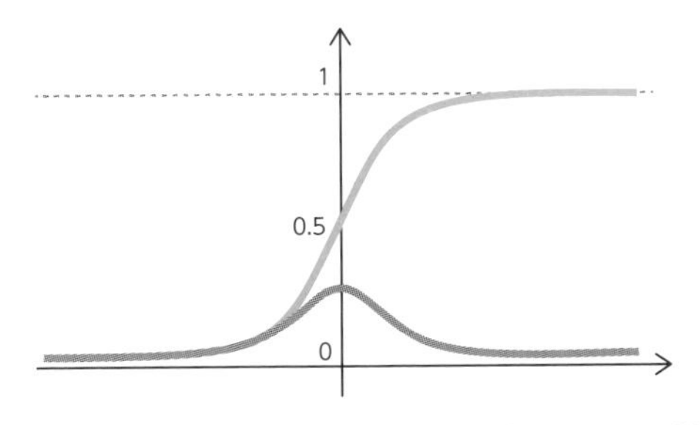

図 3.11 シグモイド関数(緑線)・シグモイド関数の微分係数(グレー線)

ハイパボリックタンジェント（tanh）関数

ハイパボリックタンジェント（以下、tanh 関数）は、シグモイド関数と似た形状ですが、-1から1の間の値を返します（**図3.12**）。これにより微分係数の最大値が1となり、シグモイド関数に比べ学習を速く進めることを可能にしましたが、勾配消失問題の解決には至りませんでした。

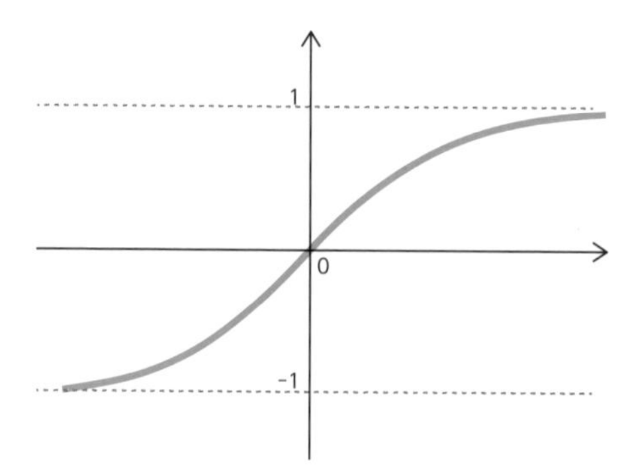

図3.12　tanh 関数

ReLU（Rectified Linear Unit）関数

ReLU 関数は**図3.13**のようにとてもシンプルな形をしており、入力された値が0以下の場合には常に0を返し、0より大きい値の場合には、入力された値をそのまま出力します。

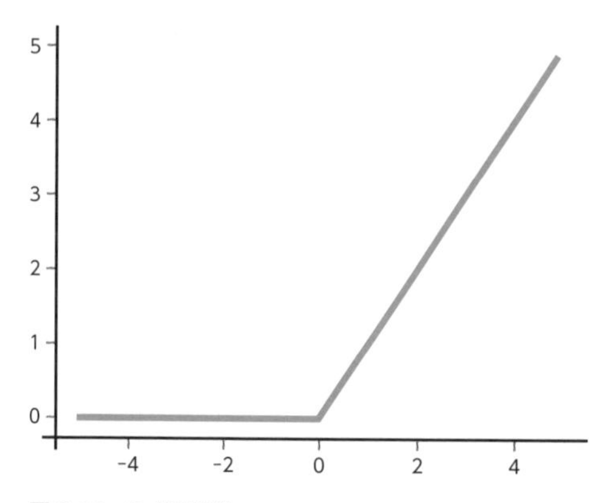

図3.13　ReLU 関数

入力された値が0より大きい時、ReLU関数の微分係数は常に1が得られるので、勾配消失問題が発生しにくくなり、中間層の活性化関数としてReLU関数が使われるのが一般的になりました。その後、ReLU関数から発展して、LeakyReLUやParametricReLU、RandomizedReLUが考案されました。

● ソフトマックス関数

ソフトマックス関数は多項分類問題の出力層で用いられます。入力された値を0から1の間の値で返し、出力された各値はそれぞれの要素に分類される確率を表しており、合計値は1となります。例えば、「リンゴ」「ミカン」「ブドウ」を分類する問題の場合、「リンゴ」に分類される確率を0.7、「ミカン」を0.2、「ブドウ」を0.1というように合計が1となる値で各要素に分類される確率を出力します。

アドバイス

活性化関数はそれぞれ得意とする分野が異なります。各関数が主にどんなモデルや問題設定で活用されているか、なぜその活性化関数を使用しているかを問う問題は出題されやすいため、セットで覚えておくとよいでしょう。

3.2.3 過学習と対策

過学習とは、学習時のデータに適合しすぎることによって汎用性を失った状態を指します。過学習を防ぐための対策テクニックとして、データ数を増やすことや、第2章(2.7.4)で紹介した正則化のほか、早期終了(early stopping)やドロップアウトなどがあります。

早期終了とは、名前の通り学習を早めに終わらせるテクニックです。学習時になんらかの指標を基準に過学習が起きる前、もしくは過学習が発生した時に、すぐに学習を終了させます。また、学習が進んでも精度の向上がこれ以上見込めなくなったら終了できることから、計算資源の無駄をなくすことができます。

一方ドロップアウトは、学習時に何割かのノード(node)をドロップアウト(無効化)した状態で学習を行います。その結果、1つのニューラルネットワーク内で疑似的なアンサンブル学習が行われるような効果をもたらし、過学習の防止と精度の向上に繋がります。

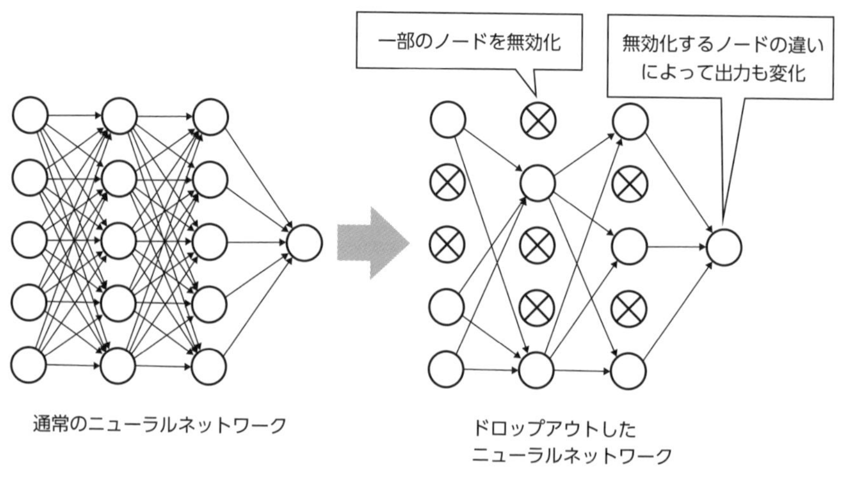

図 3.14　ドロップアウト

アドバイス

「過学習」はディープラーニングの重要な課題として、試験問題でも取り上げられることが多い項目です。「起きる原因」と「対策手法」を併せて覚えておきましょう。

3.2.4 学習の最適化

ディープラーニングの目的として、「実際の値とモデルが予測する値の誤差を最小とする」ことが挙げられます。この誤差のことを**損失**と呼び、この損失を**損失関数（誤差関数）**として定義します。これはモデルの良し悪しを判定する指標にもなり、代表例として**残差平方和**[注1]、**平均2乗誤差**[注2]、**2乗平均平方誤差**[注3]などがあります。

注1　実測値と予測値のずれを2乗して合計した値
注2　実測値と予測値のずれを2乗して合計したものをデータ数で割った値
注3　実測値と予測値のずれを2乗して合計したものをデータ数で割り、平方根をとった値

アドバイス

損失関数は、「コスト関数」「エラー関数」「目的関数」「誤差関数」などともいわれます。名称が異なっても同じものを指していますので、戸惑わないようにしましょう。

さて、ディープラーニングにおいて、損失は小さければ小さいほどよいことがわかるかと思います。それでは、どのように損失を小さくしていくのか、最急降下法を例に説明していきます。

最急降下法

最急降下法は目的関数の勾配を利用した最適化の代表的なアルゴリズムです。最急降下法では、まず入力データすべてを使用して予測値を出します。次に正解の教師データとの損失関数を定義します。損失関数をパラメータで微分していき、適当な初期値を設定してから誤差が最小になる（接線の傾きが0になる）までパラメータを更新していきます。一連の流れは**図 3.15** のように坂を下り、一番低い地点を目指すイメージをしてください。このとき、一度にどれくらい動くか（変化率）を決定するハイパーパラメータを学習率と呼びます。学習率は小さいとパラメータ更新の収束が遅くなり、時間がかかります。逆に大きいと収束は早いですが、最小値を通り越してしまう（オーバーシュート）可能性もあります。学習率の設定は経験による部分が大きく、複数の数値で試していくしかありません。なお、学習率を決定するための手法もいくつかあります（COLUMN「ハイパーパラメータのチューニング」参照）。

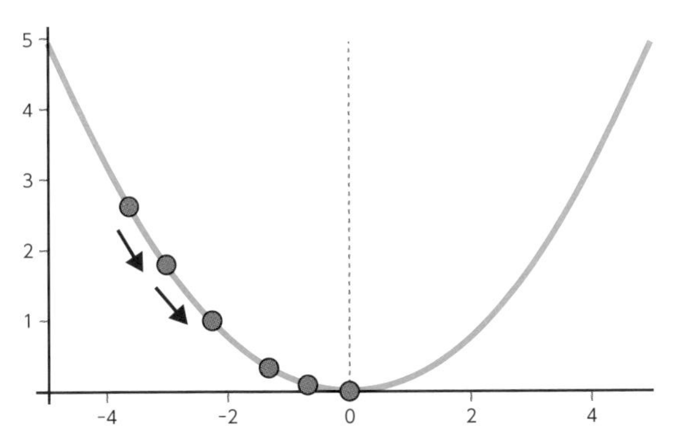

図 3.15　最急降下法イメージ

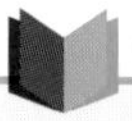
COLUMN

ハイパーパラメータのチューニング

ハイパーパラメータは、人間が手動で調整するものとして紹介しました。ハイパーパラメータを適切に設定することで学習の精度を向上させることが可能となります。ここでは、ハイパーパラメータの自動調整方法について紹介します。それぞれの特徴を覚えておきましょう。

- グリッドサーチ
  事前に各パラメータの候補値を決め、それらの組み合わせを試していきます。いわゆる総当たりの手法になり、想定した範囲内の最適解を探しやすいという利点があります。ただし、計算に時間がかかることがネックとなるため、ある程度パラメータ値のあたりがついている場合や、調整するパラメータ数が少ないときに有効です。
- ランダムサーチ
  グリッドサーチとは異なり、パラメータの組み合わせをランダムに試行していきます。計算時間は短く済みますが、グリッドサーチと比べると運任せの要素がある手法といえます。
- ベイズ最適化 (Bayesian Optimization)
  前回の結果を踏まえて次に調べるパラメータ値を決めていく手法です。結果が良かった値の周辺を中心に値を調整していくので、上記2つの手法よりも一般的に効率が良いとされます。

3.2.5 最急降下法の問題と対策

最急降下法には、主に2つの欠点があります。1つ目は、計算量が多い点です。機械学習では非常に大きなデータを取り扱うことも多いです。大量の学習データすべてを使って誤差を算出する最急降下法は、計算リソースとコストが非常にかかるアルゴリズムとなっています。また、新しく学習データを追加して学習する際は、既存のデータと新しいデータを合わせて、再度一から学習することになります。

2つ目は、初期値によっては最適解（大域的最適解）にたどり着く前に極小値（局所最適解）にはまってしまう可能性がある点です。**図 3.16** は、パラメータが複数ある場合の損失関数のイメージです。このように損失関数の形は複数の谷を持っていると、最適化の初期値によってたどり着く谷底が変わってきます。例えば、A 地点を初期値とした場合と、B 地点を初期値とした場合とでは、たどり着く谷底が異なることがわかります。B 地点から始めたときのように一度この局所最適解にたどり着いてしまうと、損失関数の１次導関数（接線の傾き）が０になるため、それ以上更新されなくなり局所最適解から抜け出せなくなってしまいます。

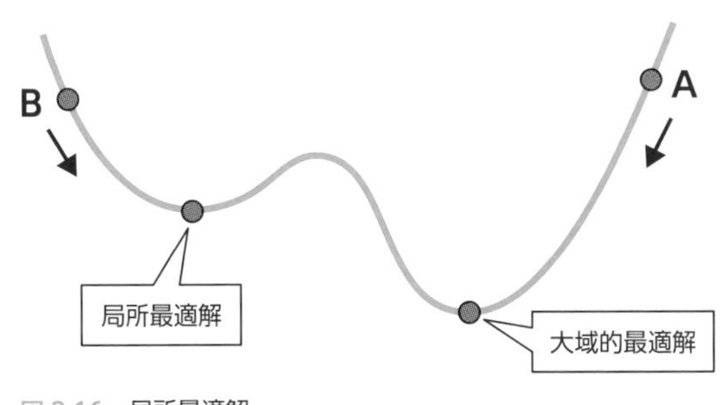

図 3.16　局所最適解

COLUMN

鞍点（あんてん）

最急降下法などにおいて、傾きが０となる地点を停留点といいます。停留点は１つとは限らず無数に存在するため、最適化問題では停留点の中でも最も小さな値（極小値）である、大域的最適解を見つけることが課題です。その際の留意点として、先ほど説明した通り、局所最適解という落とし穴があります（**図 3.16**）。その他に、停留点の一種として鞍点と呼ばれるものがあります。

鞍点は**図 3.17** のようにある方向から見れば最小値となり、別の方向から見れば最大値となる地点のことを指します。ディープラーニングで取り扱う多次元の空間では、このような現象が起こるため注意が必要です。この鞍点から抜け出せなくなることをプラトーと呼びます。

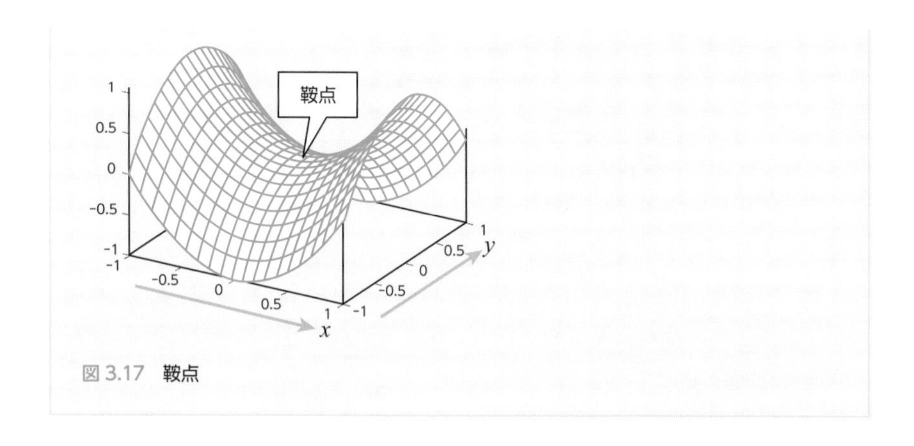

図 3.17 鞍点

これらの問題を解決するために様々な最適化アルゴリズムが発案されました。ここでは代表的な手法を紹介します。

● 確率的勾配降下法（Stochastic Gradient Descent）

確率的勾配降下法（以下、SGD）は、学習データからランダムに1つのデータを取り出して誤差を計算し、パラメータの更新を行います。最急降下法との違いは使用するデータのみです。SGDでは、更新するたびにランダムにデータを選び出すことで、局所最適解に陥りにくくなります。最急降下法に対して、必要な計算リソースも少なくなり、計算速度も上がります。また、新しい学習データが追加された際、追加されたデータのみを再学習するだけで済みます。しかし、1つずつ順番に勾配の更新を行うため、並列計算は行えません。

● ミニバッチ確率的勾配降下法（Minibatch SGD）

SGDに対して、ミニバッチ確率的勾配降下法（以下、MSGD）は学習データからN個のデータを取り出して誤差を計算していきます。これにより並列計算が可能となり、SGDよりも早い収束が期待できます。なお、MSGDで取り出すデータの個数のことを**バッチサイズ**といいます。バッチサイズは、人間が指定するハイパーパラメータです。

モーメンタム(Momentum)

モーメンタムは更に学習スピードを上げるために、累計損失を考慮できるよう考案されたアルゴリズムです。モーメンタムは運動量という意味です。**図3.18**のような空間をボールが転がる風景をイメージしてください。下りは当然転がり落ちていきますが、くぼみの極値を通り過ぎてしまっても摩擦で速度減衰して余分に上ることなく極値にたどり着きます。このような動きは、鋭いくぼみなどに対して振動(**図3.19**)してしまうことへの対策にも有効です。

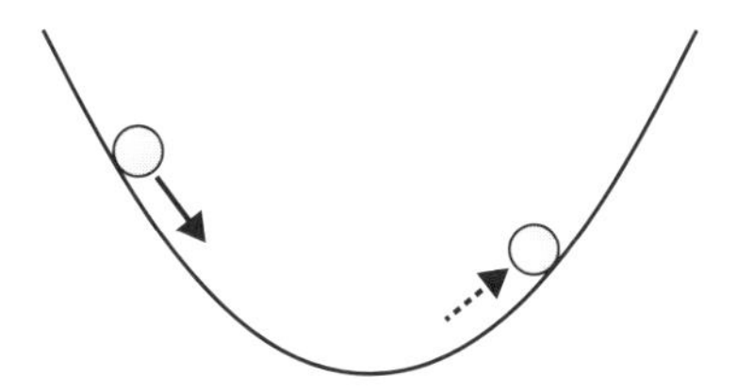

図3.18 モーメンタムイメージ

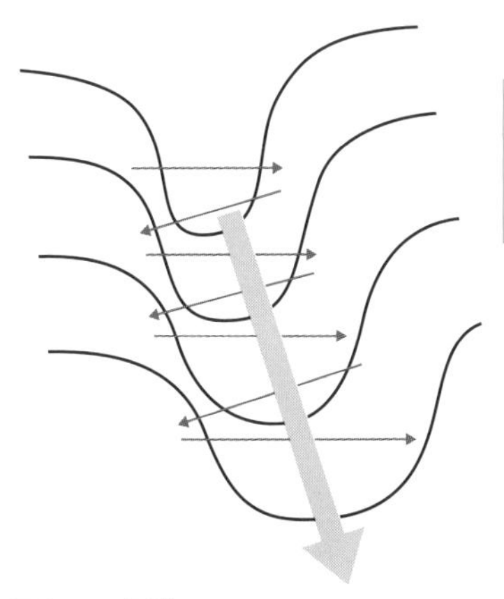

学習率：⟶
振動　：学習率が大きいと谷の底を通り過ぎ続けて、谷に到達できない

図3.19 振動

なお、モーメンタムの改良版的な類似手法として、Nesterovの加速勾配法(NAG)があります。

アドバイス

Nesterovの加速勾配法(NAG)とモーメンタムの違いは、勾配計算の起点にあります。Nesterovでは、より確実に損失が低くなる方向を見つけてから、進む方向を決定することが可能となりました。
数学的な公式は本書では扱いませんが、アルゴリズムの中身を詳しく知りたい場合は、アルゴリズムがどんな公式で成り立っているかをぜひ調べてみてください。

この他にも更に効率的な手法が数多く開発されています。
ここでは代表的な手法を抜粋し、開発された順に紹介します。

表3.3 最適化手法の具体例

名称	最適化手法の概要
AdaGrad	次元ごとに学習率を自動調整する。学習が進むと、学習率が小さくなっていくが、途中でほぼ0になり最適化が進まなくなるという欠点がある。
RMSProp	モーメンタムと同様に、振動を抑える手法として考案されたアルゴリズム。RMSPropでは、学習率を調整することで振動を軽減する。急に勾配が変化する時に学習率を下げることにより、極値を通り過ぎて行ったり来たりしてしまう振動を軽減するイメージ。
AdaDelta	勾配とパラメータで単位を揃えるように改良した手法。単位の違いを補う必要がなくなったため、学習率の設定が不要。
Adam	モーメンタムとRMSPropを組み合わせた手法。現在、このAdamが多くのモデルで使用されている。
AdaBound	AdamとSGDの長所を組み合わせた手法。学習率が極端に大きくなることを防ぎ、学習の収束を安定させる。
AMSGrad	RMSProp、Adam、AdaDeltaなどに共通する収束しない問題を解決するために、学習率を小さくしていく工夫がなされた。
AMSBound	AdaBoundと同様のアイデアをAMSGradに適用させた手法。

アドバイス

最適化手法は上記のように、改善を繰り返しながら多くの手法が開発されています。
詳細を覚える必要はありませんが、これらが学習を最適化するための手法であることを記憶に留めておいてください。

機械学習におけるイテレーションとエポック

ディープラーニングの学習最適化の際に、すべてのデータを利用することをバッチ学習と呼びます。これに対して、いくつかのデータをまとめて入力し、それぞれの勾配を計算した後、その勾配の平均値を用いてパラメータの更新を行う方法をミニバッチ学習と呼びます。

ミニバッチ学習に関する紛らわしい言葉としてミニバッチサイズ、イテレーション、エポックという単語があります。これらはハイパーパラメータであり、設定は人間側が手動で行います。

例えばデータの総数が100個の時、それぞれを以下のように考えます。**図3.20**を見ながら整理していきましょう。

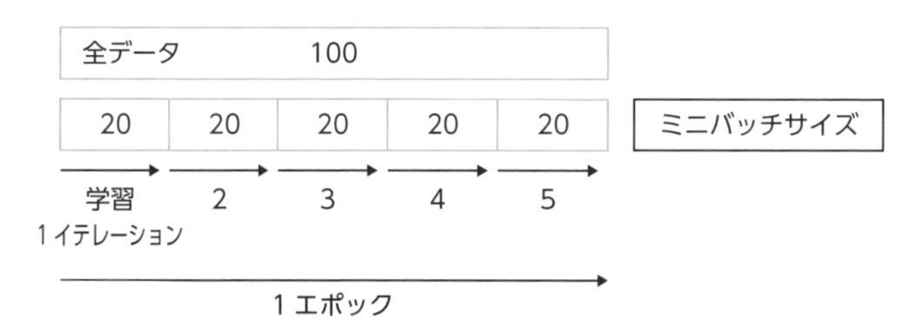

図3.20 イテレーションとエポック

- **ミニバッチサイズ**

  データ総数の区切り方です。ミニバッチサイズを20とするとデータは5つに区切られます。

- **イテレーション**

  1回パラメータを更新して1イテレーションとなります。例の場合、ミニバッチサイズの20個のデータで学習して1回パラメータを更新したら1イテレーションです。

- **エポック**

  データを一巡したら1エポックとなります。例の場合は5イテレーションしたら1エポックと数えます。

また、いくつかのデータをまとめて入力するミニバッチ学習に対して、データの１つを取り出してパラメータの更新をするのが**オンライン学習**です。ミニバッチ学習と同様、局所最適解に陥りにくいという性質がありますが、結果が不安定になりやすいという欠点があります。原因として１つ１つのデータに対して更新を行うため、外れ値にも反応しやすいことが挙げられます。

3.2.6 ディープラーニングのデータ量

ディープラーニングのみならず、機械学習全般では膨大なデータに基づいた計算により、有効な学習が可能となります。そのため、AIの研究においてデータの収集は重要なプロセスとして位置づけられています。2000年以降は、インターネットの普及によりビッグデータの活用が特に盛んになりました。データの収集が容易になることで、ディープラーニングも大きく躍進しています。特にWeb上から得られる大量のテキストデータは、自然言語処理の発展に貢献しています。

また、現在はデータセットの共有が盛んに行われるようになっていることも、併せて把握しましょう。

● CPUとGPU

ディープラーニングの学習では、中間層（隠れ層）を増やすほどに計算量は増えていき、計算コストが膨大となります。計算の効率化・高速化にはハード面の強化が欠かせません。

CPUは、OSやソフトウェアの計算、ディスプレイの表示など、パソコンのあらゆる処理を行います。いわゆるコンピュータの司令塔のような役割をしており、汎用的な処理を行うことができます。それに対して**GPU**の特徴はコア数の多さです。1つ1つの計算能力はCPUに劣りますが、数千のコアによりCPUよりもはるかに速い計算処理を行うことが可能です。

また、ニューラルネットワークの計算に特化したプロセッサである**TPU**がGoogleによって開発されました。GPUに比べ汎用性は劣りますが、大規模で複雑なディープラーニングの計算時間を最小限に抑えることが可能となりました。

第３章まとめ

第３章ではディープラーニングの基本的な仕組みから、様々な進化の過程について紹介しました。第２章で紹介した機械学習とディープラーニングの違いを理解しましょう。ディープラーニングは機械学習の手法の１つとされています。機械学習の他の手法との違いは、特徴量を人間が設定するのではなく、機械が自ら学習するという点です。人間では特徴を捉えきれない場合も高い効果を発揮する可能性があります。

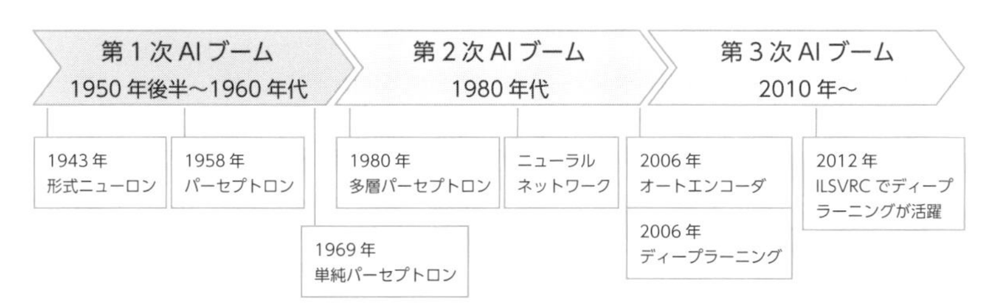

図 3.21　ディープラーニングの進化の歴史

ディープラーニングの進化の歴史に続いて、その歴史に伴い起こった問題と対策についても紹介しました。現在のディープラーニングの技術では高い精度で予測することができるようになりましたが、そこに至るまで様々な問題が起こり、それを改善するための手法が開発されてきました。試験では下図のような問題がいかにして起こり、どうやってそれを克服するかが問われますので、問題と対策をセットで覚えておきましょう。

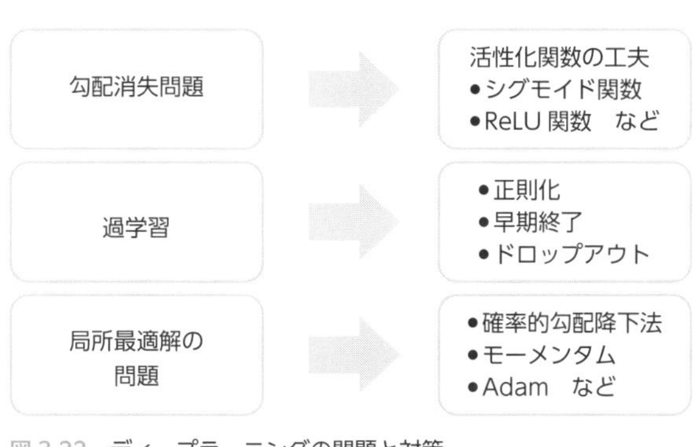

図 3.22　ディープラーニングの問題と対策

章末問題

▶ 問題 1

第1次AIブームの終焉を招くきっかけともなった単純パーセプトロンの欠点として、最も適切な選択肢を１つ選べ。

① 多クラス分類問題に対処できない
② 過学習を防ぐことができない
③ 時系列データを扱うことができない
④ 線形分離可能でない問題に対処できない

解説

単純パーセプトロンは線形分離可能な問題なら正しく学習することができますが、線形分離不可能な問題は正しく学習できません。

▶ 問題 2

以下の文章を読み、問いに答えよ。

活性化関数であるシグモイド関数は主に二項分類に用いられ、**(ア)** の範囲の値をとる。正と負の境目である **(イ)** を問題設定に応じて変更し、分類を調整する。シグモイド関数の微分の最大値は **(ウ)** であるため、勾配消失が起こりやすい。

2-1 空欄 (ア) に最も当てはまる選択肢を選べ。
① 0から1
② -1から1
③ 0から∞
④ -∞から∞

2-2 空欄 (イ) に最も当てはまる選択肢を選べ。
① 学習率
② 閾値

解答1：④

③ 鞍点

④ 重み

2-3　空欄（ウ）に最も当てはまる選択肢を選べ。

① 0

② 0.25

③ 1

④ ∞

解説

シグモイド関数は0から1の間で緩やかな曲線を描き、その曲線が正と負に分かれる点を閾値と呼びます。シグモイド関数の微分の最大値は0.25と小さいので、勾配消失問題を起こしやすいです。

▶ 問題 3

学習時のデータだけに適応しすぎて、未知のデータにうまく対応できない状態を過学習という。過学習を防ぐ、もしくは抑制するために使用される手法として、不適切な選択肢を 1 つ選べ。

① 標準化

② ドロップアウト

③ 早期終了

④ 正則化

解説

過学習の主な対策手法は以下の通りです。過学習は試験でも問われることが多い重要な問題なので、しっかり覚えておきましょう。

- ドロップアウト：層の中のノードをランダムに無効にして学習を行い、汎用性能を上げる
- 早期終了：学習データだけに適合するようになる時点で学習を早めに終了する

解答 2-1：① 解答 2-2：② 解答 2-3：②

- 正則化：ある特徴量の重みを調整して、学習データに対してのみ適合しすぎることを防ぐ

▶ 問題4

以下の文章を読み、それぞれの空欄に当てはまる単語の組み合わせを選べ。

従来の機械学習で利用されていた最適化手法である最急降下法は、一度の学習にすべてのデータを利用することから **(ア)** と呼ばれている。しかし、ディープラーニングの場合はデータが大規模でそれが困難となり、確率的勾配降下法が用いられることも多い。また、1つのデータが入るたびにパラメータの更新をする手法は **(イ)** と呼ばれる。**(ア)** と **(イ)** は、どちらにも長所と短所があり、一定数のデータ群を利用する **(ウ)** を用いることが推奨される。

① **(ア)** マルチタスク学習　**(イ)** オンライン学習　**(ウ)** ミニバッチ学習
② **(ア)** ミニバッチ学習　**(イ)** バッチ学習　**(ウ)** マルチタスク学習
③ **(ア)** バッチ学習　**(イ)** オンライン学習　**(ウ)** ミニバッチ学習
④ **(ア)** バッチ学習　**(イ)** マルチタスク学習　**(ウ)** オンライン学習

解説

それぞれの学習方法を区別できるようにしておきましょう。

- バッチ学習：最急降下法のように、パラメータの更新にすべてのデータを用いる
- ミニバッチ学習：すべてのデータの中から一部のデータを取り出し、パラメータの更新をする
- オンライン学習：データ1つ1つに対してパラメータの更新をする

解答3：①　解答4：③

▶ 問題 5

勾配降下法を用いて誤差関数を最小化していく際にデータすべてをパラメータの更新に使い終わった回数を何と呼ぶか。最も適切な選択肢を 1 つ選べ。

① ミニバッチサイズ
② イテレーション
③ エポック
④ サンプル数

解説

例えばデータ数が 100 のとき、データを 5 つに区切るとミニバッチサイズが 20 となり、20 個のデータで学習して 1 回パラメータを更新したら 1 イテレーション、全データを一巡したら 1 エポックとなります。

3.2.5 COLUMN「機械学習におけるイテレーションとエポック」参照

解答 5：③

第4章

ディープラーニングの手法と活用分野

これまで学んできた教師あり学習、教師なし学習、強化学習、そしてディープラーニングは実際にどのように現実社会に応用されているのでしょうか。本章では更に発展・研究が進められている分野の詳細を解説していきます。

学習 Map

第3章で学んだディープラーニングは、様々な専門分野で発展を続けています。第4章では、ディープラーニングを起点に改良・発展した多くのモデルについて紹介していきます。各分野で発展したモデルにどのような工夫・特徴があるのか、また、私たちの生活のどんな場面で活用されているかにも注目して学んでいきましょう。

G検定の試験範囲の中で最も専門性と難易度が高いトピックが、この第4章の範囲です。1つ1つの手法をしっかり理解するために、学習時間を十分に確保することを推奨します。

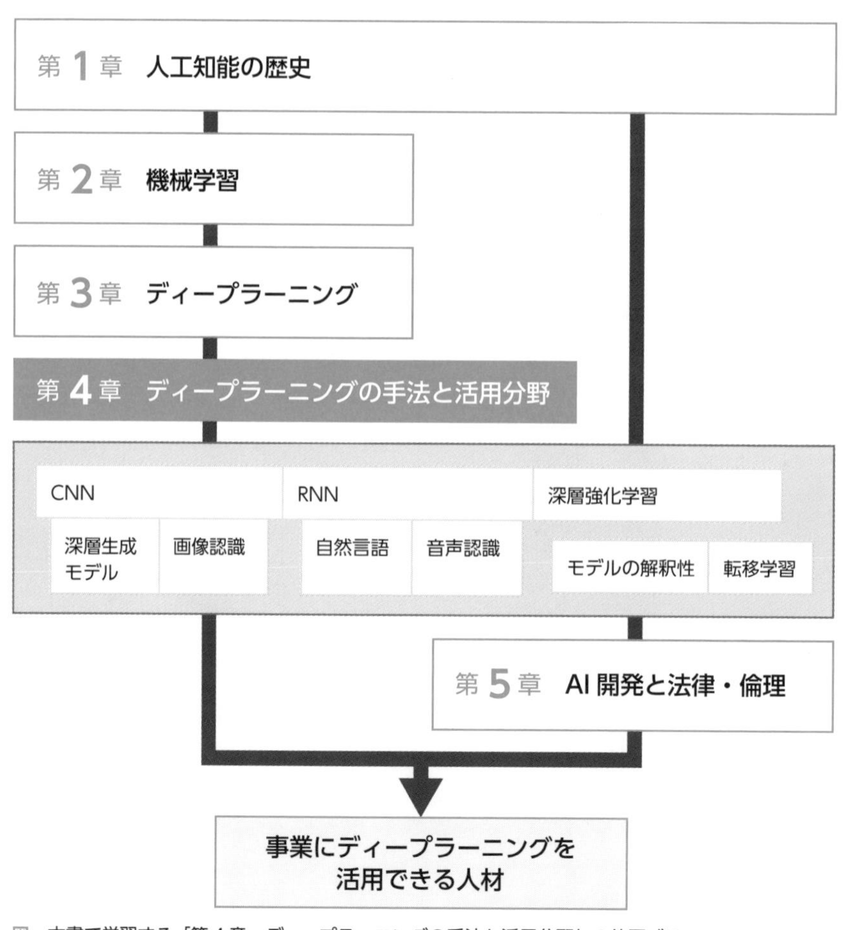

図　本書で学習する「第4章　ディープラーニングの手法と活用分野」の位置づけ

主要キーワード

(本文中に 🔍 鍵マークを付けています。また、重要度に応じて★の数を増やしています)

3 ★★★
2 ★★
1 ★

4.1

畳み込みニューラルネットワーク (CNN)	畳み込み層とプーリング層を含んだニューラルネットワーク。画像を用いた問題によく使用される。	★★★
畳み込み層	様々なフィルタ (カーネル) を用いることで、データの特徴を抽出する。抽出された出力は特徴マップと呼ばれる。	★★☆
プーリング層	入力データを要約・縮小する働きを持つ。	★★☆
ネオコグニトロン	1979 年に福島邦彦らによって提唱された、CNN の原型となるモデル。	★☆☆
LeNet	1998 年にヤン・ルカンによって考案された、初の畳み込みネットワーク。	★☆☆
Max Pooling	領域内の最大値を出力とする手法。	★★☆
Average Pooling	領域内の平均値を出力とする手法。	★★☆
全結合層	畳み込み層やプーリング層を経て得られた特徴マップを 2 次元から 1 次元に変換する。	★☆☆
Global Average Pooling (GAP)	全結合層の代わりに使用され、パラメータ数の削減・過学習の抑制などの効果がある。	★★☆

4.2

AlexNet	ILSVRC-2012 で優勝したモデル。ディープラーニングが注目を浴びるきっかけとなった。	★★☆
VGG	ILSVRC-2014 で準優勝したモデル。層の数によっていくつかのバリエーションがある。	★★☆
GoogLeNet	ILSVRC-2014 で優勝したモデルで、Inception モジュールを搭載している。	★★☆
ResNet	ILSVRC-2015 で優勝したモデルで、勾配消失または爆発に対応するためにスキップ結合が加えられた。	★★☆
バウンディングボックス	画像内の位置を矩形で示す方法。	★★★
セマンティックセグメンテーション	画像内の位置をピクセル単位で示す方法。	★★★
R-CNN	Regions (領域) ごとに特徴量を抽出。領域候補に Selective Search を使用。	★★☆
Faster R-CNN	物体検出と物体領域候補それぞれを計算する R-CNN を高速化。領域候補に RPN を使用。	★★☆

YOLO	画像全体をグリッド分割し領域ごとにバウンディングボックスを計算する。物体を高速検出。	★★☆
SSD	YOLOのフィルタサイズを変更し高速化。	★★☆

4.3

生成モデル	入力から新たなデータを生成するモデル。	★★★
AE（オートエンコーダ）	入力データを圧縮し、出力が入力と同じになるように学習する。次元圧縮の一種でもある。	★★★
VAE（変分オートエンコーダ）	オートエンコーダの一種で潜在変数zに確率分布を使用している。	★★★
GAN（Generative Adversarial Networks）	GeneratorとDiscriminatorを競わせることで精度向上を目指す。敵対的生成ネットワークと呼ばれる。	★★★
生成器（Generator）	GANの中でデータの生成を担当し、Discriminatorをだませるように学習を行う。	★★☆
識別器（Discriminator）	Generatorが生成したデータと実際のデータを識別する役割を持つ。	★★☆
ALOCC（Adversarially Learned One-Class Classifier）	正常データのみを利用して学習を行う。オートエンコーダとGANを組み合わせたような構造をしている。	★★☆
Reconstructor	正常データにノイズを加えて元に復元する。GANのGeneratorと同じ役割。	★★☆
Discriminator	入力された画像が本物か、Reconstructorによって生成されたものかを識別する役割を持つ。	★★☆

4.4

再帰型ニューラルネットワーク（RNN）	時系列データに適したニューラルネットワーク。過去を考慮した学習が行える。	★★★
Backpropagation Through Time（BPTT）	RNNにおける時間を考慮した誤差逆伝播法。	★☆☆
勾配爆発	勾配が前方の層で大きくなりすぎてしまう現象。	★★☆
入力重み衝突・出力重み衝突	時系列問題を扱う上で矛盾が起こる問題。対策としてLSTMが考案された。	★★☆
LSTM	LSTMブロックを組み込むことで、勾配消失・爆発や重みの衝突を回避するモデル。	★★★
LSTMブロック	誤差を記憶するメモリセルと、情報を保持もしくは忘れるためのゲート（入力ゲート・出力ゲート・忘却ゲート）からなる。	★☆☆

GRU (Gated Recurrent Unit)	LSTM ブロックを簡略化した手法。リセットゲートと更新ゲートが備わっている。	★★☆
BidirectionalRNN	未来方向へ予測する RNN と、過去方向に予測する RNN を組み合わせたモデル。	★★☆
RNN Encoder-Decoder	時系列形式の出力を可能としたモデル。エンコーダとデコーダの 2 つの LSTM を用いる。	★★☆

4.5

形態素解析	文を形態素と呼ばれる単位に分割すること。	★★★
分散表現	単語を実数のベクトルで表現。	★☆☆
word2vec	分散表現を得る方法。	★★★
CBOW	前後の単語から単語を予測。	★★☆
Skip-Gram	ある単語から周辺を予測。	★★☆
ELMo	1 つの単語を 3 ベクトルの平均で表し、多義語を表現。	★★☆
BERT	ELMo の改良版であり、計算には主として Transformer を使っている。	★★☆
BOW	単語の出現数を数え行列で表現。	★★★
TF-IDF	単語の出現数に加え単語の出現頻度を加味する。	★★☆
seq2seq	RNN を使った Encoder-Decoder 型モデルで、系列変換モデル。	★★☆
Attention（注目）	どこに注目するかを表現。	★★☆
GPT	OpenAI によって開発された Transformer をベースにしたモデル。	★★☆
Transformer	Google によって開発された Attention のみを使った Encoder-Decoder 型モデル。	★★☆

4.6

高速フーリエ変換 (FFT)	デジタルデータを分析し、含まれる周波数とその周波数の強さをパワースペクトルへ高速に変換する	★★☆
音声認識エンジン	人から発せられた音声情報を認識し、テキストに変換する技術。チャットボットサービスや音声から人の感情を分析するなど、幅広く使われる。	★★☆
隠れマルコフモデル (HMM)	音声認識モデルで使われる手法。出力された結果がどのような状態遷移をたどったかが隠れている。	★★☆
GMM-HMM	HMM の出力にガウス混合分布を用いたもの。	★☆☆
DNN-HMM	HMM の出力に DNN を用いたもの。	★☆☆
WaveNet	Google DeepMind 社により開発された、音声合成モデルの 1 つ。	★★☆

4.7

深層強化学習	従来の強化学習にディープラーニングを応用した手法。	★★★
DQN	強化学習の行動価値に DNN を適用したもの。	★★★
マルチエージェント強化学習	複数のエージェントが協調、競合している状態における最適な行動を同時に学習する。	★★☆
OpenAI Five	OpenAI によって開発された、多人数対戦型ゲームにおいて世界トップレベルのチームに勝利したゲーム AI モデル。	★☆☆
AlphaStar	Google DeepMind 社が開発したゲーム AI モデルで、学習に画像処理や自然言語処理を取り入れている。	★☆☆
オフライン強化学習	既存のデータを使用し実世界に作用させることなくオフラインで学習する。	★☆☆
sim2real	実世界をシミュレータに再現し学習した結果を実世界に応用させる。	★☆☆

4.9

転移学習	既存の学習済みモデルの重みを更新せずに、出力部分のみを付け替えて学習する手法。	★★★
ファインチューニング	既存の学習済みモデルの一部の重みを再学習する手法。	★★★
蒸留	訓練済みの学習モデルの出力を別のより軽量なモデルで学習する手法。計算リソースの削減などの利点がある。	★☆☆

4.1 畳み込みニューラルネットワーク (Convolutional Neural Network)

畳み込みニューラルネットワーク（以降 CNN）とは、通常のニューラルネットワークに、畳み込み層（Convolution 層）とプーリング層（Pooling 層）を組み合わせたものを追加したような構造をしています。CNN は、画像認識などによく使われる手法です。例えば、**図 4.1** は手書きで「5」と書かれた画像を入力し、畳み込み層・プーリング層で画像の特徴を抽出します。その後、全結合層でデータを1次元に並べ替え、ニューラルネットワークに繋げることで、出力層にて画像の判定結果を各クラスに分類される確率として得ることができます。

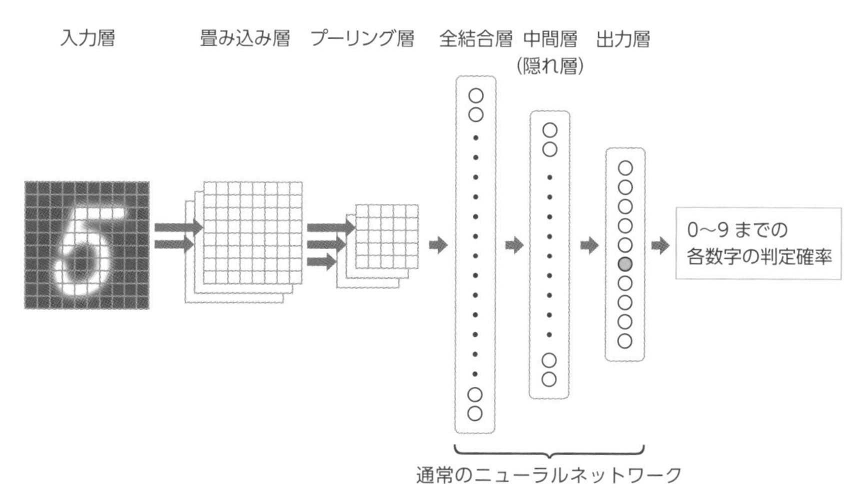

図 4.1 CNN

画像データの取り扱い

まずは、CNN で取り扱うことが多い画像データについて理解しましょう。画像とは**図 4.2** のような構造をしています。サイズとして高さと幅、奥行（channel）があり、奥行とは一般的に RGB（光の 3 原色）で表現されています。画像の最小の単位はピクセルで表現し、ピクセル内にはそれぞれ輝度と呼ばれる各 channel の光の明るさを表す値が格納されます。輝度は 0 〜 255 の整数となります。これらの数字は行列をまとめたものとしてテンソルとして扱います。

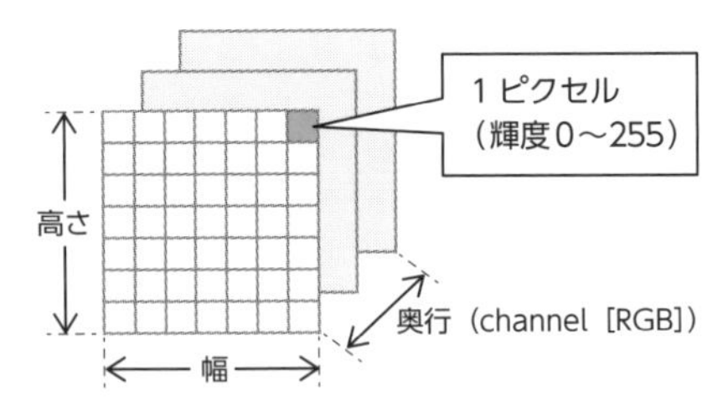

図4.2　画像の構造（カラー画像）

ディープラーニングでは、このような画像データから特徴を抽出して、画像認識や物体検出などを可能にします。

CNNのはじまり

CNNの原型は生物の脳の視覚野に関する神経生理学的な知見をもとに考案されたネオコグニトロンであるとされています。ネオコグニトロンは1979年に福島邦彦らによって提唱され、神経細胞の働きであるパターンの特徴を抽出する単純型細胞（S細胞）と、抽出された特徴の位置ずれを吸収する働きを持つ複雑型細胞（C細胞）を最初に組み込んだモデルです。S細胞とC細胞を交互に多層に接続した構造をしています（図4.3）。

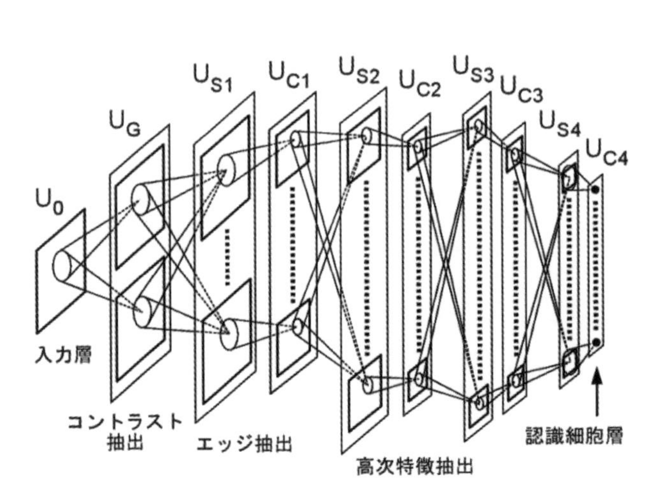

出典：福島邦彦　「位置ずれに影響されないパターン認識機構の神経回路のモデル　ネオコグニトロン」1979年、電子通信学会論文誌A, vol. J62-A, no. 10, pp. 658-665　copyrigh © 2022 IEICE

図4.3　ネオコグニトロン

その後1998年に、ヤン・ルカンらによってLeNetと呼ばれるCNNのモデルが提唱されました。構造はネオコグニトロンと非常に似ており、畳み込み層とプーリング（サブサンプリングとも呼ぶ）層の2種類の層を交互に多層に組み合わせています（**図4.4**）。

ネオコグニトロンでは微分を用いない自己組織化による学習が行われていたのに対し、LeNetでは誤差逆伝播法を用いる学習法が確立されました。

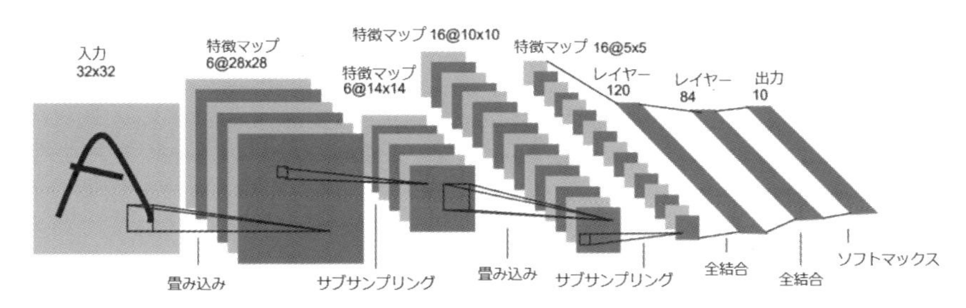

出典：http://vision.stanford.edu/cs598_spring07/papers/Lecun98.pdf

図4.4 LeNet

4.1.1 畳み込み

畳み込みとは、入力データに対して平行移動（ストライド）をしながらフィルタをかけて、新しい特徴量を作る処理です（**図4.5**）。この畳み込みによって抽出された特徴量を特徴量マップと呼びます。例えば、画像のサイズが5×5のときにフィルタのサイズが3×3でストライドを1として畳み込みを行うと、特徴量マップは3×3となって抽出されます。フィルタの中身によって抽出される特徴は変化し、信号処理のローパスフィルタや画像のぼかし処理やエッジ強調など様々なフィルタが存在します。なお、フィルタはカーネルとも呼ばれることがあります。

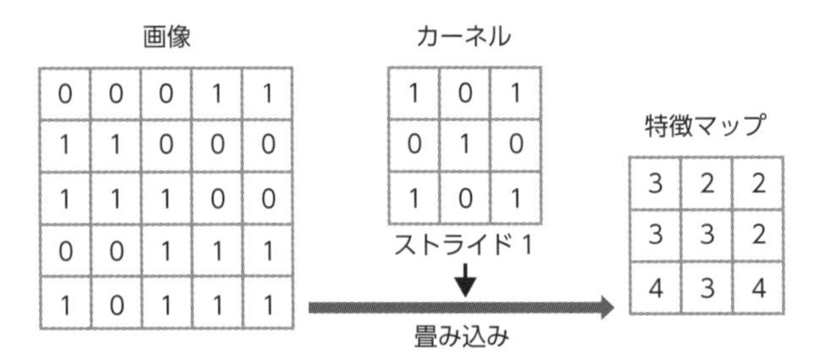

図 4.5　畳み込み

パディング

畳み込み時の工夫として、ゼロパディング（zero padding）と呼ばれるものがあります。**図 4.6** のように、入力となる画像データの周りを0のピクセルで囲む処理をすることです。通常、畳み込みは画像の端から順々にフィルタをかけていきますが、その場合一番端の情報はフィルタにかけられる回数が少なく、情報が考慮されづらくなります。周りを0のピクセルで埋めることで本来の一番端の情報が内側に入り、畳み込みへの反映がしやすくなります。また、畳み込み処理による画像の縮小も抑えることも利点の1つです。縮小を抑えることで、特徴マップが小さくなりすぎることを防ぐことができます。

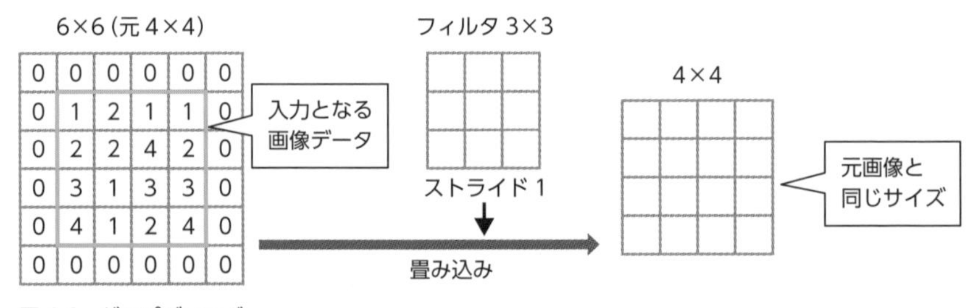

図 4.6　ゼロパディング

アドバイス

畳み込み処理によって変化した画像サイズを求める計算問題が試験でよく出題されます。元の画像サイズから、カーネルサイズ、ストライド幅、パディングの有無などを考慮して計算できるようにしましょう。

4.1.2 プーリング

プーリングとは、ある領域（ウィンド）ごとに特徴を粗く捉えることでデータを圧縮する処理です（**図 4.7**）。よく使用される圧縮方法として、Max Pooling と Average Pooling があります。Max Pooling と Average Pooling は、ウィンドに対してそれぞれ最大値と平均値を取得し、データを圧縮します。

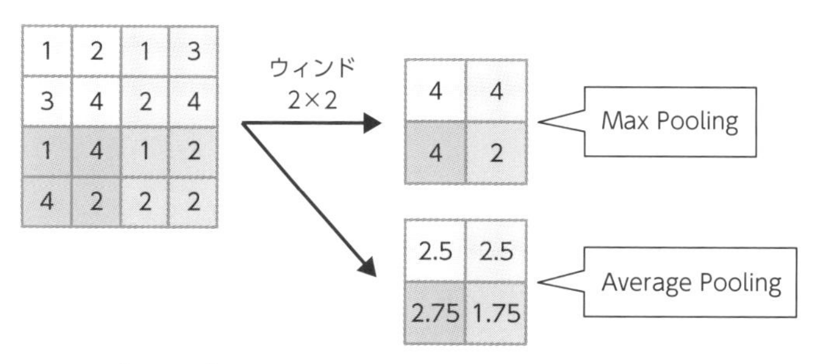

図 4.7　プーリング

プーリング層は基本的に畳み込み層の後に設置され（**図 4.1 参照**）、畳み込み層から出力された特徴マップを単純化する役割を担います。これにより必要なパラメータを減らし、計算コストを下げることが可能です。

4.1.3 全結合

畳み込みとプーリングを経て、特徴を抽出した後は 1 次元の出力に形を整えていきます。これまでの処理では縦×横の 2 次元の構造をとっていたデータを一列のデータに整形します。この処理をフラット化とも呼びます。フラット化されたデータは、通常のニューラルネットワークの隠れ層・出力層に接続されることになります。畳み込みやプーリングではいくつかのデータを 1 つに集約して、次の層へとデータを繋げていましたが、通常のニューラルネットワークでは一列に整形された全データが、次の層の全データに繋がっています（**図 4.8**）。このような構造を全結合と呼び、全結合の構造をしている層を全結合層と呼びます。

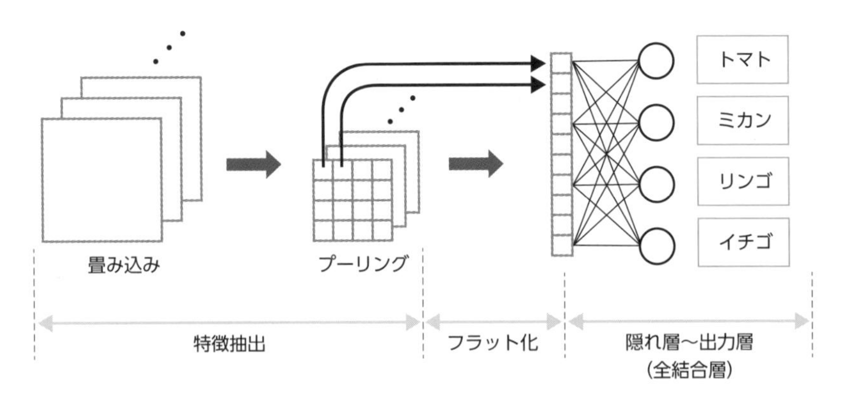

図 4.8　特徴抽出から全結合層への繋がり

Global Average Pooling（GAP）

全結合層の代わりに用いられる層の1つとして、Global Average Pooling(以降GAP)と呼ばれる手法があります。GAPでは、各特徴マップの画素の平均を出力とします。特徴マップごとに1つの値が出力されるので、通常の全結合層よりパラメータ数が減り、計算が軽くなります。そのため、最近のCNNでは全結合層よりこのGAPを使用することが多くなっています。ただし、学習の収束が遅くなることに注意が必要です。

4.1.4　データの拡張

これまでの処理では画像の移動不変性に対処してきましたが、次は物体認識に関わる課題に対処していきます。一般的に、ある物体はたとえ同じ物体であっても、見る角度や伸縮レベル、光の当たり具合で見え方が様々に変化します。どんな見え方であっても同じ物体であると認識するためには、それらを学習するためのデータが必要です。しかし、すべての見え方を網羅した画像を準備するのは現実的に不可能といえます。そこで、手元にあるデータにランダムにいくつかの処理を加えることで新たな画像を生成していきます。その処理の具体例として、平行移動、回転、拡大縮小、上下反転、左右反転、明度調整などがあります。この他の処理方法を以下の表にまとめます。

表 4.1　データ拡張手法

手法	説明
Cutout	画像のランダムな位置の画素を 0 にする。 画像の一部を切り落としたような形になる。
Random Erasing	どの画像を切り落とすか、切り落とす場所、範囲をランダムに決定する。
Mixup	2 枚の画像を透過させて重ね合わせる。犬と猫の画像を透過率 0.5 ずつで重ねた場合「犬 0.5 猫 0.5」というラベルを付ける。
Cutmix	Cutout と Mixup を複合させた手法で、切り落とした箇所に別サンプルの画像をはめ込む。複合させた画像の割合に応じたラベルを付ける。

ここで注意すべきことは、データによっては不適切な処理があるということです。例えば文字が書かれた画像の場合、左右反転してしまうと存在しない文字が生成されてしまいます。不適切な変形をして実際に発生しないような学習データを作ってしまうと正解率を下げることになるのです。どんな処理もやれば良いというわけではないことを覚えておきましょう。

4.2 画像認識

画像認識とは、画像内に写る物体が各クラスに分類される確率を出力し、確率が最も高いクラスを識別結果として出力します。「画像の分類問題」というとイメージしやすいかもしれません。

2010年から2017年まで、画像認識モデルの精度を競うILSVRC（ImageNet Large Scale Visual Recognition Challenge）という大規模な競技会が開催されました。この競技会では、120万枚の高解像度画像を1,000のクラスに分類することを目的としていました。そして、このILSVRCの歴史と共に多くの画像認識モデルが誕生してきました。有名なモデルをいくつか紹介していきます。

● AlexNet

AlexNetは、ILSVRC-2012において2位に10%近くの精度の大差をつけて優勝したモデルです。AlexNetは、大規模な畳み込みニューラルネットワークであり、5つの畳み込み層から構成され、そのうちのいくつかにはMaxPooling層があります。出力層にはソフトマックス関数を持つ3つの全結合層が続く構成で、活性化関数としてReLU関数（3.2.2参照）が使われました。また、過学習対策としてDropOut層が追加されています。AlexNetの成果により、畳み込み層を含む多層ニューラルネットワークが注目されるようになりました。

アドバイス

ディープラーニングブームの先駆けとなった、AlexNetに関連する用語を押さえておきましょう。

- AlexNet：ディープラーニングモデル名
- ILSVC：2010年から始まった大規模画像認識のコンペティションで、2017年に終了している
- ImageNet：コンペティションで使用するデータセット

● VGG

VGGは、ILSVRC-2014で2位になったオックスフォード大学のチームが開発

したネットワークモデルです。AlexNetと同様に、畳み込み層、プーリング層、全結合層から構成されます。AlexNetよりもカーネルサイズを小さくし、畳み込み層を深くしているのが特徴です。構成する層の数によってVGG-11、VGG-16、VGG-19などのバリエーションがあります(**図4.9**)。

【ConvNetの構成】

層の深さは左から右に増加します。簡潔さを優先したため活性化関数ReLUの記載はありません。

	ConvNetの構成					
	A	A-LRN	B	C	D	E
	11 weight layers	11 weight layers	13 weight layers	16 weight layers	16 weight layers	19 weight layers
	入力層(224 × 224　カラー画像)					
畳み込み層	conv3-64	conv3-64 **LRN**	conv3-64 **conv3-64**	conv3-64 conv3-64	conv3-64 conv3-64	conv3-64 conv3-64
	プーリング層(Max Pooling)					
畳み込み層	conv3-128	conv3-128	conv3-128 **conv3-128**	conv3-128 conv3-128	conv3-128 conv3-128	conv3-128 conv3-128
	プーリング層(Max Pooling)					
畳み込み層	conv3-256 conv3-256	conv3-256 conv3-256	conv3-256 conv3-256	conv3-256 conv3-256 **conv1-256**	conv3-256 conv3-256 **conv3-256**	conv3-256 conv3-256 conv3-256 **conv3-256**
	プーリング層(Max Pooling)					
畳み込み層	conv3-512 conv3-512	conv3-512 conv3-512	conv3-512 conv3-512	conv3-512 conv3-512 **conv3-512**	conv3-512 conv3-512 **conv3-512**	conv3-512 conv3-512 conv3-512 **conv3-512**
	プーリング層(Max Pooling)					
畳み込み層	conv3-512 conv3-512	conv3-512 conv3-512	conv3-512 conv3-512	conv3-512 conv3-512 **conv3-512**	conv3-512 conv3-512 **conv3-512**	conv3-512 conv3-512 conv3-512 **conv3-512**
	プーリング層(Max Pooling)					
全結合層	FC-4096					
	FC-4096					
	FC-1000					
	出力層(soft-max)					

【パラメータの数(100万単位)】

Network	A,A-LRN	B	C	D	E
パラメータの数	133	133	134	138	144

出典：https://arxiv.org/pdf/1409.1556.pdf (Karen Simonyan & Andrew Zisserman, "Very deep convolutional networks for large scale image recognition" (2015))

図4.9　VGGのネットワーク構造バリエーション

● GoogLeNet

GoogLeNetは、ILSVRC-2014で優勝したGoogleのチームが開発したネットワークモデルです。

GoogLeNetで特徴的なのは、複数の畳み込み層やプーリング層から構成されるInceptionモジュールとGlobal Average Poolingを導入している点です。

Inceptionモジュールは、複数のレイヤーが横に広がる小さなネットワークで、複数カーネルサイズで畳み込んだ結果を結合して出力します(**図4.10**)。通常のニューラルネットワークでは層が深くなると誤差の伝播が起こりにくくなり学習がうまくいかなくなりますが、Inceptionモジュールは1つの層と見なされるため、Inceptionモジュール内部の層をまたいで誤差の伝播が行われます。更に層が横に広がることで、内部的にアンサンブル学習が行われることになります。これらの理由で学習がうまくいくといわれています。

また、Global Average Poolingを導入することで、全結合層のパラメータ数を減らすことができ、過学習が起こりづらくなりました。Global Average Poolingは、特徴量を減らすので精度が下がるように感じますが、実際には精度低下は起こらず、逆に上がる場合もあるといわれています。

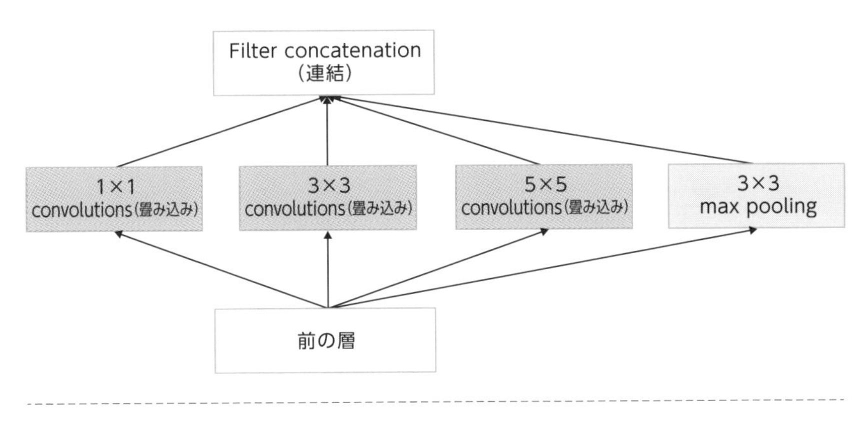

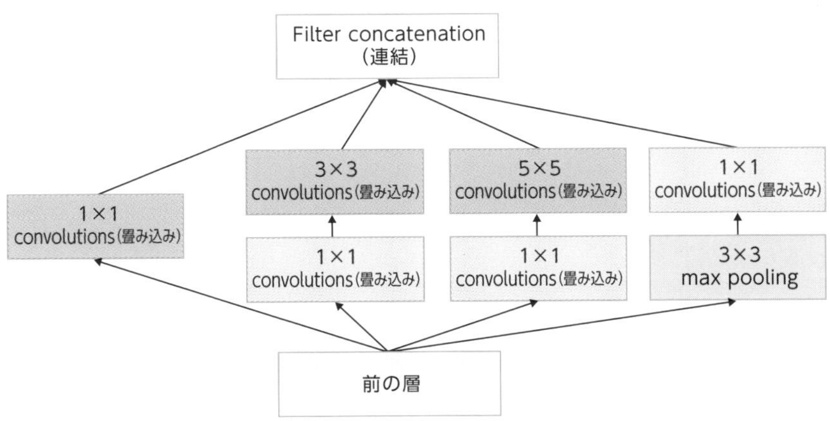

図 4.10　Inception モジュール（上：naive、下：次元削減あり）

● ResNet

ResNet は ILSVRC-2015 で優勝した Microsoft のチームが開発した、畳み込み層のみを積み重ねた構造をしているモデルです。人間に勝るとも劣らない認識率を示したと報告され、大きな話題となりました。VGG や GoogLeNet では層を深くし過ぎると勾配が消失または爆発し、性能が落ちるという問題がありましたが、ResNet ではそれを解決するためにスキップ結合 (Skip connection) を加えました(**図 4.11**)。スキップ結合では層を飛び越えた結合を加えることで、誤差逆伝搬をしやすく、様々なアンサンブル学習をすることになるので、ResNet は性能を落とすことなく 152 層もの深さを実現することができました。

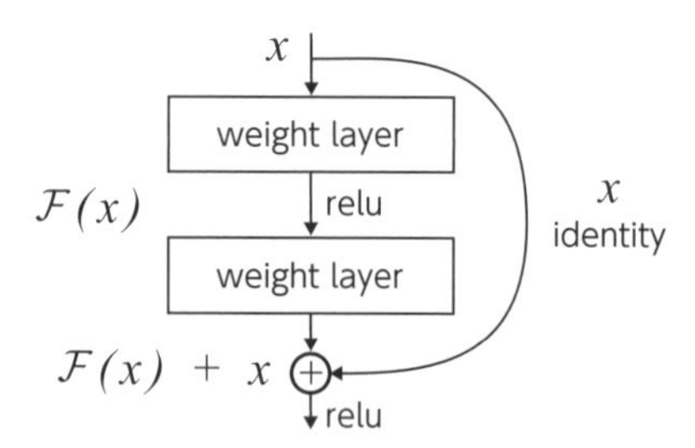

出典：[1512.03385] Deep Residual Learning for Image Recognition
図4.11　ResNetのスキップ結合

現在もCNNの発展形モデルの開発が続けられ、多くのモデルが発表されています。

その一部を以下の表にまとめました。それぞれのモデルの特徴と、発表された順番を抑えておきましょう。

表4.2　CNNの発展形モデル

FCN（2014）	セマンティックセグメンテーション（4.2.1参照）を行う完全畳み込みニューラルネットワーク。
SegNet（2015）	セマンティックセグメンテーション用のネットワークでEncoder-Decoder構造。
Wide ResNet(2016)	ResNetの層を浅くして、フィルタ数を増やし層の幅を広げた。そうしてパラメータを増やすことで精度を上げたモデル。
DenseNet（2016）	ResNetのスキップ結合を応用して、すべての層に直接結合する構造を加え、特徴をより効率的に利用できるようにした。層が互いに密に結合していることから、DenseNetと呼ばれる。
Neural Architecture Search（NAS）（2016）	ネットワークの構造がどんどん深く複雑になり、もはや人が最適な構造を探し出すことは不可能となった。そこでNASは構造自体やパラメータを最適化した上で、重みを最適化する。RNN（4.4参照）からの出力をもとに強化学習で最適な構造を探索し、学習および評価を繰り返して構造を生成する。
SENet（2017）	ILSVRC-2017で優勝したモデルで、畳み込み層が出力した特徴マップに適応的に重みを加えるAttention機構を導入したモデル。
MobileNet（2017）	モバイル端末などにも乗せられる高性能CNNを目指して作られたモデルで、畳み込みの代わりにDepthwise Separable Convolutionを用いる。Depthwise（空間方向）とPointwise（チャネル方向）に分けて順に畳み込みをすることで、パラメータが減って計算量を削減できる。
NASNet（2017）	NASNetはNASを発展させたもので、構造を生成する際の構成単位をCNNの層の塊とするように工夫をしたモデル。
MnasNet（2018）	NASNetをモバイル端末などでも処理できるように計算量を削減するなど工夫をしたモデル。
EfficientNet（2019）	NASによって探索されたモデル。従来モデルと比べ高精度なのはもちろんのこと、パラメータ数を抑えて計算速度も向上させた。

4.2.1 認識領域

画像を認識するには、画像全体を見て、映っている物体を分類する方法と、画像の中でどこに何の物体が存在するかを認識する方法があります。後者の場合、認識領域の指定方法として主に、「バウンディングボックス」と「セマンティックセグメンテーション」の2種類があります。

● バウンディングボックス

対象の位置を矩形で表現します（図4.12（左））。矩形は画像内のX座標、Y座標、幅、高さで指定します。

● セマンティックセグメンテーション

セマンティックセグメンテーションでは、画像内のすべてのピクセルに対して分類されるクラスを予測します（図4.12（右））。バウンディングボックスでは、矩形に収まらない物体は検出の対象外でしたが、この手法では画像からはみ出している物体の検出も可能となります。

●バウンディングボックス

●セマンティックセグメンテーション

出典：https://arxiv.org/pdf/1809.02165.pdf

図4.12　認識領域の違い

初期のセマンティックセグメンテーションは全結合層が存在せず、ネットワークの畳み込み層のみで構成されたFCN（Fully Convolutional Network）（図4.13）でした。またSegNet（図4.14）も全結合層を持たず、FCNと比べてメモリ効率が改善されました。

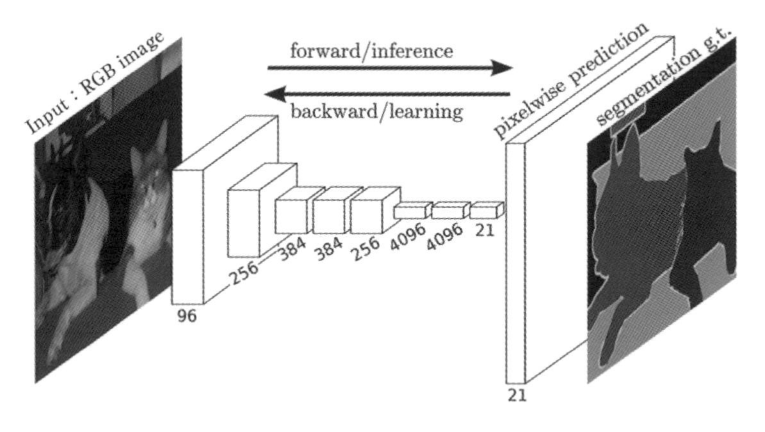

図 4.13 FCN

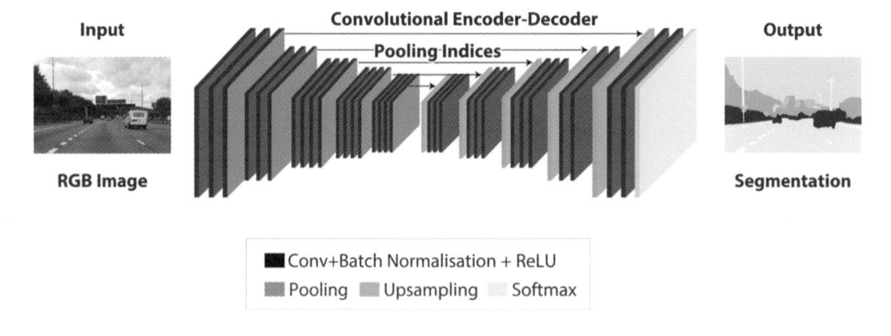

出典：https://arxiv.org/pdf/1511.00561.pdf

図 4.14 SegNet

ピクセル単位で処理するセマンティックセグメンテーションは、高解像度の画像を処理しようとすると計算コストが高くなり、効率がよくありません。これを解決するため、ダウンサンプリング（画像の縮小）を行います。出力されるセグメンテーション結果の解像度は劣化しますが、ダウンサンプリング後に画像認識をすることで広い範囲を参照する結果が得られます。加えて、計算コストを低下させることもできます。また、高解像度で広い参照で処理する場合は、ダウンサンプリングとアップサンプリング（画像の拡大）する機構のほか、ダウンサンプリングとアップサンプリングの過程で情報が失われないように保存するSkip-Connectionで構成されるU-Net（**図 4.15**）があります。その他に、より多様な特徴を獲得するためにPyramid Pooling Moduleというモジュールを中間に追加したPNPNet（**図4.16**）という手法もあります。

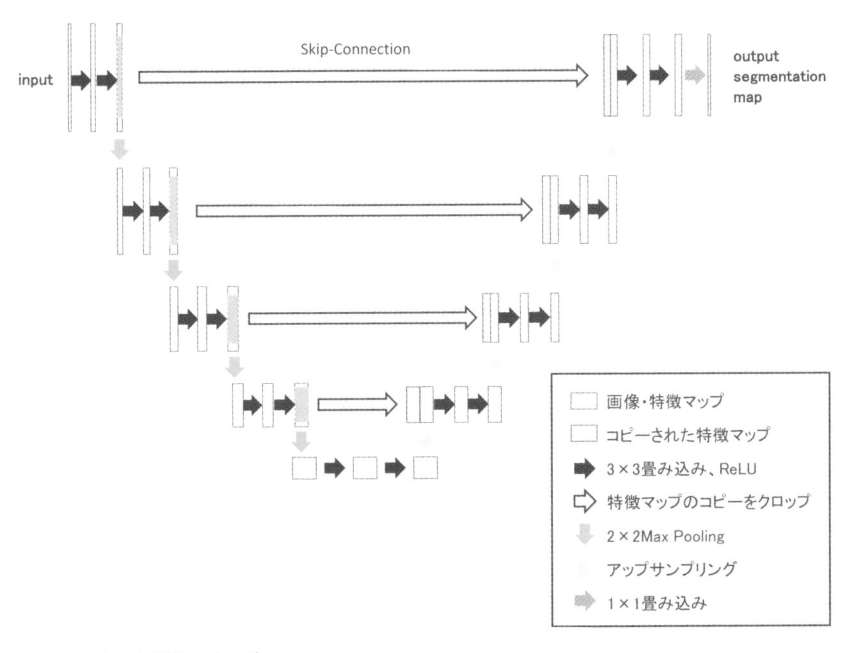

図4.15　U-Net構造イメージ

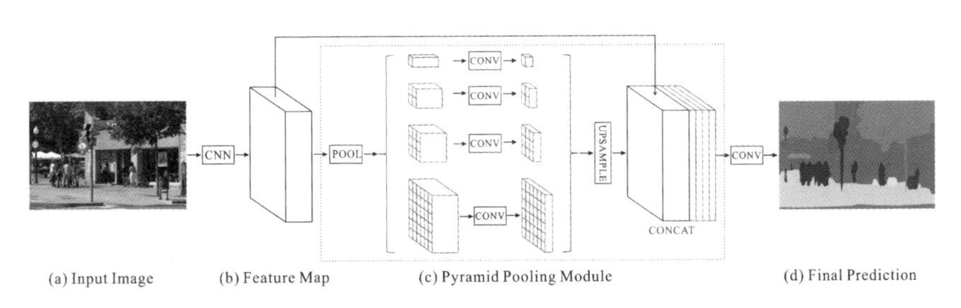

出典：https://arxiv.org/abs/1612.01105

図4.16　PSPNetの構造イメージ

上記の手法ではEncoder-Decoderの構造をしていますが、その他にプーリング層は用いず、Dilated/Atrous畳み込みをする構造があります。Dilated/Atrous畳み込みは、畳み込みをする際のフィルタの間隔（Dilation）をあけるこ

とで画像を極端に小さくすることなく情報を集約でき、広範囲の特徴を捉えることができます。(図4.17)

このDilated/Atrous畳み込みを用いたDeepLabは、Googleが開発したモデルです。現在も開発が進み、DeepLab v3+まで発表されて高速で高精度なセマンティックセグメンテーションを実現しています。

※フィルタのサイズは共通：3×3

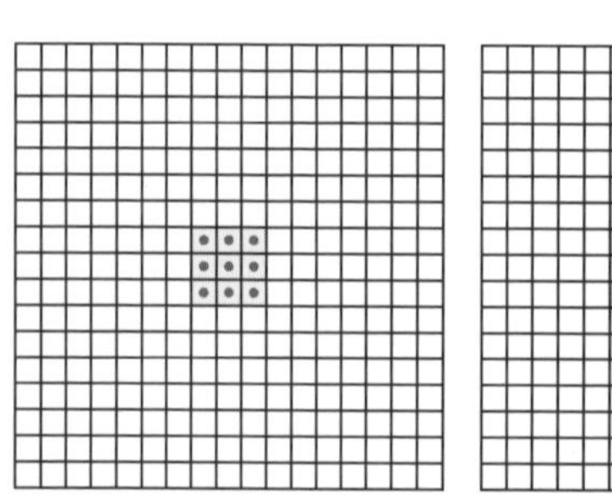

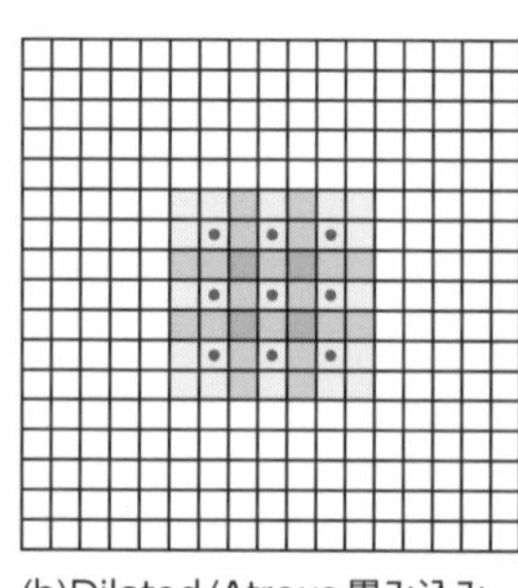

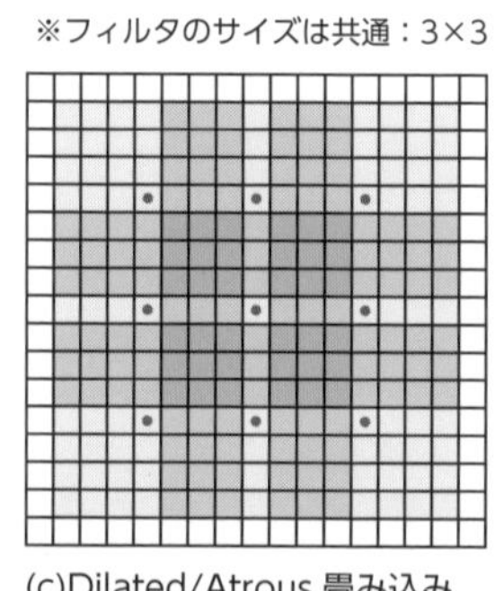

出典：https://arxiv.org/abs/1511.07122

図4.17　Dilated/Atrous畳み込みによる参照範囲の拡大

また、ピクセル単位で分類をする手法には以下のようなものもあります。

● インスタンスセグメンテーション

セマンティックセグメンテーションではピクセルごとに分類をしていますが、図4.18 (b)の人や車のように1クラスに複数の個体がある場合、それらを個別に認識することはできません。これに対して個々の物体ごとに認識する手法をインスタンスセグメンテーションといいます。画像中のすべての物体に対して、クラス分類と領域抽出を行い、一意のIDを付与することで、重なりのある物体であっても別々に認識することができます(図4.18 (c))。

● パノプティックセグメンテーション

パノプティックセグメンテーションはセマンティックセグメンテーションとインスタンスセグメンテーションを組み合わせたものです。ピクセルごとにクラス分類を行い、１クラスの複数の個体を別々に認識することが可能となります。(**図 4.18 (d)**)。

(a) イメージ

(b) セマンテックセグメンテーション

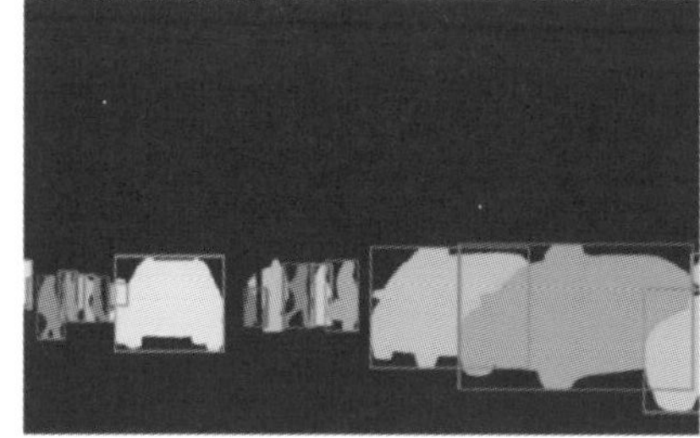

(c) インスタンスセグメンテーション

(d) パノプティックセグメンテーション

出典：A. Kirillov, K. He, R. Girshick, C. Rother, and P. Dollar: Panoptic segmentation, In Computer Vision and Pattern Recognition, (2019)

図 4.18　セグメンテーションの手法

4.2.2 物体検出

物体検出とは、前節で説明したように物体ごとの領域を抽出し、その物体のクラス分類を行うタスクです。入力画像に対しての物体検出結果の出力は、認識した領域と、分類されたクラス名と、そのクラスに分類される確率となります(**図 4.19**)。入力画像に複数の物体が存在する場合は、この出力が複数出力されます。

図 4.19 物体検出結果

続いて、物体検出の具体的な手法をいくつか紹介していきます。

● R-CNN（Regions with CNN features）

R-CNNは物体検出を行い、検出された領域ごとに物体認識を行う手法です。処理の流れは、「①入力画像に対し、物体らしいものを探す」「②探した結果を正方形へリサイズしてCNNへ入力し特徴量を取得する」「③取得した特徴量を選別して正確なバウンディングボックスを推定する」となります（図 4.20）。欠点として、学習をタスクごとに別々に行う必要がある、実行速度が遅いなどがあります。

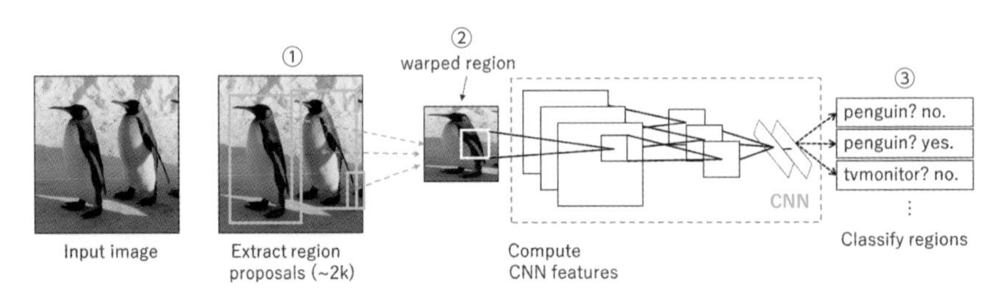

出典：https://arxiv.org/pdf/1311.2524.pdf

図 4.20 R-CNN

アドバイス

「物体らしいものの位置」は関心領域（ROI：Region of Interest）と呼ばれます。

Faster R-CNN

Faster R-CNNはR-CNNが改良され高速化されたFast R-CNNを更に発展・改良した手法です。Fast R-CNNでは、検出箇所の分類タスクと正確な物体の位置座標の取得を同時に処理しますが、物体らしい位置の検出手法は従来の手法でした。物体らしい位置の検出にCNNを利用したFaster R-CNNは全体を通して学習できるEnd-to-End学習ができるようになりました。Faster R-CNNを更に拡張して姿勢推定やインスタンスセグメンテーションも取り入れたモデルにMask R-CNNがあります。このように様々なタスクを1つのモデルで処理することをマルチタスクと呼びます。

YOLO

YOLO（You Only Look Once）は、事前に画像をグリッド分割して領域ごとに分類、位置の推定をする方法です。このため物体らしいものの処理がありません。精度はFaster R-CNNに多少劣りますが、1秒間に60回以上の高速な処理が可能です。ただし、画像内の群の検出には向きません。

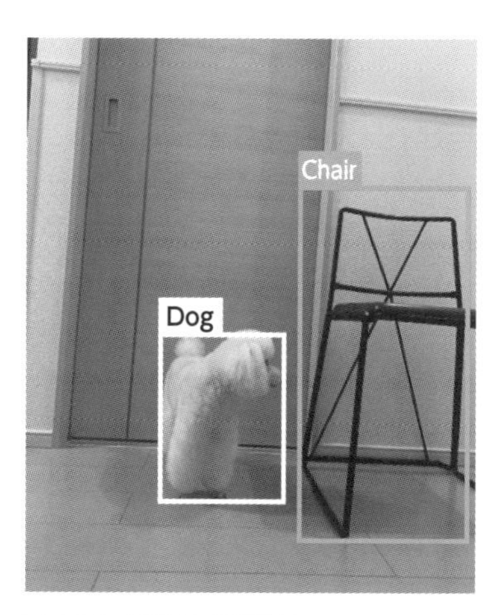

図4.21 YOLO実行結果

SSD

SSD（Single Shot MultiBox Detector）は、YOLOと同じく物体らしいものの処理を省いています。さまざまな階層の出力層からいろいろなスケールの検出ができるような仕組みがあり、多オブジェクトの検出に比較的強いです。

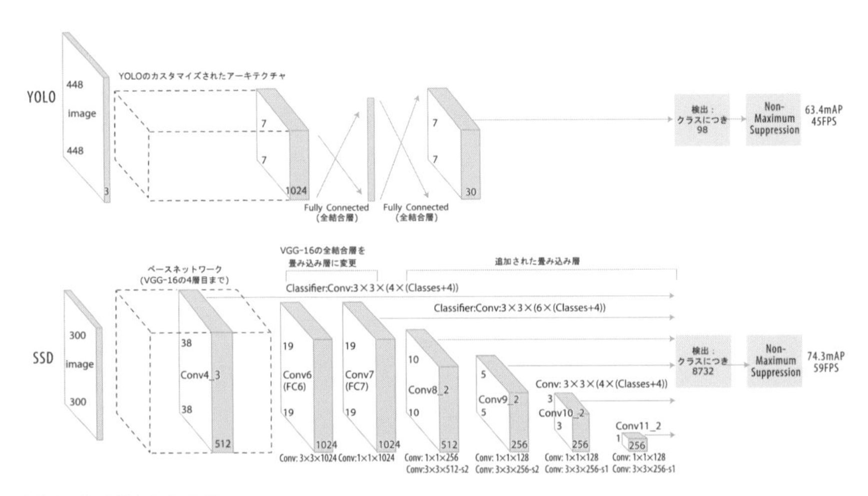

図 4.22　YOLOとSSD

物体検出の評価指標

画像にある物体を検出したい場合、その物体をがどの程度検出できるかを評価する指標は、Precision、Recall（2.7.4 参照）等を組み合わせたものが使われ、AP（Average Precision）、mAP（mean Average Precision）、IoU（Intersection over Union）が利用されます。

アドバイス

図 4.23のように、IoUは予測結果の領域が正解に対してずれていたり、正解の領域内であっても小さすぎたり、正解の領域よりも大きすぎたりすると値は小さくなります。IoUの値は大きいほど正解に近いといえます。

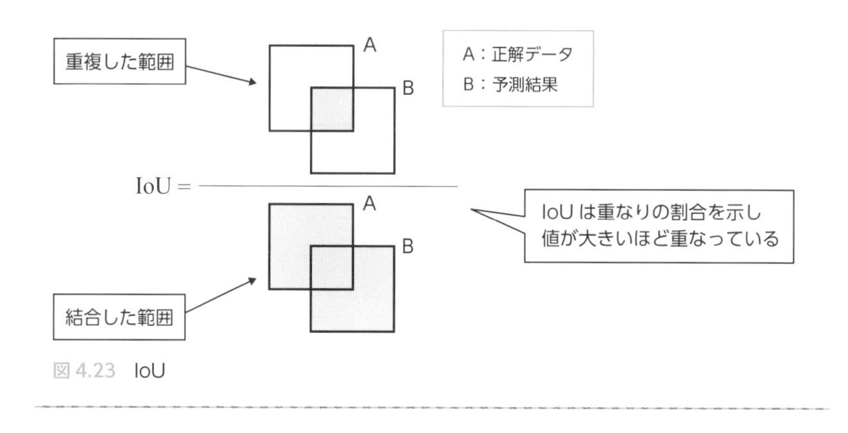

図 4.23 IoU

4.2.3 行動認識

行動認識は、時間経過に沿った静止画から、人などの対象物がどのような行動をしているかを分析するタスクです。時間経過を対象とした畳み込みニューラルネットワーク（Spatio-temporal Convolutional Neural Network）は、10フレーム分を畳み込みニューラルネットワークに入力し行動認識します。

行動認識のデータセットで最大級のものとして、Google DeepMind社が公開するKineticsがあります。Kineticsは約30万件の動画に対して、400種に分類された人間のアクションがラベル付けされているデータセットです。このKineticsを使って訓練を行い作成された手法の1つに、Google DeepMind社のI3D（Inflated 3D ConvNet）があります。GoogleはこのI3Dを医療分野に応用して、CT/MRなどから得られる3次元画像を利用し「肺がん検診AI」を発表しました。

4.2.4 その他の画像認識

画像認識処理により以下のような人の姿勢、人の識別、人の感情も推定できるようになってきています。

1. **OpenPose**

   カーネギーメロン大学のZhe Caoらが発表したシステム。画像から関節位置を推定しそこから姿勢を推定します。Parts Affinity Fieldsと呼ばれる関節同士の位置関係を考慮した処理を取り入れることで、複数人を同時に推定できます。

2. **隠れた物体の認識**

   NOLS：None Line of sightは、何かにさえぎられて人が見えない箇所を、さえぎられている周辺に存在する別の物体の反射光などを用いて推定します。

   GQN：Generative Query Networkは、カメラを移動して撮影した2次元画像から3次元物体を推定します。

3. **顔認証に特化したモデル**

   DeepFace（旧Facebook）、Face++、MagaFace、FaceNetなどがあります。

4. **文字認識(AI-OCR)**

   従来からあるOCR（Optical Character Recognition）に対し認識精度向上、また異なる帳票レイアウトであっても判定ができる付加価値が追加されています。

4.3 深層生成モデル

ディープラーニングには予測や分類以外に、学習したモデルから似たデータを生成することができる生成モデルと呼ばれるものがあります。生成モデルでは、学習するデータの分布や形状などデータが生成される過程を確率分布として想定し、モデルを構築します。

生成モデルは画像や文章を生成できることで有名ですが、その他にも新しく入力したデータと学習したモデルとの違いから外れ値検知や異常検知として用いられることもあります。正常データのみで学習を進められるため、異常データが集めにくいような場合(製造業の不良品発生確率がそもそも低いような場合等)でも利用できます。

4

4.3.1 AE(オートエンコーダ)

AEは、圧縮(エンコーダ)と解凍(デコーダ)を組み合わせた構造で、入力データを次元を低減するように圧縮し、低減した結果を元のデータに戻すように学習します。このためモデルには圧縮された特徴が表現されます。

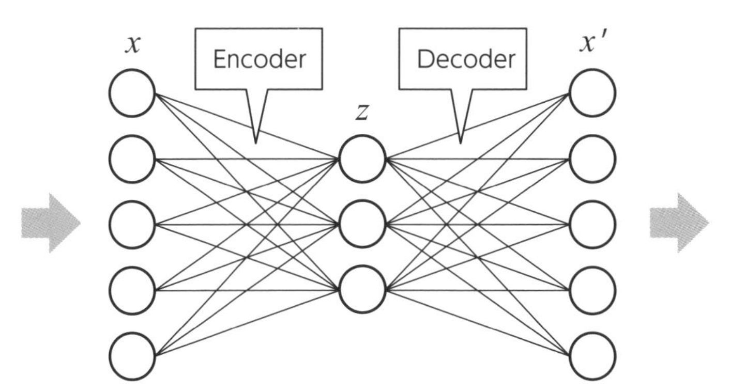

図 4.24 AE

4.3.2 VAE（変分オートエンコーダ）

VAEは、潜在変数を取得するのに確率分布を使用します。AEは潜在変数zにデータの特徴を表していますが、その構造がどうなっているかはよくわかりません。一方、VAEは潜在変数zを確率分布という構造で特徴表現を行います。ここで1つ問題があります。確率分布を用いることで微分ができなくなり、このままでは誤差逆伝播法で学習ができないということです。そこで、確率分布を微分可能な形式に変換するReparameterization Trickという手法を使用することで、VAEでも誤差逆伝播法を用いた学習が可能となります。

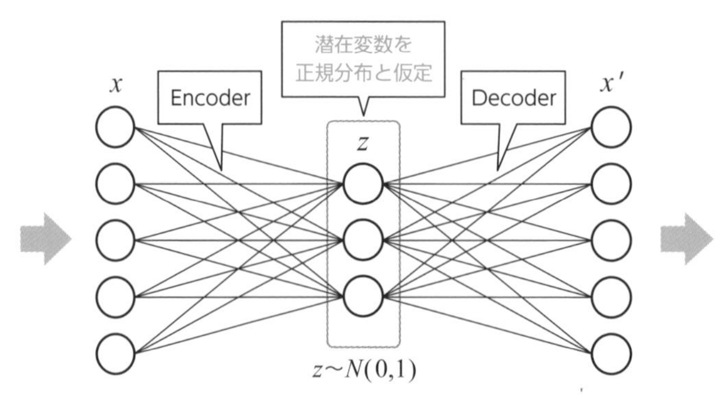

図4.25　VAE

4.3.3 GAN（Generative Adversarial Networks）

GANは、生成器(Generator)と識別器(Discriminator)からなります。生成器はランダムノイズを入力として教師データに近づけるように偽物を生成し、識別器は生成した画像が偽物か本物かを見分けるように学習します(**図4.26**)。

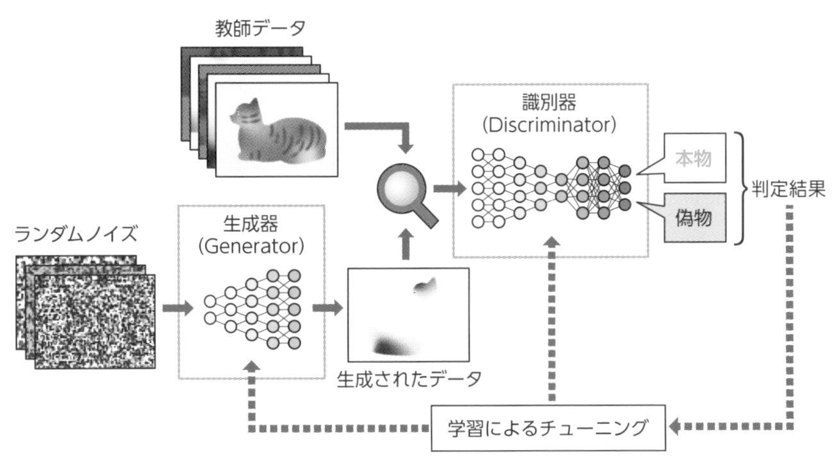

図 4.26 GAN

アドバイス

GAN は生成器と識別器が競い合うように学習することから、敵対的生成ネットワーク（Generative Adversarial Networks）と名づけられました。なお、どちらかが強すぎても良いモデルとはならず、両者のバランスをとることが大切になります。

4.3.4 ALOCC（Adversarially Learned One-Class Classifier）

ALOCC は画像生成技術を応用して画像データ内の異常検知をする手法で、オートエンコーダと GAN を組み合わせたような構造をしています。オートエンコーダ部分は GAN の Generator に相当し、Reconstructor（R）と呼ばれ、学習時には正常画像にノイズを加えたデータを入力し、元通りに復元するように学習します。Discriminator（D）は GAN と同じで、入力された画像が R の出力なのか本物の正常画像なのかを見分けるように学習します。D は偽造を見抜けるように学習し、R は D を欺けるような、正常画像に似ている画像を生成できるように学習していきます。

推論時には、任意の画像を入力すると正常な画像らしさ（尤度 [likelihood]）を 0 ～ 1 の確率値で出力します。その値から閾値（しきいち）を定め、閾値よりも大きければ正常画像、閾値よりも小さければ異常画像と判断することができます(**図 4.27**)。

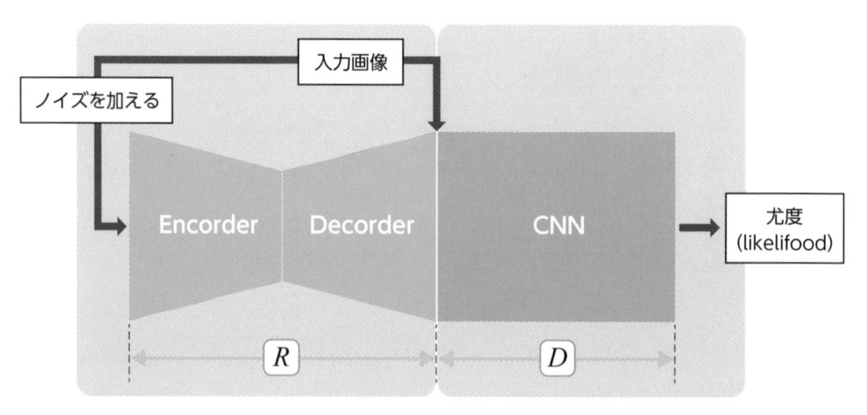

図 4.27　ALOCC

4.4 再帰型ニューラルネットワーク

主に画像データを扱うCNNに対して、再帰型ニューラルネットワーク(Recurrent Neural Network：以下、RNN)は時系列データを扱います。時系列データとは、ある時間と共に値が変化するデータのことを指します。例えば、株価や売り上げ、工場のセンサデータなどがこれにあたります。また、自然言語も時系列データとして扱われます。

RNNの構造も、入力層・中間層・出力層からなります(**図4.28**)。特徴的な動きをするのは中間層です。

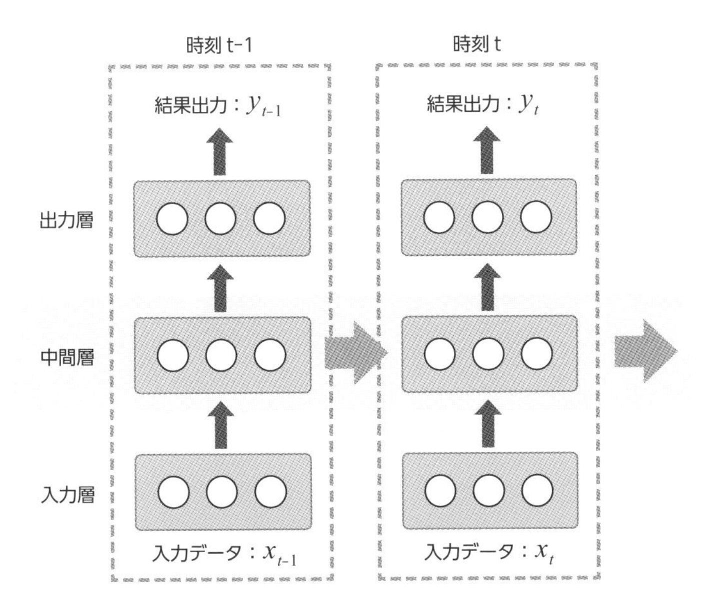

図 4.28　RNN

RNNの中間層には、ある時刻からの出力を次の出力に伝えるためのパスがあります。これにより、過去の時間の影響を考慮した学習が可能になります。

入力層：ある時刻 (t) のデータを受ける
中間層：1つ前の時刻 (t-1) の中間層の結果を受ける
　　　　そして次の時刻 (t+1) の中間層へ結果を送る
出力層：過去 (t-1) を考慮した出力結果

このように、RNNでは過去の情報を考慮しながら順伝播を行うため、逆伝播する際も時間軸に沿って誤差を反映します。勾配降下法を使用する点は、通常のニューラルネットワークと変わりありません。しかし、時間軸に沿って行うことから、Backpropagation Through Time（BPTT）と呼ばれます。

なお、RNNの問題点として、勾配消失・勾配爆発があります。通常のニューラルネットワークでもあったように、これらは過去データに対する重みが消失することや発散してしまうことを指します。また、RNNは短い間の過去しか覚えていられない（反映できない）という問題も抱えています。つまり、直近の過去を反映した学習はできるのですが、遠くの過去のデータの結果を反映した学習は難しいのです。また、入力重み衝突と出力重み衝突と呼ばれる問題もあります。通常のニューラルネットワークでは関係性が強い場合は重みを大きくし、関係性の低いものは重みを小さくします。一方、RNNでは学習の過程で新しい入力や出力を得るとき、現時点では関係性が少なくても、将来的には関係性がある場合、重みを大きくしなくてはいけないという矛盾です。

アドバイス

RNNは、単純回帰型ネットワーク（Simple Recurrent Network:SRN）、エルマンネット、ジョーダンネットと呼ばれることもあります。

4.4.1 LSTM

RNNの弱点として、直近の過去の中間層出力を考慮することはできますが、遠い過去の中間層出力を考慮することが難しいという点や、入力重み衝突・出力重み衝突の問題がありました。LSTMは、この弱点を克服するために考案されたネットワークです。

LSTMの中間層には、LSTMブロックと呼ばれる機構が置かれ、入力ゲートが入力値をどれだけ取り込むか、出力ゲートが次の時刻にどれだけ情報を伝えるかを制御します。そして中間層の状態を保持するためのメモリセルがあり、忘却ゲートがメモリセルに保持する情報を次の時刻にどれだけ伝えるかを制御します(**図4.29**)。

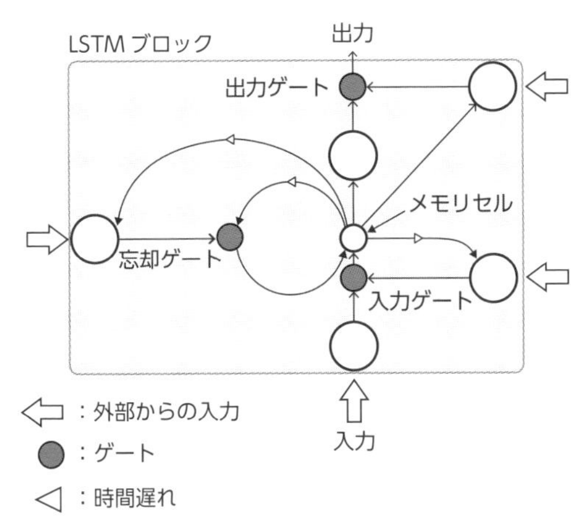

図4.29　メモリと忘却ゲート

これらの仕組みによってRNNで抱えていた問題に対処していますが、LSTMはセルやそれぞれのゲートを最適化するために膨大な計算が必要となります。そのため、GRU (Gated Recurrent Unit)と呼ばれる簡略化された手法も用いられることがあります。

アドバイス

LSTMブロックの「メモリセル」、「忘却ゲート」、「入力ゲート」・「出力ゲート」はそれぞれの役割と関係性をしっかり整理しておきましょう。

4.4.2 RNN の応用モデル

RNN の発展形として、BidirectionalRNN と RNN Encoder-Decoder があります。BidirectionalRNN は、過去から未来の予測、未来から過去の予測の双方が可能なモデルです。通常の RNN は過去から未来への一方向で学習を行いますが、BidirectionalRNN は双方向から学習することによって、より精度を高めようとするアプローチとなります。RNN Encoder-Decoder は、出力を時系列の形式としたい場合に用います。これまでの RNN では出力はある時点の一点を予測していましたが、RNN Encoder-Decoder ではエンコーダとデコーダの 2 つの LSTM を用いることで、時系列の出力を可能としています。

また、過去を忘れてしまうという問題を克服する解決策として、Attention (4.5.5 参照) と呼ばれる手法があります。自然言語のような前後の並びが重要なデータに対して有効であると共に、従来の RNN では不可能であった並列処理が可能であるなどの特徴があります。

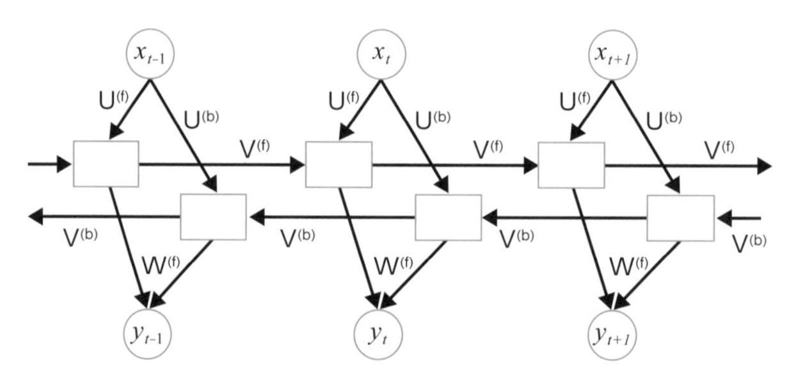

出典：https://axa.biopapyrus.jp/deep-learning/rnn/brnn.html

図 4.30　Bidirectional RNN

4.5 自然言語処理

4.5.1 自然言語処理の流れ

自然言語処理（Natural Language Processing：NLP）は、人が普段使用する言葉を処理させる技術です。自然言語処理は、文章をばらばらにする「形態素解析」から始まり、文法を推定する「構文解析」、文の意味を認識する「意味解析」、文章全体を解析する「文脈解析」が行われます。

形態素解析

形態素解析とは、**図 4.31** のように文中において意味をなす最小の構成要素である形態素に文章を分割することです。英語など文章の単語間にスペースがあれば分割は簡単ですが、日本語、中国語、タイ語などは単語を分かち書きしないため、文章の分解作業は複雑です。分割処理は辞書を使って行われ、日本語の形態素解析ライブラリには、MeCab、JUMAN、JANOME などがあります。

アドバイス

MeCab（メカブ）と読みます。MeCab は高速で動作し設計が汎用的なことが特徴です。JUMAN は文字コード UTF-8 に対応している、Wikipedia から抽出した辞書を利用できるなどの特徴があります。JANOME は Python により作られており、MeCab で内蔵する辞書を流用しているため結果は MeCab と同じになります。

それ は 彼 の ペン です

名詞　助詞　名詞　助詞　名詞　助動詞

図 4.31　形態素解析

構文解析

構文解析は、形態素解析した結果を定義されている文法に沿って解析します。**図4.32**のように、文の主語、述語を推定します。

私	は	小さい	犬	を	飼っ	て	い	ます
名詞	助詞	形容詞	名詞	助詞	動詞	助詞	動詞	助動詞
主語		目的語			述語			

図4.32　構文解析

意味解析

構文解析によって形容詞＋名詞のような言葉同士の係り受けの関係がわかりました。これを意味解析では、正しく意味が通る文であるかを解析します。構文解析では、「赤いトマトとホウレン草を買いました」という文章において、赤いのがトマトかホウレン草かはっきりしません。意味解析では、**図4.33**のように単語間の関連を解析します。他にも意味解析には、文章が肯定的か否定的か中立かを分析する**センチメント分析（感情分析）**、2つの文の間に含意関係があるかを判断する**含意関係解析**があります。含意関係とは、「ピカソが『アヴィニョンの娘たち』を発表した」という文があるときに、「ピカソが『アヴィニョンの娘たち』の作者である」と読み替えることができる関係のことを指しています。

赤いトマトとホウレン草を買いました。

図4.33　意味解析

文脈解析

1つの文だけでなく、文章全体の意味を解析して、その意味を把握することを文脈解析といいます（**図4.34**）。文脈解析の手法として、「それ」や「そこ」などの代名詞や、指示語などの照応詞が指す内容を推定する**照応解析**などがあります。

私はサッカーが好きです。それはスポーツです。

図 4.34 文脈解析

4.5.2 単語のベクトル化

形態素解析によって形態素に分割した単語は、そのままでは処理できないためベクトルへ変換します。ベクトルへ変換する方法は、One-Hot 表現と分散表現があります。その 2 つの表現について説明します。

One-Hot 表現

One-Hot 表現は、形態素に分割した単語へ ID を割り当て、ある 1/ なし 0 で表現します。One-Hot 表現のこの仕組み上、取り扱う単語数が増加すると使用するメモリは増大します。このように単語とベクトルが一対一の関係で表現する手法を局所表現とも呼びます。また、One-Hot 表現はベクトルの内積を計算して求める類似性を評価することができません。例えば「彼」と「彼女」を One-Hot 表現しても内積が 0 になるため類似性を得ることができません。

例：それは彼のペンです。

形態素解析： それ は 彼 の ペン です 。

One-Hot 表現： それ [1,0,0,0,0,0,0]
は [0,1,0,0,0,0,0]
彼 [0,0,1,0,0,0,0]
の [0,0,0,1,0,0,0]
ペン [0,0,0,0,1,0,0]
です [0,0,0,0,0,1,0]
。 [0,0,0,0,0,0,1]

分散表現

分散表現（Distributed Representation）は、One-Hot 表現と異なり実数値のベクトルで表現します。また分散表現へ変換することを埋め込み（Embedding）と呼び、可変長の単語を固定長のベクトルで表現することを単語埋め込みモデルと呼びます。One-Hot 表現と異なり分散表現でのベクトル間の内積は 0 にならないため、ベクトル間（単語間）の類似度を得ることができます。

例：それは彼のペンです。

形態素解析：それ は 彼 の ペン です 。

分散表現：		
	それ	[0.51, 0.11, 0.22, ・・・, 0.74]
	は	[0.22, 0.98, 0.26, ・・・, 0.65]
	彼	[0.95, 0.52, 0.34, ・・・, 0.32]
	の	[0.10, 0.43, 0.14, ・・・, 0.02]
	ペン	[0.25, 0.25, 0.02, ・・・, 0.01]
	です	[0.26, 0.96, 0.01, ・・・, 0.01]
	。	[0.84, 0.21, 0.02, ・・・, .010]

ベクトルの類似度

分散表現へ変換したベクトルから、ベクトル間の類似度を計算します。類似度の計算法であるコサイン類似度は、2 つの形態素にあたるベクトルを 2 つ利用して計算します。コサイン類似度は、1 に近ければ類似していることになります。One-Hot 表現で、ベクトルの類似度は計算できないと説明しました。例えば、彼が [1, 0, 0] で彼女が [0, 1, 0] の場合、下記の式において分子が 0 になります。このため One-Hot 表現では意味表現ができません。

$$\text{similarity}(x,y)=\frac{x\cdot y}{||x||\,||y||}=\frac{1\times0+0\times1+0\times0}{\sqrt{1^2+0^2+0^2}\ \sqrt{0^2+1^2+0^2}}=\frac{0}{1}$$

word2vec

word2vec は、単語の分散表現を学習するモデルです。分散表現を取得する手法で分布仮説を利用しています。分布仮説は、ある周辺の単語の確率分布はその周辺の単語によって決まるという考え方です。分布仮説は1957年にJ.R.Firthによって提案され、word2vecは2013年にGoogleのTomas Mikolovらによって提案されました。自然言語を実数値のベクトルで表す分散表現を用いることにより、有名な例で「王様」－「男」＋「女」≒「女王」などができるようになりました。word2vecの分布仮説を表現する方法としては、CBOW（図4.35）とSkip-Gram（図4.36）の2種類に分類できます。

CBOW（Continuous Bag of words）

前後の単語からある単語を予測します。

「サッカーはスポーツです。」

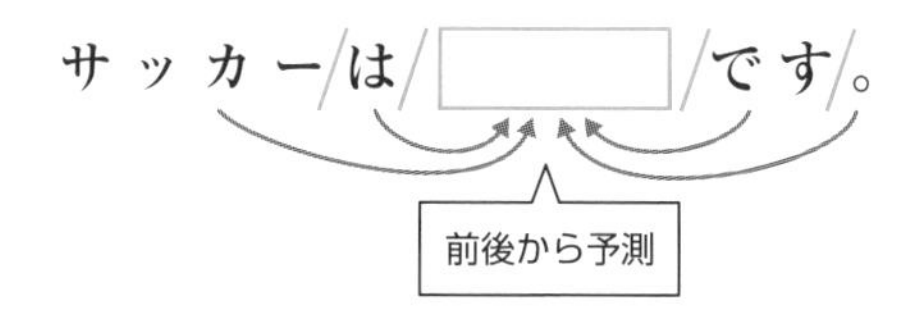

出典：https://arxiv.org/pdf/1301.3781.pdf

図4.35　CBOWの処理イメージ

Skip-Gram

ある単語から前後を予測します。

「サッカーはスポーツです。」

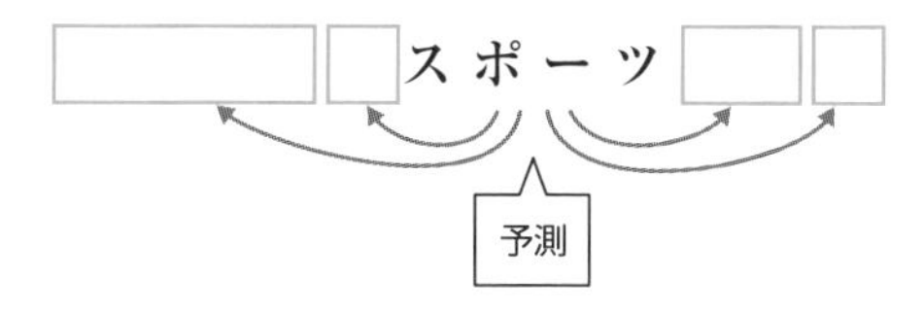

出典：https://arxiv.org/pdf/1301.3781.pdf

図4.36　Skip-Gramの処理イメージ

● ELMo と BERT

分散表現では、複数の意味を持つ単語は同じ表現であるため多義語などは区別できません。例えば、「山口」は山口県なのか山口という人なのか区別できません。word2vec の後継として多義語などを区別できるようにしたものが ELMo や BERT です。One-Hot Encoding による表現と分散表現である word2vec、ELMo、BERT ではそれぞれ**表 4.3** のように特徴に違いがありますのでしっかりと把握しておきましょう。

- **ELMo（Embeddings from Language Models）**
  1 単語を 3 ベクトルの平均で表し多義語の表現も可能です。
- **BERT（Bidirectional Encoder Representations from Transformers）**
  平均を計算する ELMo と異なり、決まったベクトルの表し方はありませんが何種かの方法が提案されています。Transformer（4.5.7 参照）を主として計算に使っているので、ELMo よりも高い精度を出すことができます。

表 4.3　One-Hot 表現と分散表現の取得方法の特徴

分類	取得方法	意味理解	文脈理解	その他
One-Hot 表現	One-Hot Encoding	×	×	メモリ消費大
分散表現	word2vec	○	×	―
分散表現	ELMo、BERT	○	○	※1

※1　ELMo は「分散表現を取得するモデル」で、BERT は「分散表現を取得するモデルも扱える多タスクの学習モデル」の違いがあります。

4.5.3　文章のベクトル化

単語のベクトルと同様に、複数の文からなる文章を数値データとして扱えるようにベクトル化します。文章のベクトル化は、単語のベクトル化と同じように One-Hot 表現したベクトルを足し合わせ、単語の出現回数を集計する手法と、集計して更に出現頻度も考慮する手法があります。これらの代表的な手法を以下に説明します。

BOW(Bag of words)

BOW は One-Hot 表現でベクトル化された複数の文章を足し合わせて、各文における単語の出現回数を集計します。**図 4.37** では、解析する文章を単語ごとにベクトル化し、これを集計して文章をベクトル化する BOW の手順を示しています。

① 解析する文章を準備する
② 文章に出現する単語 1 つずつに ID を割り振る
③ 単語を One-Hot 表現でベクトル化する
④ 出現する単語のベクトルを足し合わせて文章をベクトル化する

①
1. 私 は 犬 が 好き
2. 私 は 猫 が 好き
3. 私 は 犬 が 嫌い

② 0: 私 1: は 2: 犬 3: が 4: 好き 5: 猫 6: 嫌い

③
私 [1,0,0,0,0,0,0]
は [0,1,0,0,0,0,0]
犬 [0,0,1,0,0,0,0]
が [0,0,0,1,0,0,0]
好き [0,0,0,0,1,0,0]
⋮

④
1. 私は犬が好き [1,1,1,1,1,0,0]
2. 私は猫が好き [1,1,0,1,1,1,0]
3. 私は犬が嫌い [1,1,1,1,0,0,1]

図 4.37 BOW の集計手順

TF-IDF（Term Frequency - Inverse Document Frequency）

TF-IDF法は、単語の出現回数を数える方法（TF）に加え、文章内での単語の出現頻度（IDF）を加味します。単純に出現回数を数える方法よりも良いベクトル表現が得られます。TF、IDFはそれぞれ意味があり、TF-IDFはその積です。

- TF（Term Frequency：単語の出現頻度）：ある単語がある文章で何回出現したか。ある文章内で多く出てくる単語は重要である可能性が高いと評価する考え。
- IDF（Inverse Document Frequency：逆文書頻度）：ある単語が文章集合中のどれだけの文章で出現したかの逆数。文章集合内で頻繁に出てくる単語は重要度が低いと評価する考え。

ある文章において、その文章内での出現回数が多い（TFの値が大きい）かつ、他の文章で出現回数が少ない（IDFの値が大きい）という単語ほど、TF-IDFの値が大きくなり、その文章を特徴付ける単語を抽出することができます。

- **[文章集合]**
  [文章1] ディープラーニング、画像認識、画像認識、画像認識
  [文章2] ディープラーニング、強化学習、強化学習、強化学習、音声処理

上記の場合、文章1と文章2のどちらにも存在する「ディープラーニング」の重要度は低く（TF-IDFが低く）、それぞれの文章にしか存在しない「画像認識」「強化学習」などの重要度が高く（TF-IDFが高く）なります。

4.5.4 画像キャプション生成（NIC:Neural Image Captioning）

画像認識モデルのCNNと、自然言語モデルのRNNを組み合わせた画像キャプション生成は、画像を入力すると、画像の内容を説明する文章を出力します。

図4.38は写真と生成された文章の一例です。上側（GreatやSo-So）はうまく写真に合った文章が生成されていますが、下側（BadやTerrible）のように誤っ

たキャプションを生成してしまう場合もあることがわかります。今後の精度向上が期待されます。

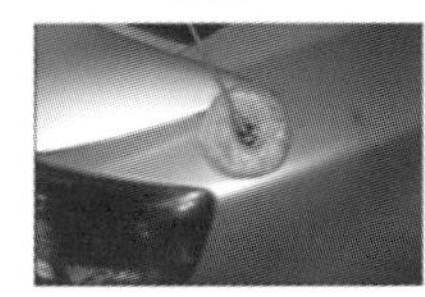

出典：https://arxiv.org/pdf/1907.02065.pdf

図 4.38　画像キャプション生成

生成される流れは**図 4.39** の通りです。入力画像に対して畳み込み処理など画像認識処理を行い、出力される特徴について自然言語モデル（RNN など）を用いて文章を生成します。

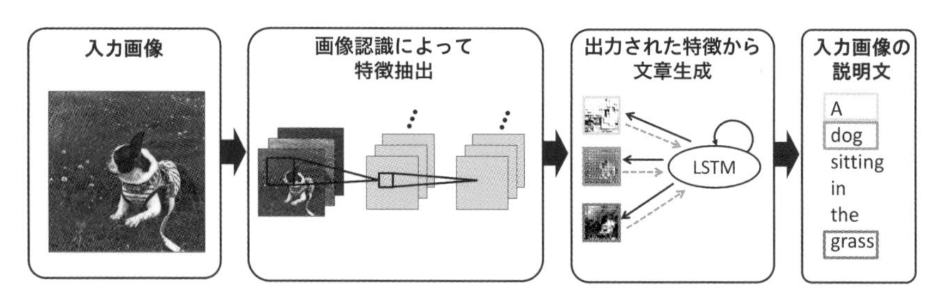

図 4.39　画像キャプション生成の処理

4.5.5 機械翻訳

機械翻訳の方法は、**表 4.4** のように複数あります。最近ではディープラーニングによる機械翻訳に置き換わりつつあります。

表 4.4　機械翻訳

手法	説明
ルールベース機械翻訳 (RBMT:Rule Based Machine Translation)	作成したルールをもとに文を解析し、訳文を出力します。学習データがなくても翻訳できますが、手動でルールを作成しなければなりません。
統計機械翻訳 (SMT:Statistical Machine Translation)	原文と訳文が対になったデータを使用し、統計的手法によって翻訳します。ルールを作成する必要がありません。
ディープラーニングによる機械翻訳 (NMT:Neural Machine Translation)	原文と訳文を学習データとし文から文を生成する seq2seq をベースとしています。

● seq2seq

ディープラーニング機械翻訳のベースとなる生成モデルが seq2seq (sequence to sequence) です。2つのRNNを使った系列変換モデルと呼ばれます。2つの RNN は、それぞれエンコーダ、デコーダといいます。エンコーダ部分では例えば「I'm sleepy」を入力されます。デコーダ部分は「私は眠い」という入力とエンコーダの隠れ層 (h) のデータを受け取り、入力と同じ「私は眠い」を出力できるように変換ルールを学習します (**図 4.40**)。このため変換ルールが「翻訳」「会話」などに対応できます。またこのように入力された時系列を別の時系列へ変換して出力するモデルは、自然言語処理に限らず音声や画像にも適用できます。

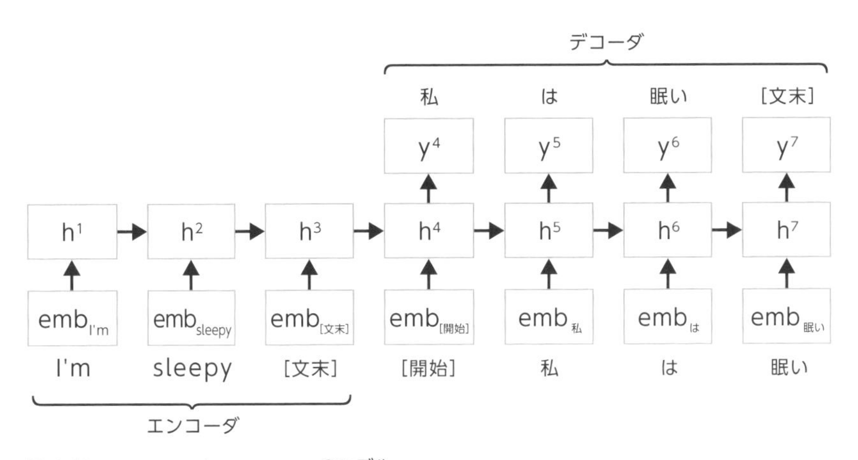

図 4.40 sequence to sequence のモデル

Attention（注目）

Attention は入力データのどこに注目するかを表現、または注目する特徴を表現する仕組みです。機械翻訳などで Attention を用いることで、どの単語が重要なのかを表現します。**図 4.41** は、翻訳された文と元の文との単語同士の関係がどれほどの強さかを Attention によって可視化したものです。Attention は自然言語処理以外でも利用されます。画像認識での単純な CNN モデルでは、画像の主体が小さく映っている場合、背景の影響を受けやすいのですが、Attention は画像内の特定の主体に注目するとき、色成分や背景から注目する場所を表現します。

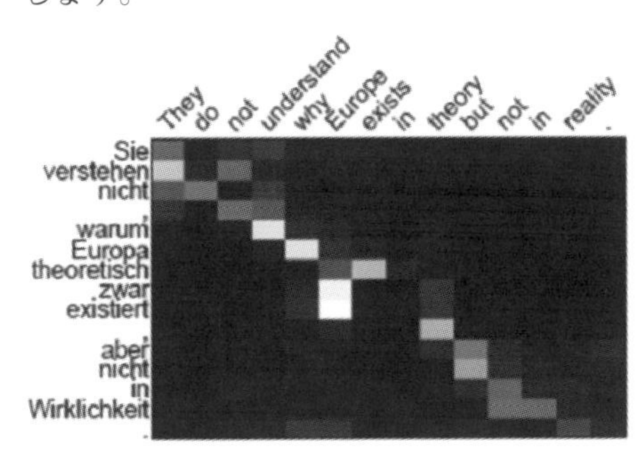

出典：Effective Approaches to Attention-based Neural Machine Translation

図 4.41 Attention による単語対応関係の可視化

4.5.6 事前学習モデル

自然言語処理分野においても画像認識分野と同様に、事前学習したモデルをもとに転移学習をすることで、限られたデータで高精度な予測を行うことが可能です。自然言語処理における事前学習モデルとして主にGPTとBERT(4.5.2参照)が挙げられます。

GPT

GPTはOpenAIによって開発されたTransformer（4.5.7参照）をベースにした非常に精度の高いモデルです。GPTは過去の単語列から次の単語を予測するように学習を行い、幅広い言語理解タスクに対応できます。文章分類はもちろんのこと、ある文章の内容の評判（positiveかnegativeかneutralか）を判定したり、質問応答や、同義文判定などが行えます。このような自然言語理解タスクをまとめたGLUE（General Language Understanding Evaluation）ベンチマークが公開されており、自然言語処理モデルの精度を測るのに用いられます。

GPTの発展モデルとして、GPT-2とGPT-3があります。GPT-2は非常に高精度な文章を生成することができ、チャットボットやニュース生成など様々な応用が期待されていました。しかしその反面、フェイクニュースの生成などに悪用される危険性が高いと懸念され、論文公開が延期される事態にまで発展しました。GPT-3はGPT-2よりも大きな言語データで学習を行い、精度を向上させました。GPT-2は約15億個のパラメータを持つのに対し、GPT-3は1750億個ものパラメータを持つまでに巨大化しました。

4.5.7 Transformer

Transformerとは、2017年にGoogleによって開発された正確な機械翻訳を目指したモデルです。それまで自然言語処理分野で主流だったRNNは並列処理ができないので高速化できない上に、勾配消失問題が起きやすいという欠点がありました。そこでRNNを利用するモデル構造を廃止し、Attentionのみを用いたEncoder-Decoder型のモデルが設計されたのです。

現在の最新の自然言語処理モデル（GPTやBERTなど）に使われている重要基礎モデルであるだけでなく、画像認識にも使われ優れた結果を残している汎用性の高いモデルで、Googleが開発したVision Transformerが有名です。

Transformerの基本構造

Transformerは、Source-Target Attention（Encoder-DecoderAttentionとも呼ぶ）とSelf-Attentionという2種類のAttention機構で構成されています。Source-Target Attentionでは、入力文と出力文の単語間の関連度を計算しています。それに対してSelf-Attentionでは入力文章内、もしくは出力文章内の単語の関連度を計算しています。文章内においてどの単語が重要かを示す重み付けをして、その重みと文章のベクトルをかけ合わせることでその文章の特徴が得られます。**図4.42**の左側がEncoderで、主にSelf-Attentionを使って入力文章自体の構造を学習しています。右側がDecoderで、Self-AttentionとSource-Target-Attentionを組み合わせて、入力文章と出力文章の関係を学習しています。

またTransformerではRNNを廃止した代わりに、入力する文章ベクトルに位置情報を付加する必要があります。この位置情報を付加する処理を位置エンコーディング（Positional Encoding）と呼びます。各単語にその順番に応じた番号を付けることで、データとして位置情報を付加することができます。

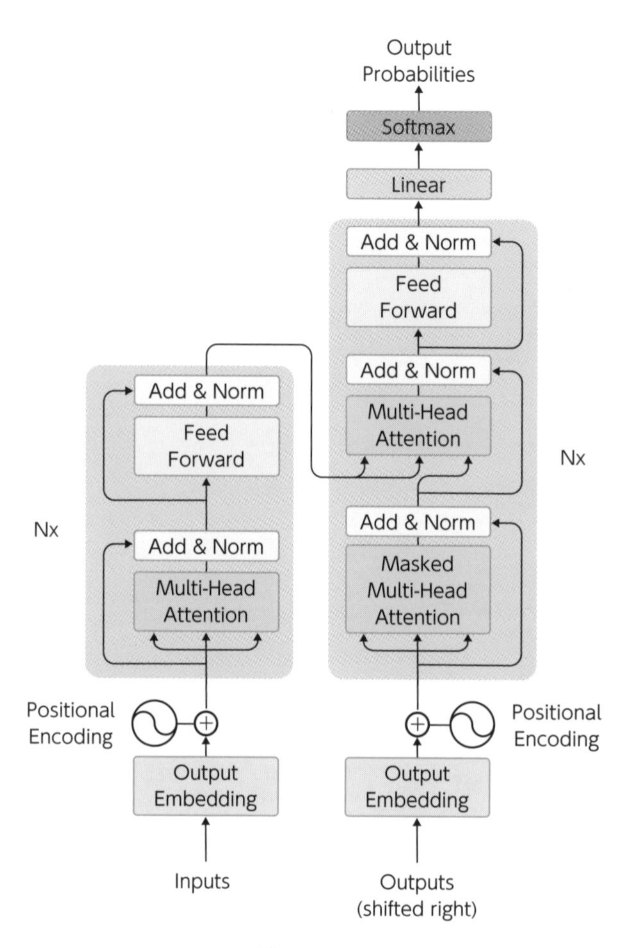

出典：https://arxiv.org/pdf/1706.03762.pdf

図 4.42　Transformer の基本構造

4.6 音声認識

音声データ処理には、「音声認識」と「音声合成」があります。これらはディープラーニングがブームになる以前から活発に取り組まれてきた分野です。音声データ処理は音声をテキスト化し、その内容に応じた返事をするなどに利用されます。音声をテキスト化した後は自然言語処理と同じ処理が実行されます。発声を分析する調音音声学、音の伝搬を分析する音響音声学、音の聴き取りを分析する聴覚音声学に分類され、それぞれがモデル化されています。

4.6.1 音声データの取り扱い

音声認識では、人が音声を聴き取り、言語として認識できる音の最小単位（音素）が必要です。音声はアナログデータであり、アナログデータである連続データを直接取り扱うことはできないので音声信号を離散データへ変換します。離散データへ変換するには、アナログデータを一定期間で切り出し（標本化）、振幅値を何段階かに分けて離散値に近似させて（量子化）、その値を0か1の2値で表現します（符号化）。このような3つのステップを経てデジタルデータへ変換を行っています（**図 4.43**）。

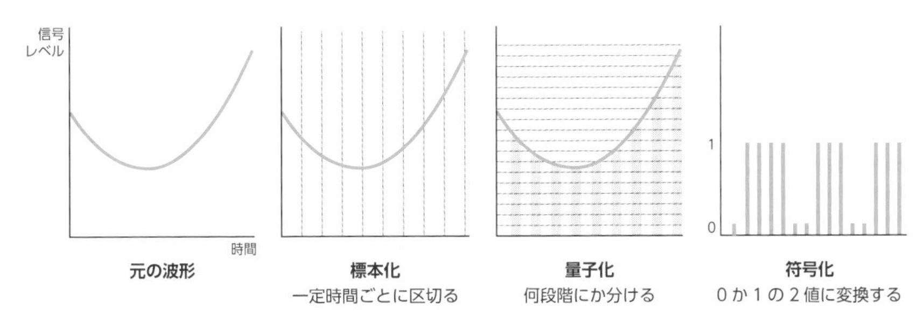

図 4.43　アナログデータのデジタル化

変換したデジタルデータは、どのような周波数成分が含まれるかを細かい時間間隔ごとに分析し、含まれる周波数とその周波数の強さがパワースペクトルで表されます。この処理を高速に行う手法として高速フーリエ変換（Fast Fourier Transformation：以下、FFT）がよく用いられます。FFTをすることで、ある信号をいくつかの周波数成分に分解し、それらの大きさをスペクトルとして表す周波数スペクトルに変換できます。この周波数スペクトルの変動をスペクトル包絡と呼び、音がどのような特徴を持っているかを表します。スペクトル包絡を求めるにはメル周波数ケプストラム係数（Mel Frequency Cepstral Coefficient：以下、MFCC）を用いた方法が一般的です。MFCCは音声認識における特徴量の1つで、人間の聴覚特性に着目した特徴量です。スペクトル包絡のピークをフォルマント、その共鳴周波数をフォルマント周波数と呼び、音声から母音や子音を区別するなど音韻を特徴づけることができます。フォルマント周波数は、同じ音韻でも発声者により変化するとされています。

MFCCの他にメル尺度を用いる特徴抽出方法もあります。人間の聴覚は高音を聞き分けることに鈍感であるという性質を考慮して、人間の音の聞こえ方に基づいた尺度であるメル尺度が作られました。音声認識の識別を行う際には人間の感覚を使用するほうが良いと考えられ、人間が音を声と認識できる程度の周波数にまとめるようなフィルターを掛ける処理に用いられます。

● 音声認識エンジン

音声認識エンジンとは、人が話した音声を文字に変換する技術です。身近な例だとAppleが提供しているSiriや、Amazonが開発したAlexaといった音声アシスタント機能が挙げられます。また、Juliusという機械学習済みの音響モデルを搭載した、オープンソースの汎用大語彙連続音声認識エンジンがあります。Juliusは、言語モデルや音響モデルの置換が可能なことから様々な用途に応用が可能で、数万語彙の連続音声認識を一般のPCやスマートフォン上でリアルタイムに実行できる軽量かつコンパクトさも特徴の1つです。

4.6.2 隠れマルコフモデル

音声認識では、統計的パターンの手法の1つである隠れマルコフモデル(Hidden Markov Model：以下、HMM)が広く用いられます。HMMは、状態の遷移を表現する有限状態オートマトンをベースにしています。有限状態オートマトンは、**図4.44**のように状態遷移図で表現されます。遷移先に確率を付けたのが確率付き有限状態オートマトンです(**図4.45**)。確率付き有限状態オートマトンは任意の時刻に定義できるのに対し、HMMは任意の時刻にどの状態であるかを定義できず、任意の時刻にそれぞれの状態に存在する確率で表現されます(**図4.46**)。HMMの出力確率にガウス混合分布を用いたものがGMM-HMM(Gaussian Mixture Model:GMM)で、深層学習が登場する前の主流でした。深層学習が登場してからは、HMMの出力確率にDNNを用いたものがDNN-HMMです。

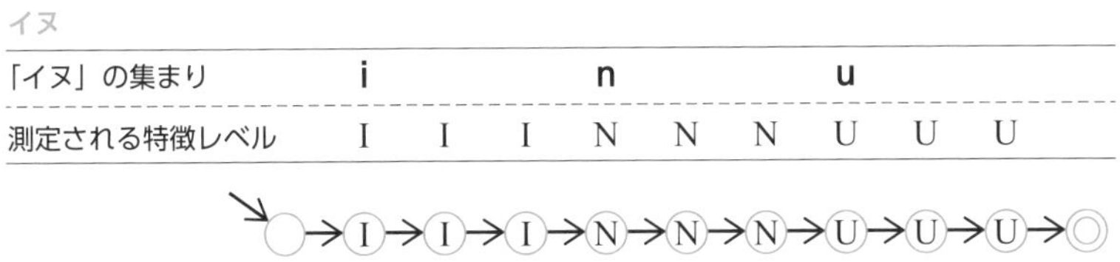

イヌ
「イヌ」の集まり
i n u
測定される特徴レベル
I I I N N N U U U
I I I N N N U U U

図4.44 有限状態オートマトンによる音響モデル

i n u
I I I N N N U U U
I：0.1
A：0.1
Ō：0.8
I：0.8
A：0.1
Ō：0.1
I：0.8
A：0.1
Ō：0.1
N：0.7
M：0.2
T：0.1
…
U：0.7
I：0.2
E：0.1
数値はその特徴が出力される確率

図4.45 確率付き有限状態オートマトンによる音響モデル

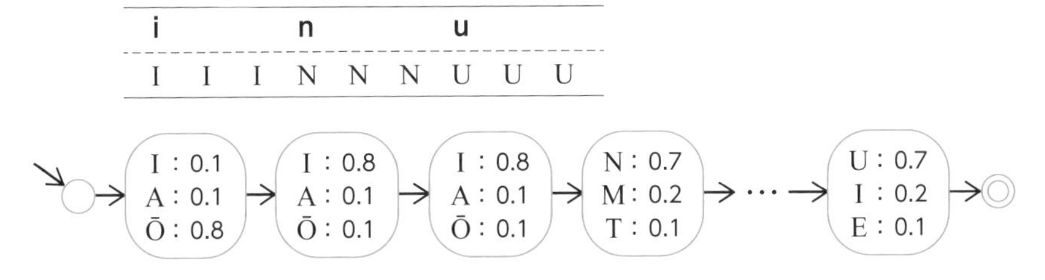

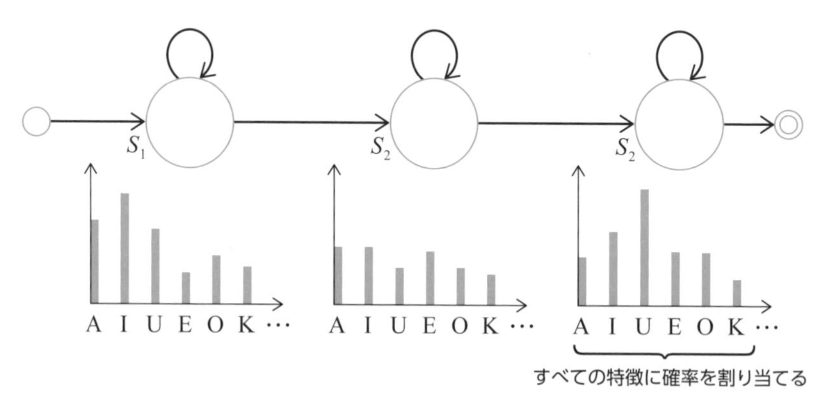

図 4.46　すべての状態ですべての記号が出力可能なオートマトン

4.6.3 音声合成

音声合成は、人間の音声を人工的に作り出します。**WaveNet** は Google DeepMind 社によって開発された音声波形を生成するモデルです。WaveNet では音声データを時系列データとして捉え、CNN を使って音声生成を行うことで、従来モデルよりも自然な発声に大きく近づきました。Google アシスタントにも利用されており、多様な声と言語でテキストから音声を合成します。

アドバイス

過去の試験で、音声認識の隠れマルコフモデルと音声合成の WaveNet が出題されていますので、覚えておきましょう。

4.7 深層強化学習

深層強化学習とＱ学習（2.6.2 参照）でも述べたように、強化学習の関数にディープラーニングを用いた手法です。ディープラーニングによって抽出した対象物の特徴は「目標に近づくための手がかり」として使われます。深層強化学習を応用したゲーム AI は、囲碁などのボードゲームに限らず、様々なゲームで圧倒的な強さを示しています。

4.7.1 DQN の拡張手法

DQN（Deep Q Network）は、Deep-Q-Network の略称で、Google DeepMind 社によって開発されました。強化学習（2.6 参照）における行動価値関数の部分を、畳み込みニューラルネットワーク（CNN）で近似した手法です。また、学習を収束させるための工夫がなされています（Experience Replay と Target Network）。この手法は囲碁プログラムの AlphaGO で用いられ、2015 年にプロ棋士にハンディキャップなしで勝利しました。

DQN が開発されて以来、様々な拡張手法も発表されてきました。それらを以下の表にまとめます。

表 4.5　DQN の拡張手法

ダブル DQN	DQN の真の報酬を過大評価しているという問題の対策として提案された手法。次の行動を決定するメインのネットワークと別に、行動の価値評価をするネットワークを作った。
デュエリングネットワーク	DQN が行動価値を行動価値関数で推定するのに対し、行動価値関数を状態価値関数とアドバンテージ関数に分割することで、どの行動を選択しても価値が変わらない状態に学習を進められるので、より早く学習を収束することができる。
ノイジーネットワーク	DQN では行動選択にε -greedy 方策が用いられるが、これを改良するために学習可能なパラメータと共に外乱（ノイズ）を一緒に学習させることでより長期的で広範囲な探索が可能となった。
Rainbow	DQN を含めた 7 つの DQN の拡張手法をすべて組み合わせた手法で、どの拡張手法と比べても精度が飛躍的に向上した。

アドバイス

DQN はブロック崩しゲーム攻略に使用されたことで注目を集めました。この場合の「報酬」はブロックを崩すこととなります。逆に、ボールを落としてしまうことは、マイナスの「報酬」と設定されます。このブロック崩しをはじめ、将棋やチェス、囲碁、オンラインゲームなどに強化学習・深層強化学習は応用されています。

4.7.2 ゲーム AI

深層強化学習を応用して囲碁などのボードゲームから多人数参加型のビデオゲームまで、様々なゲームを攻略するゲーム AI が開発されています。

2.6.2 COLUMN「強化学習とゲーム」でもゲーム攻略手法を紹介しましたが、ここでは近年の深層強化学習を用いたゲーム AI について紹介します。

● マルチエージェント強化学習

多人数参加型のゲームでは味方にも敵にも複数のエージェントが存在し、これらの最適な行動を同時に学習行動を行う自律分散型の学習手法のことをマルチエージェント強化学習と呼びます。マルチエージェント強化学習は全エージェントが協力し合う場合と、全エージェントで利害の総和が 0 になる対戦型のものに分かれます。次に代表的な手法を 2 つ紹介します。

- **OpenAI Five**

OpenAI によって開発された OpenAI Five が 2019 年に、対戦型リアルタイムストラテジーゲーム Dota 2 の 2018 年度世界大会覇者チームに勝利を収めました。OpenAI Five は強化学習アルゴリズムである PPO をベースに LSTM を組み合わせたアルゴリズムです。構造は至ってシンプルなものですが、学習に膨大な計算資源と時間が投入されたことで飛躍的な進歩を遂げました。

- **AlphaStar**

ビデオゲーム『StarCraft Ⅱ』をプレイする AlphaStar は、2019 年 1 月に一般公開されました。このゲームは、盤面で相手の動きを確認できる囲碁と異なり、すべての情報を見ることができないので、相手の行動を予測しなければなりません。また、配置スペースは囲碁の361(19×19)に対し、『StarCraft Ⅱ』では10の26乗にもなります。AlphaStarは、人間の反応速度や操作量と同程度にする制限がありましたが、好成績を収めました。AlphaStarは学習に画像処理や自然言語処理などの手法も取り入れていることが特徴的です。

4.7.3 システム制御への応用と課題

深層強化学習をロボット制御など実際のシステム制御に応用する場合、ゲームのような限られた世界ではなく、実世界に多様に対処する必要があります。深層強化学習をシステム制御へ応用するためには、いくつかの課題があります。

● 状態や行動の学習に関する課題

学習に適切な手法の選択やモデル設計をするためには、まずエージェントは入力データから状態に関する適切な特徴表現を学習する必要があります。この状態に関する表現学習のことを**状態表現学習**と呼びます。行動の表現においても適切な処理が必要となります。従来の強化学習の出力である行動は上、下など低次元な離散値でしたが、ロボット制御ではアームの角度や速度などの連続値を扱います。そのため連続値を適切に離散化したり、直接連続値を出力できるよう処理する必要があります。このように行動の出力として直接連続値を扱う問題を**連続値制御問題**と呼びます。

● 報酬関数の設定に関する課題

強化学習では報酬の与え方によって得られる方策が大きく変わってきます。最終状態の条件にのみ報酬を与えると、途中の状態や行動に評価が無いため適切に学習が進められなくなります。一方で途中の状態や行動の条件に報酬を与えると、その報酬を受けることに比重が増し、肝心の最終状態に到達できなくなる可能性があります。このような課題を解決するには、報酬を計算するための報酬関数の設計と学習を繰り返し行い、適切な報酬関数を求める(**報酬成型**)ことが必要です。

サンプル量とデータ収集に関する課題

強化学習では教師あり学習のような明確な教師データではなく、報酬や価値といった弱い情報をもとに学習を行います。このため、サンプル効率が低く、多くのサンプルを必要とします。また、データ収集をしながら学習を行うため、データ収集のコストが高くなってしまいます。この課題を解決する方法として、オフライン強化学習が考案されました。オフライン強化学習では過去に収集されたデータのみを使用して、実環境に作用することなくより良い方策を学習します。これにより安全性も確保され、ログデータを収集しやすいタスクへの実応用が期待されます。

オフライン強化学習の他にも、sim2realという方法があります。sim2realとは、学習に必要な環境を実世界から部分的に切り抜き、再現した世界でシミュレーションを行い、その学習結果を実世界で利用する手法です。シミュレータを用いることでデータ収集を低コストで行うことが可能となりましたが、再現した世界と実世界とのギャップに直面しました。このギャップは、物理パラメータ(摩擦、質量、密度など)の違いや、不正確な物理モデリングによって引き起こされます。このギャップを埋めるべく考えられた方法がドメインランダマイゼーションです。これは環境の様々なパラメータをランダムに変えたバージョンをたくさん用意して、用意した環境のすべてでうまく動作するようなモデルを学習します。このようにしてモデルの汎化性能を上げて、実世界の環境に対しても適応することが期待されています。

4.8 モデルの解釈性

4.8.1 AI品質

AIはデータから特徴を抽出してモデルを生成するため、入力に対する出力の理由の説明が難しく、従来のソフトウェアの品質管理技術での対処が難しいとされています。これに対しAIの品質について、産業寄りの立場から主要企業所属のメンバーが集まったコンソーシアムQA4AIが、「AIプロダクト品質保証ガイドライン」の中で品質保証において考慮すべき5軸と、各軸のバランスについてまとめています。それが**表4.6**です。

4

表4.6　AIプロダクト品質保証ガイドライン

Data Integrity	データはきちんとしているか。
Model Robustness	モデルはきちんとしているか。
System Quality	システム全体として価値は高いか、何かが起きても何とかなるか。
Process Agility	プロセスが機動的か。
Customer Expectation	(良くも悪くも) 顧客の期待は高いか。

出典：http://www.qa4ai.jp/QA4AI.Guideline.201905.pdf

4.8.2 説明可能なAI

ディープラーニングは、高い精度で予測・認識ができる一方で、入力データに対する出力結果の過程がわからずブラックボックスとなっているため、予測・認識の判断根拠の説明ができません。これは、予測結果が重大な問題を引き起こす領域では、AIの導入ハードルの上昇や導入できないなどの事象が発生します。「説明可能なAI」は社会的に重要視されており、「説明可能なAI」に関する研究は積極的で、2016年にはDARPA（アメリカ国防高等研究計画局）が説明可能なAIへの投資プログラムを発表しました。2017年から開始されたプログラムでは、人が理解できる説明を行うための「因果関係モデル」の生成を目指すプロジェクトが参画しています。

「説明可能なAI」は、**表4.7**のように大きく4つに分類されます。

表4.7　説明可能なAIの分類

学習データ	どの学習データが重要であったかを説明。
データの特徴	データのどの特徴が予測・認識に重要であったかを説明。
モデルの可読化	予測・認識のプロセスを可読な表現で出力して説明。
モデルの自然言語による可読化	データのどの特徴が予測：認識で重要であったかを自然言語で説明文を出力して説明。

予測結果の判断根拠を示すように作られた代表的なモデルを以下に紹介します。

● Grad-CAMとGuided Grad-CAM

Grad-CAMは画像認識する際に、その判断根拠を可視化することを目的とするモデルです。タグ付けされたクラス（犬、猫など）に対して影響の大きい画像の箇所をヒートマップで示しています。これにより、画像から猫を認識して猫と判断していることがわかります。

また、Grad-CAMをより高解像度に、より具体的な判断根拠を示すように改善したモデルがGuided Grad-CAMです。**図4.47(a)**はオリジナル画像を表し、**(c)**はGrad-CAM、**(d)**はGuided Grad-CAMで猫の判断根拠とした箇所を可視化したものを表しています。

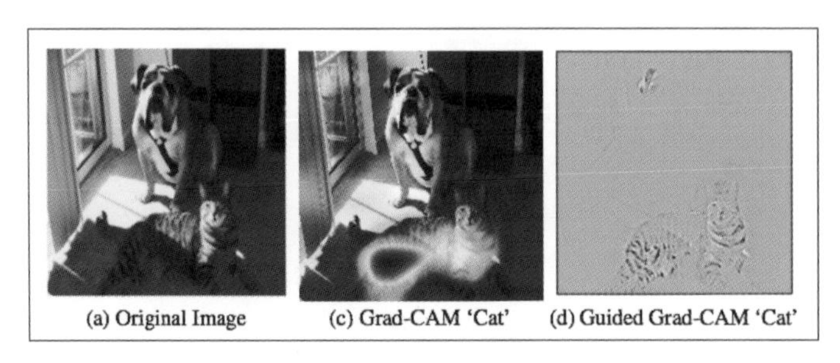

出典：Selvaraju, R. R. et al. "Grad-CAM: Visual Explanations from Deep Networks via Gradient-based Localization.", ICCV 2017

図4.47　Grad-CAMとGuided Grad-CAMの出力イメージ

4.9 転移学習

ディープラーニングで、精度向上のためによく用いられる手法が転移学習とファインチューニングです。この2つの手法では、優秀な学習済みモデルの構造とパラメータを引き継いで学習を行います。転移学習では引き継いだパラメータ（重み）を更新せずに、追加した部分のみを学習します。メリットとして、学習時間が短縮される点と、少ないデータでも精度が望める点があります。

それに対して、ファインチューニングでは引き継いだパラメータ（重み）を初期値として再学習することよってモデルを調整して更新します。メリットとして、転移学習と同様に少ないデータでも高い精度を期待できることと、1から学習するより効率的であることが挙げられます。

アドバイス

転移学習とファインチューニングの特徴を理解して、混同しないようにしましょう。

- 転移学習：引き継いだ中間層までの重みは固定し、追加した全結合層のみを調整して再学習する
- ファインチューニング：ネットワーク全体を調整して再学習する

4.9.1 モデルの軽量化

ディープラーニング実用のボトルネックとして、計算リソースの大きさが挙げられます。実務でも本番環境でモデルのサイズが大きく、使用しにくいなどの弊害が起こりがちです。計算リソースの制約の中で、より高性能なモデルを用意するために研究されてきたのが、モデルの軽量化という研究領域です。モデルの軽量化には、訓練後に重みの浮動小数点数の精度を下げる「量子化」や寄与度の小さい重みやチャンネル、レイヤーを削除する「Pruning」、一度大きく複雑なモデルで訓練した学習知識（入力と出力）を別の軽量なモデルに継承する「蒸留」などの手法があります。蒸留で先に訓練して学習した知識を渡すモデルを教師モデル、継承先の軽量なモデルを生徒モデルと呼びます。生徒モデルでは、教師モデルの出力を正解ラベルとして学習します。

第４章まとめ

第４章では前章まで学んできた機械学習やディープラーニングが、実際どのように現実社会に応用されているのかを見ていきました。ディープラーニングの応用分野として、画像認識や深層生成モデル分野、自然言語処理と音声処理分野、そして深層強化学習の分野があります。これらの技術は今では私たちの日常生活に密接に関わっています。

● 画像認識分野

画像認識分野において身近な例としては、顔認証システムや自動運転関連の技術などがあります。自動車の追突防止機能や、運転者の居眠り防止機能など、画像内の検出した物体がどのような状態にあるのかを予測し、それに対して警告などを発します。このように画像認識技術は製造業から、医療や農業など様々な分野で活用されています。

代表的なモデル

（画像認識）VGG、ResNet

（認識領域）FCN、U-Net

（物体検出）YOLO、SSD

● 深層生成モデル

深層生成モデルでは実写の写真を絵画風の画像に変換するようなスタイル変換や、低解像度の画像を高解像度の画像に変換する超解像といった技術があります。スタイル変換を応用した人物の顔画像の生成では、架空の人物の画像を生成することができます。また、顔を入れ替えた画像の生成や、髪型や性別、年齢など、顔を特徴づける属性を変更したり、表情を操作することも可能です。これらの技術は、映画などの特殊メイクの代わりとしたり、ゲームのキャラクター制作に使われる一方で、詐欺などの犯罪に悪用される事例が増加しています。これに対応するため、偽物を検出する技術も開発が進められています。

代表的なモデル

GAN、ALOCC

自然言語処理

自然言語処理分野においても身近な活用例が数多くあります。例えばインターネット上で検索したいワードから Web サイトを探してくれる検索エンジンでは、Web サイトの内容をディープラーニングで分析することで、より適した Web サイトを見つけることに役立ちます。幅広い分野でディープラーニングによる自然言語処理技術が用いられていますが、多くの活用シーンにおいて、次の音声処理の技術と組み合わせて運用されています。

代表的なモデル

GPT、BERT

音声処理

音声認識は Apple の Siri や Amazon の Alexa といった音声アシスタント機能の普及によって身近なものとなりました。その他に、翻訳や音声入力機能などにおいても、音声認識技術は一般的に活用されています。

音声合成では入力したテキストをもとに音声を生成することが可能となり、今では人間と遜色ないほど自然な発話ができるようになりました。医療福祉分野やビジネス分野でも活用が期待されています。

代表的なモデル

(音声認識) 隠れマルコフモデル

(音声合成) WaveNet

深層強化学習

強化学習というとゲーム AI や自動車の自動運転などが有名な活用事例になりますが、あまり知られていない場面でも活用されています。その 1 つがマーケティングにおける広告配信の最適化です。顧客の長期的な購買金額を Q 値として、これを最適化するような対象や場所、タイミングなどを予測します。その他にも、通信ネットワークの最適化などという活用事例もあります。

代表的なモデル
DQN、AlphaStar

身近にあるディープラーニング技術を探してみるのも、ディープラーニングへの理解を深める足掛かりとなります。試験でも活用場面に沿った形式で出題されることがありますので、各分野の最新動向も確認しておきましょう。

章末問題

▶ 問題 1

4 × 4 ピクセルの画像にウィンド 2 × 2 ピクセルのプーリングをパディングなしで適用した場合、プーリングの適用回数として最も適切な選択肢を 1 つ選べ。

① 4
② 6
③ 8
④ 9

解説

4 × 4 ピクセルの画像に 2 × 2 ピクセルのウィンドを何個当てはめることができるか計算します。

▶ 問題 2

ResNet に関する説明として、最も適切な選択肢を 1 つ選べ。

① Inception モジュールから構成されるネットワークモデルである
② 重みだけでなくネットワーク構造の最適化も行う
③ 福島邦彦によって提唱された
④ スキップ結合と呼ばれる層を飛び越える結合がある

解説

ResNet とは、物体認識の精度を競うコンテストの ILSVRC-2015 で優勝したモデルで、スキップ結合と呼ばれる構造をしています。スキップ結合によって、手前の層の入力を後ろの層に直接足し合わせることで、勾配消失問題を解決しました。これにより、ネットワークの層を 100 層より深くすることに成功し、より精度を高めることができるようになりました。

解答 1：① 解答 2：④

▶ 問題 3

敵対的生成ネットワーク (GAN) で学習を行った後の生成器 (Generator) の説明として、最も適切な選択肢を 1 つ選べ。

① 識別器 (Discriminator) が出力する識別値を予測する
② 識別器が生成画像と識別できないように画像を生成する
③ 識別器が生成する画像を入力として画像を生成する
④ 識別器が生成画像と識別できるように画像を生成する

解説

GAN は生成器で教師データをもとに実在しない画像を生成し、識別器に真偽が見破られないよう学習していきます。識別器では生成器が出力した画像が本物か、生成器によって作られた偽の画像かを正しく識別できるよう学習していきます。両社がバランス良く精度を上げることが肝要です。

▶ 問題 4

以下の文章を読み、それぞれの空欄に当てはまる単語の組み合わせを選べ。

RNN には主に 2 つの問題点があります。1 つ目は **(ア)** です。誤差を逆伝播する際、過去に遡るにつれて重みが消えやすくなります。2 つ目は **(イ)** と **(ウ)** と呼ばれる問題です。RNN では、現時点では関係性が低いが、将来的に関係性が高まるという入力が与えられた際に、重みを大きくすべきか小さくすべきかの矛盾を抱えてしまうという問題です。

① **(ア)** 誤差逆伝播問題　**(イ)** 入力関係衝突　**(ウ)** 出力関係衝突
② **(ア)** 勾配消失問題　**(イ)** 入力勾配衝突　**(ウ)** 出力勾配衝突
③ **(ア)** 誤差逆伝播問題　**(イ)** 入力矛盾衝突　**(ウ)** 出力矛盾衝突
④ **(ア)** 勾配消失問題　**(イ)** 入力重み衝突　**(ウ)** 出力重み衝突

解答 3：②

解説

RNNは時間軸方向に深いネットワーク構造をしているため、誤差逆伝播で過去に遡ると勾配消失問題が起こり学習が進まない状態に陥りやすいです。また、時系列データを扱うにあたり、現時点では関係性が少なくても将来は関係性がある、というような入力があった場合に、重みを大きくすべきものであると同時に、重みを小さくしなくてはいけないという矛盾が生じます。これを入力重み衝突、出力に関しても同様に出力重み衝突と呼ばれています。

▶ 問題5

自然言語処理では人間が扱う文章などをデータとして扱うために様々な処理が施される。

自然言語処理における「分散表現」と関連性の深いものとして最も適切な選択肢を1つ選べ。

① 形態素に分割した単語へIDを割り当て、ある1/なし0で表現する
② 辞書を使って文章の最小単位である形態素に分割する
③ 単語を固定長の実数値のベクトルで表現する
④ 文章の内容が肯定的か否定的か中立化を判定する

解説

分散表現とは各単語を実数値のベクトルへ変換することです。これにより、単語同士の類似度を計算により求めることができます。

▶ 問題6

ディープラーニングは音声認識の逆過程である音声合成においても利用されている。2016年にGoogle DeepMind社により発表されたニューラルネットワークのアルゴリズムは、従来に比べて圧倒的に高い質での音声合成に成功し、Googleアシスタントにも利用されている。このアルゴリズムの名称は何か、最も適切な選択肢を1つ選べ。

① GoogLeNet
② AlexNet

解答4：④　解答5：③

③ WaveNet
④ ResNet

解説

音声合成モデルである WaveNet は、高速で音声を生成することが可能なだけでなく、従来モデルより自然な発音に近づけることに成功しました。

▶ 問題 7

深層強化学習の応用として不適切な選択肢を 1 つ選べ。

① 深層強化学習でシミュレータを使って学習を行うことで、実世界における効率的な制御方策を学習することができる
② 深層強化学習では画像認識や自然言語処理の技術が活用されることがある
③ 深層強化学習では通常の教師あり学習に比べて多くのサンプルを必要とする
④ 深層強化学習において最終状態の条件にのみ報酬を与えると、うまく学習を進めることができる

解説

報酬関数の設定において、最終状態の条件にのみ報酬を与えると、途中の状態や行動に評価が無いため適切に学習が進められなくなります。そのため報酬関数の設計と学習を繰り返し行い、適切な報酬関数を求める（報酬成型）ことが必要です。

解答 6：③　解答 7：④

第5章

AI 開発と法律・倫理

実現場で AI 活用に必要なことは、モデルの精度だけではありません。AI を開発もしくは利用するのは人です。法律をはじめとする公の決まりごとや AI ならではの倫理観は、AI に関わるすべての人が留意すべき事柄となります。

学習 Map

これまでの章では AI の技術的な面を学んできました。AI を活用する上で、技術と同様にビジネスに関することも学ぶ必要があります。技術とビジネスの両方の知識を得ることで、事業にディープラーニングを活用できる人材となるのです。第 1 章～第 4 章で学んだ知識を最大限に活用するために、この最終章の習得は必要不可欠です。

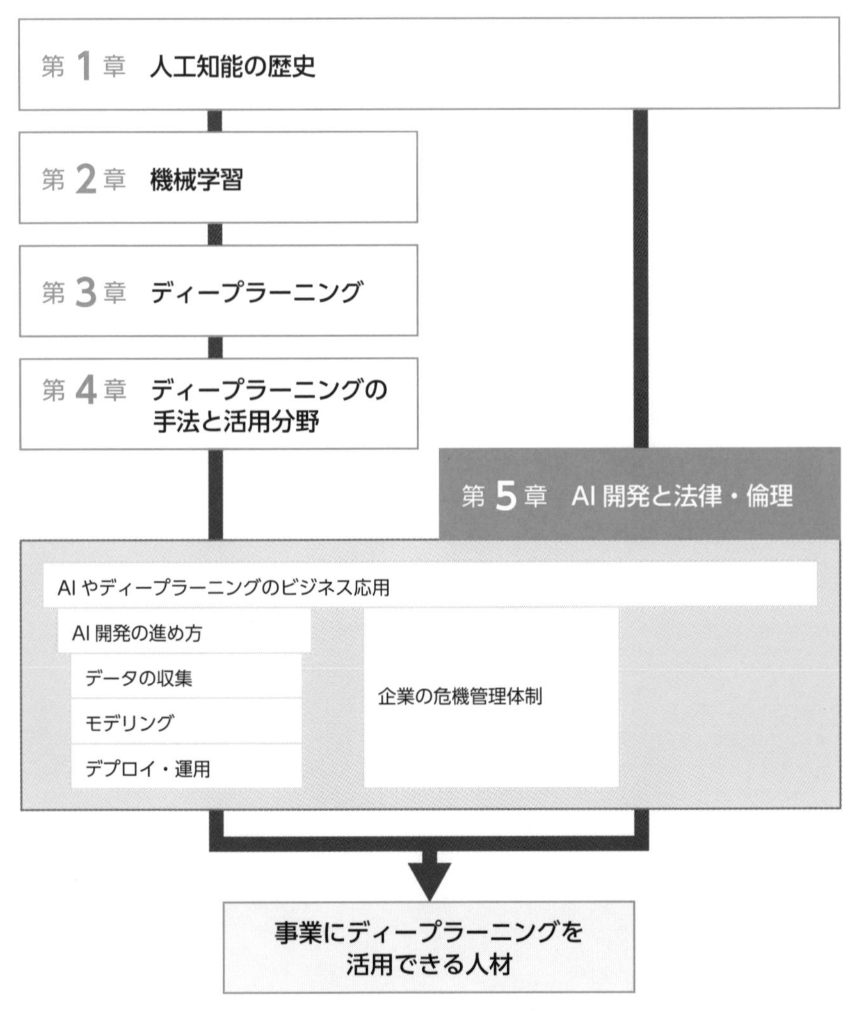

図　本書で学習する「第 5 章　AI 開発と法律・倫理」の位置づけ

主要キーワード

（本文中に🔍鍵マークを付けています。また、重要度に応じて★の数を増やしています）

3 ★★★
2 ★★
1 ★

5.1

キーワード	説明	重要度
IoT	様々なモノに通信機能を持たせ、相互に通信することで自動制御や遠隔計測などを行うこと。	★★★
RPA	人がコンピュータを使って行う業務を、人に代わって自動で処理させる技術。	★★☆
ブロックチェーン	データを改ざんから保護し、データの透明性を確保するための技術。	★★☆

5.2

キーワード	説明	重要度
プライバシー・バイ・デザイン	設計段階からプライバシーの保護を検討する手法。	★★★
CRISP-DM	データ分析を効率的に進めるためのプロセス。	★☆☆
MLOps	AI 開発のライフサイクルを効率的に進めるための管理体制とその概念。	★★☆

5.3

キーワード	説明	重要度
オープンデータセット	利用規約の下、誰でも利用できるように公開されているデータセット。	★☆☆
AI・データの利用に関する契約ガイドライン	AI やデータ利用に関する契約の検討・交渉を円滑に進めるために参考とする手引書。	★★★
PoC	新規技術やアイデアの効果を実験的に検証する工程。	★★★

5.4

キーワード	説明	重要度
アノテーション	教師あり学習において正解のデータやラベルなどを作成すること。	★☆☆
カメラ画像利活用ガイドブック	生活者とカメラ画像を利活用する事業者間での相互理解を構築するために参考とする手引書。	★★★
匿名加工情報	特定の個人を識別することができないように加工した情報。	★★☆
ELSI	新規科学技術を研究開発し、社会実装する際に生じうる、倫理的・法的・社会的課題。	★★☆

5.5

キーワード	説明	重要度
GDPR	EU 一般データ保護規則。EU 域内の個人データやプライバシーの保護に関して規定している。	★★★
敵対的な攻撃 (Adversarial Attacks)	AI に微細なノイズを与えることで誤作動を引き起こさせる行為。	★★★
ディープフェイク	AI を利用して作られた偽（フェイク）動画。	★★☆

5.6

人間中心のAI社会原則	日本政府が示した、AI活用における持続可能な社会を目指す戦略や原則。	★★☆

AIを現場で運営する上で則るべき規定や配慮すべき倫理は、「AIを作る側」と「AIを運用する側」の双方で重要な項目となります。AIは有益な技術として盛んに研究が進められていますが、まだ社会的な位置づけが確立されていない部分があります。AI開発に関して留意するべき点をしっかり理解していきましょう。

アドバイス

法律関連は、特に暗記が難しいと感じる人が多い分野です。本書の解説で覚えきれない部分に付箋を貼ったり、最新のAI活用事例を自身で調べたりするなど、試験に向けて準備を整えましょう。

5.1 AI やディープラーニングのビジネス応用

5.1.1 AI による経営課題の解決と利益の創出

AI の導入は、技術的な側面だけではなく、ビジネス的な側面からも検討することが重要です。技術的・ビジネス的な成功は両輪であり、切っても切り離せない関係にあります。AI のビジネス活用の本質は、AI による業務上・経営上の課題解決や、新規事業を生成し新たな利益を生み出すことにあります。まずはどのような成功を導きたいのかという明確なビジョンを持ち、開発計画を立てます。それに伴い守るべき法令を確認し、AI システムが社会実装に適しているか、倫理の観点からも熟考します。また、新規技術を取り入れる場合、往々にして反発が起こります。実際に運用に従事する現場の人々や社会との対話を継続的に行うことが必要不可欠です。

5.1.2 日本における自動運転の現状

自動運転は世界の企業で開発が進められており、自動車産業の AI 活用において自動運転が今後のキーになります。内閣府が 2018 年 4 月に公開した「戦略的イノベーション創造プログラム（SIP）自動走行システム研究開発計画」において、米 SAE International が定めた J3016 の定義を採用することが示されています（**表 5.1**）。自動運転はレベル 0 の「運転自動化なし」から、レベル 5 の「完全運転自動化」までレベル分けされており、自動運転はレベル 3 以上を指します。2021 年 11 月時点で渋滞中の高速道路など一定の条件の下で行う「レベル 3」までが実用化されています。政府は 2025 年をめどに、一定条件で運転を完全自動化する「レベル 4」の実現を目指しています。これに向けて、国土交通省は安全性の基準づくりの一環として、システムがどこまで責任を負うべきかなどについて検討を進めています。

表5.1　自動運転の定義の概要

レベル	名称	定義	監視・主体
運転者が一部またはすべての動的運転タスクを実行			
0	運転自動化なし	運転者がすべての動的運転タスクを実行。	運転者
1	運転支援	システムが縦方向または横方向のいずれかの車両運動制御のサブタスクを限定領域において実行。	運転者
2	部分運転自動化	システムが縦方向および横方向両方の車両運動制御のサブタスクを限定領域において実行。	運転者
自動運転システムの作動時はすべての運転タスクを実行			
3	条件付き運転自動化	限定領域において、システムがすべての動的運転タスクの実行作動継続が困難な場合はシステムの介入要求などに適切に応答。	システム※
4	高度運転自動化	限定領域において、システムがすべての動的運転タスクおよび作動継続が困難な場合への応答を実行。	システム
5	完全運転自動化	システムがすべての動的運転タスクおよび作動継続が困難な場合への応答を無制限に（限定領域ではない）実行。	システム

※ 作動継続が困難な場合は運転者

アドバイス

試験では、自動運転のレベルについて出題されやすい傾向があるため、**表5.1**の内容を把握しておきましょう。また、自動運転に関する技術は活発に進展しているため、試験に向けて最新情報を確認しておくことをおすすめします。

自動運転実現に向けての法の整備

自動運転を実現させるためには法の整備が必要不可欠です。

2020年4月に、道路交通法、道路運送車両法が改正・施行され、公道でレベル3による走行が可能となりました。

この度の法改正によって、新たに定められた事項を以下にまとめます。

① 2020年4月　改正道路交通法

- 自動運行装置を使用した運転も従来の運転に定義される
- 作動状態記録装置で作動状態を記録して保存することを義務付ける
- 自動運転時の運転者は、携帯電話用装置やカーナビなどの画像表示用装置が利用できる
- 一定の条件から外れた場合は自動運行装置を使用した運転が禁止され、運転者が運転操作を引き継がなければならない

② 2020年4月　改正道路運送車両法

- 保安基準の対象装置に自動運行装置が追加される
- 電子的な自動車検査に必要な技術情報の管理を、独立行政法人 自動車技術総合機構に行わせる
- 点検整備に必要な技術情報を、自動車製作者から特定整備を行う事業者に対しての提供を義務付ける

アドバイス

道路交通法とは、車両の運転者や歩行者などが道路において守るべきルールを定めた法令です。
また、道路運送車両法とは道路上を走行する車両の保安基準などを定めた法令です。

5.1.3 ビッグデータの取り扱い

近年これほどディープラーニングが発展した理由の1つは、インターネット技術が進歩し、膨大な量のデータ（ビッグデータ）が生み出されたことに他なりません。さらにビッグデータはIoTやRPA、クラウドの発達で容易に収集できるようになりました。IoTとは「Internet of Things」の略語で、コンピュータや通信機器のみならず自動車や冷蔵庫など様々なモノがインターネットに接続し、情報をやり取りすることを指します。RPA（Robotic Process Automation）とは、業務プロセスの自動化を指します。例えば問い合わせメール内容のデータベースへの転記作業などの単純な定型業務を自動化するような技術です。作業を効率化することで従業員の工数削減や業務精度の向上につながります。

IoTやRPAによって得られたデータをクラウド上のサーバに蓄積し管理することで、効率的にデータを活用できます。情報をデータ化することで、共有や編集が容易になる一方、データを改ざんから保護し、データの透明性を確保する必要があります。ブロックチェーンという技術は、情報の履歴を暗号技術によって過去から1本の鎖のようにつなげ､正確な情報履歴を維持しようとします。これによって、データの破壊・改ざんを極めて困難にすることができます。

5.2 AI開発の進め方

AI開発には、プランニング、データ収集、モデリング、デプロイ、そして運用中のメンテナンスが必要です。AI開発と従来のウォーターフォールのようなシステム開発との最大の違いは予測性です。従来型の開発は、必要な作業があらかじめ想定可能で、計画が立てやすいものでした。そして実装したものを積み上げげて、成果物を完成させます。一方、AI開発は、想定した手法で機械学習を行っても、必要な成果が得られない可能性があります。パラメータなどを見直すことで期待する精度を得られる場合もありますが、どうしても精度が上がらなければ手法を見直して再度実装することもあり得ます。

このようなことから、AIを利用する場合にはアジャイル開発を採用するのが一般的です。小さな実装サイクルを回して、期待通りの結果が得られるのを随時確認しながら開発を進めることで、開発が破綻する危険性を最小限に保ちます。

前述した通り、AI開発ではすべての想定を織り込むことは不可能です。そのため、AIで取り組む課題と、その実現方法について事前に明確化することが重要です。

5.2.1 課題の明確化

● AIの使用を目的にしない

AIを使うのは、課題を解決するためです。AIに固執する必要はありません。AIを使う必要があるのかを考察し、あくまで手段の1つとして検討しましょう。日本ディープラーニング協会のホームページ（https://www.jdla.org/）にも、ディープラーニング以外の様々な機械学習技術を使う方が有効な場合もあると記載されています。

● 現在あるデータだけですべてを解決しようと考えない

現在あるデータだけで課題を解決できるとは限りません。データの精査を十分に行わず、課題解決に不十分なデータを使って進めても、求める結果が得られないことがあります。データを蓄積し継続的に運用しながら予測精度を上げていくことで、低コストで大きな成果を生み出すことができます。

5.2.2 実現方法の各要素の明確化

得られる効果が限定的であれば業務フロー自体を見直す

従来通りの業務フローにAIを部分的に導入しても効果へのインパクトが高くないときは、AIと協業することを前提にした業務フローに見直すことで、大きな効果が得られる場合があります。AIを利活用するためにはBPR（Business Process Re-engineering：業務改革）が必要不可欠であることを理解しておきましょう。

AIの提供形態を決定する

開発したAIを現場に提供するために、運用に必要なリソースをクラウド上に確保し、そのリソース上でモデルを動作させるという方法があります。また、Web APIを用いてデータを入力し、モデルで予測を行う方法もあります。Web APIとは、Web上でソフトウェア機能を共有する仕組みのことです。この2つの方法を使用すればモデルの更新が容易になり、機器の保守・運用が不要となります。しかし、通信環境に大きく影響を受けるというデメリットもあります。

一方、マイクロコンピュータなどのエッジデバイスを使用して、予測などの運用に必要なリソースを現場に直接配置し、モデルをその場で実行させる方法もあります。必要に応じてネットワークに接続し、データの蓄積や、モデルの更新を行います。故障の範囲も小さく、通信料も少ないので低コストで実行することができますが、モデルの更新が難しく、長期間にわたって機器を保守・運用する必要があります。

いずれの方法にもメリット・デメリットがありますが、各方法の特徴を理解し、提供するサービスに適した方法を選定しましょう。

開発計画を立てる

続いて開発計画を立て、開発体制を整えます。AI開発は以下のようなフェーズに分けて考えます。

- データの確認
- モデルの試作
- 運用に向けた環境の構築

データの確認のフェーズでは、準備したデータの内容を確認し、必要に応じて教師データを作ります。教師データを作るには、求める出力を定量化する必要があります。しかし、熟練工の技などのように、定量化が難しい課題もあります。このような場合は、AI以外で解決する方法に立ち返って検討するか、既存のAI研究に関する情報から解決方法を探すことになります。

データの準備後、モデルを試作し学習を進めていきます。モデルの試作においても、想定した精度がまったく得られずに試行錯誤を余儀なくされることはめずらしくありません。このため、データの内容やモデルの学習結果に応じて、柔軟に開発方針を修正できるような体制が望ましいのです。

試作を終えたら、本番環境で実装し運用していくための仕組みを構築していきます。この仕組みは、予測を行う環境、データを継続的に蓄積・管理する環境、再学習する環境で構成されます。これらの環境で収集したデータを常に更新し、それに伴い再学習を行います。データが更新されて運用中に精度が落ちることもあるので、継続的に学習をモニタリングして対処できるように環境を整えます。

開発チームを作る

AI開発・運用のためには様々なスキルを持つメンバーを集める必要があります。一般的には以下のようなチームを構成します。

- マネージャー（ビジネス的な観点から全体を把握・意思決定する）
- システム技術者（AIを提供するシステム構築を行う）
- デザイナー（システムのUser InterfaceとUser Experienceをデザインする）
- データサイエンティスト（AIを用いてデータ分析やモデル構築を行う）

また、AI開発においては他部署との連携も必要です。経営者をはじめ、法務部門・経営企画部門・広報部門となどとの連携は、AI開発を円滑に進めるために重要な項目となります。

5.2.3 プランニングに関係する倫理・法律

前項の最後に、AI 開発において法務部門との連携も必要であると述べましたが、開発の仕様段階からプライバシーに配慮する考え方としてプライバシー・バイ・デザインがあります。プライバシー・バイ・デザインとは、システム開発において事前にプライバシー対策を考慮し、システムのライフサイクル全体で行う取り組みのことを指します。また、それ以外にもセキュリティに配慮したセキュリティ・バイ・デザインや、価値に配慮したバリュー・センシティブ・デザインがあります。

● プライバシー・バイ・デザインの 7 つの基本原則

プライバシー・バイ・デザインには、以下に挙げる 7 つの基本原則があります。

1. 事後的ではなく、事前的。救済的でなく予防的
2. 初期設定としてのプライバシー
3. デザインに組み込まれるプライバシー
4. 全機能的 ― ゼロサムではなく、ポジティブサム
5. 最初から最後までのセキュリティ ― すべてのライフサイクルを保護
6. 可視性と透明性 ― 公開の維持
7. 利用者のプライバシーの尊重 ― 利用者中心主義を維持する

5.2.4 AI 開発全体像の把握

これまでの説明で、AI 開発を遂行するためには AI モデルの構築以上に重要なプロセスがあることがわかります。このようなプロセスがフレームワークとして体系化されていますので、その一部を紹介します。

CRISP-DM

CRISP-DM（CRoss-Industry Standard Process for Data Mining：データマイニングのための産業横断型標準プロセス）は、AI開発をはじめ、データマイニングやデータサイエンスなどの複数の分野で標準的に使用可能なデータ分析プロセスです。データマイニングはデータサイエンスの一部分といえますが、CRISP-DMはデータサイエンス全般に適応できると考えられています。**図5.1**のようにデータ分析を「ビジネス課題の理解」「データの理解」「データの準備」「モデル作成」「評価」「展開／共有」の6つのステップに分割して考えます。各ステップの順序は厳密ではなく、大半のプロジェクトでは必要に応じてステップ間を行き来して作業を行います。そうすることで効率良くデータ分析が行えます。

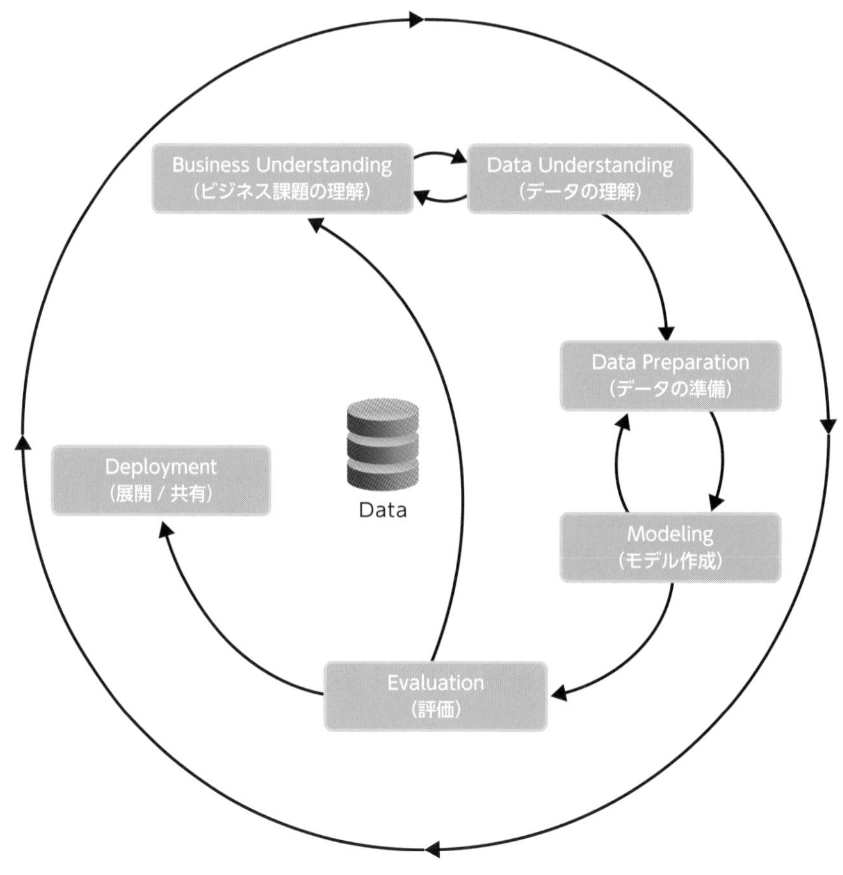

図5.1　CRISP-DMの6つのステップと流れ

MLOps

MLOpsとはMachine LearningとOperationsを合成した造語で、機械学習モデルの実装から運用までのライフサイクルを円滑に進めるための管理体制を築くこと、またはその概念全体を示します。MLOpsは、ソフトウェアのシステムの開発と運用における一般的な手法であるDevOpsの原則をAI開発に派生しています。**図5.2**は機械学習の開発プロジェクトの全体像を示しており、プロジェクト全体においてモデルの作成・学習（図中「ML Code」の部分）はほんの一部でしかありません。むしろ周辺領域は膨大で複雑に構成されています。これらの各要素をシームレスに連携できるように横断的に組み込まれたシステムやプロセスが必要となります。また、すべてのプロセスを一度行うだけでは不十分で、システム運用開始後も継続してプロセスを回して、安定したシステムを維持しながら予測精度を上げていくことを目指します。

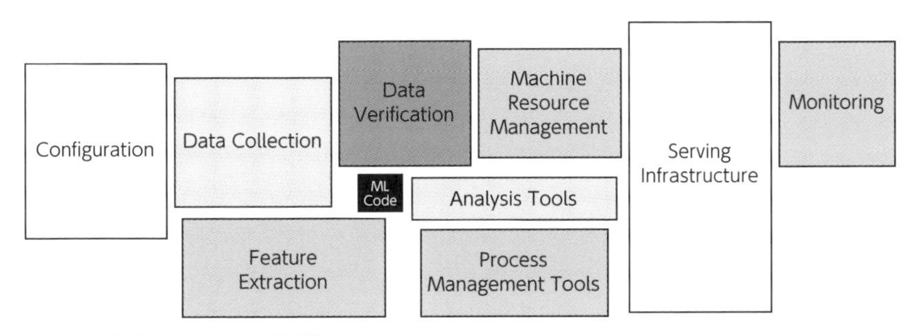

図5.2　機械学習システムの全体像

参考：D. Sculley著『Hidden Technical Debt in Machine Learning Systems』

アドバイス

これらのフレームワークはAI開発プロジェクトの計画において大切な概念であるため、試験でも問われることがあります。それぞれの概要と図の示す意味を把握しておきましょう。

5.3 データの収集

次は、モデリングで使用するデータ収集についてです。データを収集し利用する際に注意すべきことや、確認すべき法令があります。それらを順に説明していきます。

5.3.1 データの収集方法および利用条件の確認

データの収集方法として、オープンデータセットを使う、自分でセンサなどを使って収集する、外部から購入するなどが挙げられます。

オープンデータセットとは、政府機関や企業、研究機関などが公開しているデータセットです。比較的大規模なデータを低コストで入手可能で、ラベル付けされているデータも数多くあります。実際に利用する際は利用規約をよく確認し、商用利用が可能かどうかに注意しましょう。

自分でデータを集める場合は何らかのセンサを利用し、データを計測・収集する必要があります。収集するデータの質を高めることで、学習モデルの精度を高めやすくなります。センサを選ぶ際は、センサの精度の高さとコストのバランスを考えて選定をしましょう。また、データの量も精度を左右する要因となりますので、大量のデータを蓄積する方法も検討する必要があります。

センサには様々な種類があり、人間では検知不可能な情報を得ることも可能です。その例として、赤外線センサやX線センサ、超音波計測器などがあります。目的に合ったセンサを適切に選定することが大切です。

5.3.2 法令に基づくデータ利用条件

データの利用に関する法令は複数存在し、代表的なものとして個人情報保護法、不正競争防止法、著作権法があります。また、個別の契約などによって規制される場合があります。近年、AI技術の普及に伴い、関連する法令も改定されています。試験でも出題数が年々増えている傾向にありますので、試験で問われやすい代表的な項目をリストアップしていきます。外部から得たデータを適切に利用するために、また自分で作成したデータを守るためにも、各種の制約を理解しておきましょう。

個人情報保護法（個人情報の保護に関する法律）

まず個人情報とは、「生存する個人を識別できる情報」と定義され、名前や顔写真、他の情報との照合が容易で、それにより個人識別が可能になる情報が該当します。また、個人情報の中でも、「単体で個人を識別できる番号・文字など」は個人識別符号に分類されます。例としてマイナンバーや免許証番号、保険証番号などの個々人に対して割り当てられる公的な番号と、指紋やDNAなどの身体の一部の特徴を変換した符号があります。

個人情報の取得と管理、第三者への提供もしくは受領における制約事項を確認します。

① 個人情報取得の際の利用目的について

- 利用目的をできる限り特定する必要がある。
- 利用目的をあらかじめ公表している場合を除き、速やかにその利用目的を本人に通知、または公表しなければならない。
- 途中で利用目的が変更になる場合、原則として事前に本人の同意を得る。加えて、その利用目的を本人へ通知、または公表しなければならない。
- 利用目的の達成に必要な範囲内において、個人データを正確かつ最新の内容に保つとともに、個人情報を利用する必要がなくなった場合、データを遅延なく消去するよう努めなければならない。

② 個人情報の管理について

- 取り扱う個人情報の安全管理のために必要かつ適切な措置を講じなければならない。
- 従業者に個人情報の取り扱いをさせる場合、その個人情報の安全管理が図られるよう、その従業者に対して必要かつ適切な監督をしなければならない。

5

③ 第三者への個人情報の提供もしくは受領について

- 個人情報の取り扱いを第三者へ委託する場合、取り扱いを委託された個人情報の安全管理が図られるよう、委託を受けた者に対して必要かつ適切な監督をしなければならない。
- 第三者から個人情報を受領する場合、次の2点の確認を行わなければならない。
    1. 当該第三者の氏名または名称および住所ならびに法人にあってはその代表者の氏名
    2. 当該第三者による当該個人データの取得の経緯

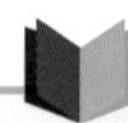
COLUMN

要配慮個人情報と機微情報

個人情報保護法の中で**要配慮個人情報**として扱われる情報と、「金融分野における個人情報保護に関するガイドライン」で扱われる**機微情報**はほぼ同様の情報を指します。これらは、人種や犯罪の経歴、病歴や身体等の障害に関する情報などが該当します。情報の内容は同じでも、取り扱いについての規制は異なるので確認しておきましょう。

- **要配慮個人情報の取り扱い**
  情報の取得は原則あらかじめ本人の同意が必要で、第三者への提供に一部規制があるが、利用制限はない。
- **機微情報の取り扱い**
  原則として、取得、利用または第三者への提供は禁止されている。

このように、ある法令による規制をクリアしていても、別の法令で制約を受ける場合があるので注意が必要です。

不正競争防止法

不正競争防止法とは、不正競争による営業上の利益の侵害を防止し、事業者間の公正な競争を確保するための法令です。不正競争防止法で注目すべき点は、営業秘密と限定提供データです。以下にそれぞれの説明と要件を確認しましょう。

① 営業秘密

営業秘密とは「秘密として管理されている生産方法、販売方法、その他の事業活動に有用な技術上又は営業上の情報であって、公然と知られていないもの」と定義されており、以下の３つの要件を満たすもののみです。

- **秘密管理性**
  社内でその情報が秘密であるとわかるように管理されていること
- **非公知性**
  一般に知られている情報でないこと
- **有用性**
  事業活動のために有用な情報であること

定義内でも説明がある通り、生産方法や販売方法に有用な技術上の情報も営業秘密に該当します。営業秘密を適切に管理すれば、不正な取得・利用・開示などから情報を保護することができます。

② 限定提供データ

限定提供データは「業として特定の者に提供する情報として電磁的方法により相当量蓄積され、及び管理されている技術上又は営業上の情報」と定義されています。限定提供データとして法律による保護を受けるためには以下の要件を満たす必要があります。

- 一定の条件下で反復継続的に提供している、またはその意思が認められること
  一定の条件とは、例えば会費を払うことで情報を得られる状況などを指す（限定提供性）
- 個々のデータの性質に照らし、社会通念上、電磁的方法により蓄積されることによって価値を有する程度の量を蓄積すること（相当蓄積性）
- 業として特定の者に提供する情報であること
  特定の者とは、例えば会費を払うことで情報を得られる人を指す
- 電磁的方法により相当量蓄積されていること
- 電磁的方法により管理されていること
  ID・パスワードなどによって、アクセス制限が施されていることが必要（電磁管理性）

- 保護の対象は技術上または営業上の情報に限る
- 秘密管理性があるものは除かれる
  営業秘密としての保護を受ける場合、限定提供データとしては保護されない

営業秘密として保護されなかったデータも、限定提供データとしての要件を満たせば保護されるようになりました。例えば、IDとパスワードで管理されたデータが不正な手段で取得・使用された場合にその差止を請求できます。

著作権法

著作権法とは、著作物の創作者である著作者に著作財産権や著作者人格権という権利を付与することにより、その利益を保護するものです。

著作物にあたるデータを利用しようとする場合は、著作権者から許諾を得ることが原則です。しかし、情報解析のためであれば、必要な範囲で著作権者の承諾なく著作物の記録や翻案ができるという著作権法上の例外規定があります。その他に、例えばインターネット上に公開されている他者の著作物を複製してデータセットを作成したとき、そのデータセットや学習させた機械学習のモデルを、営利・非営利を問わず一定の条件下で利用できます。このことは2018年の著作権法改正により認められ、2019年1月に施行されました。この法改正は、世界的に見ても先進的であるといわれています。

アドバイス

第三者の著作物を学習用データとして取り扱う場合、著作権法の規定をクリアしていても、不正競争防止法の営業秘密にあたるデータの利用などは制約を受ける可能性があります。

個別の契約

これまでに説明した法令とは別に、情報提供者と受領者間で個別に結ばれる契約があります。契約においてデータの利用権限を適正かつ公平に定めるために、経済産業省が公表している「**データの利用権限に関する契約ガイドライン**」を参考にするのが望ましいでしょう。

5.3.3 データセットの偏りによる注意

収集したデータは母集団の一部のデータであることを意識し、データの偏りを適切に処理する必要があります。例えば、集客システムでAIを導入する場合、過去の顧客データに男性が多いと、男性に寄った不適切な判断が発生する可能性があります。このような不適切な標本抽出のことをサンプリング・バイアスと呼びます。その他に、データ作成者の持つ偏見がデータに反映されたり、一部のデータが作為的に欠落したりする場合があります。このようなデータを用いて学習すると、AIシステムにまで偏見が反映されてしまい、さらに偏見を増幅しかねない事態に陥る可能性があります。データやアルゴリズムにバイアスが含まれていないかを検証するためにも、開発者は透明性と説明責任に配慮する必要があります。

5.3.4 外部の役割と責任を明確にした連携

実際にAIを用いたサービスを提供するには様々な段階がありますが、各企業において得意とする段階は異なります。データ収集を得意とする企業、データ解析やアルゴリズム開発を得意とする企業、そしてそれらを利用したビジネス展開を得意とする企業。このような企業同士が業種を超えて連携することで、より付加価値の高いサービスを提供することが期待されています。企業間の連携だけでなく、大学などの教育機関・研究機関と企業が連携する産学連携も多くなってきています。また、知識や情報に対する社内外の境界をなくし自由に流出入させることで、新たなビジネスの創出を目指すオープン・イノベーションという考えも広まっています。

このように他者との連携が広まる一方で、それに伴うトラブルも増加傾向にあります。このトラブルのほとんどが企業文化の違いやコミュニケーション不足によるものです。同様の問題は従来のソフトウェア開発でも起きていましたが、AI開発の特徴を踏まえた上で、企業間のコミュニケーションを円滑にし、契約上のトラブルなどを回避するように努める必要があります。経済産業省が発表している「AI・データの利用に関する契約ガイドライン」を参考に契約内容と方法を検討しましょう。このガイドラインで提唱しているのは、開発プロセスおよび契約を分割して考える探索的段階型方式です。具体的には、AI ソフトウェアの開発を、①アセスメント段階、② PoC 段階、③開発段階、④追加学習段階の 4 段階に分けます（**表 5.2**）。PoC（Proof of Concept）とは、新しい技術や手法などに対し、実現可能か、目的の効果や効能が得られるかなどの確認を、実験的に行う検証工程のことです（5.4.4 参照）。

AI 開発では想定が難しい場面が多いため、開発段階を細かく区切って少しずつ進めていき、双方のリスクをコントロールしながら進めることが大切です。

表 5.2　「探索的段階型」の開発方式の各段階について

	アセスメント	PoC	開発	追加学習
目的	一定量のデータを用いて学習済みモデルの生成可能性を検証する。	学習用データセットを用いてユーザーが希望する精度の学習済みモデルが生成できるかを検証する。	学習済みモデルを生成する。	ベンダーが納品した学習済みモデルについて、追加の学習用データセットを使って学習する。
成果物	レポートなど	レポート / 学習済みモデル（パイロット版）など	学習済みモデルなど	再利用モデルなど
契約	秘密保持契約書など	導入検証契約書など	ソフトウェア開発契約書	※

※ 追加学習に関する契約としては多様なものが想定され、たとえば、保守運用契約の中に規定することや、学習支援契約または別途新たなソフトウェア開発契約を締結することが考えられる。

出典：経済産業省「AI・データの利用に関する契約ガイドライン 1.1 版」

以上を踏まえて、AI の共同開発形式において留意しなければならないことを以下に挙げます。

- これまでのトラブルに関する裁判例から、システム開発においては開発者と利用者の双方に協力しあう義務があることが確認されており、その中には実際に発注を行う利用者が実際の業務や既存システムについて情報提供する義務も含まれている。
- 経済産業省の「AI・データの利用に関する契約ガイドライン」では、開発プロセスをアセスメント、PoC、開発、追加学習の各段階に分けて、それぞれの段階で必要な契約を結ぶことで、試行錯誤しながら納得のいくモデルを生成するアプローチがしやすくなるとしている。

- アジャイル型の開発方式はあらゆる工程にすべてのステークホルダーが関与する余地があるため、仕様変更に柔軟に対応できる利点がある。その一方で、責任の範囲や成果の帰属について適時適切にコミュニケーションをとり、契約交渉を行うよう留意しなければならない。

アドバイス

「AI・データの利用に関する契約ガイドライン」で示されている各開発段階の「目的」「成果物」「契約」について、よく試験で出題されます。それぞれセットで覚えるようにしましょう。

5.4 モデリング

データ収集が一通り終了したら、モデリングに入っていきます。モデリングではデータの前処理・加工と分析、そして学習を行います。モデリングのフェーズでも注意すべきことがありますので、段階に沿って確認していきましょう。

5.4.1 データ前処理、データ加工

モデリングの前に、収集したデータの前処理・加工を行います。前処理には、不適切なデータの削除、欠損値の補完等があります。前処理の方法によっては、精度に大きく影響を与えることもあるので注意が必要です。また、データ分析を行うことで不要なデータを見つけたり、新たな説明変数を生成することも前処理段階での重要な処理です。

● アノテーション

通常、教師あり学習で使用する教師データの作成は人の手で行われ、人がデータに正解ラベル付けを行います。これをアノテーションと呼びます。例えば分類問題で迷惑メールの振り分けを行う場合、そのメールが迷惑メールなのかそうでないのか、正しいラベルを取り付けます。また物体検出の場合は、画像に写っているものに対して「人」「電車」などの意味を示すタグを付けていきます。領域認識も行う場合は、これに加えて領域の情報も付与します。

学習に使用するデータは膨大であるため、アノテーションの作業は複数人で行うのが一般的です。しかし、アノテーションの定義が曖昧なため人によってバラつきが生じたり、ケアレスミスが発生するなどの問題があります。そのため、アノテーションの要件を定めたマニュアルを作成し、レビュープロセス等の仕組みを作ることが大切です。

● プライバシーの配慮

顔画像などのプライバシーの配慮が必要とされるデータの加工では、個人を

特定できないような特徴量へ加工する技術的対応が考えられます。例えば防犯カメラの顔認識では、顔の詳細をぼかした後に、顔の特徴を認識させるように規制されていく方向にあります。また、商用目的でのカメラ画像利活用における配慮事項を記述した「カメラ画像利活用ガイドブック」を経済産業省が公表しています。

このように特定の個人を識別できないように、法令で定められた処理をした情報を匿名加工情報と呼びます。この匿名加工情報を取り扱う事業者には以下のような義務が課せられます。

- 匿名加工情報を作成した場合は、匿名加工情報に含まれる個人に関する情報の項目を公表しなければならない。
- 匿名加工情報を作成した場合は、安全管理措置、苦情処理の方法、その内容を公表しなければならない。
- 事業者が匿名加工情報を自ら利用する場合は、その個人情報に関わる本人を識別する目的で他の情報と照合することを行ってはならない。
- 事業者が匿名加工情報を作成して第三者に提供する場合は、匿名加工情報に含まれる項目およびその提供の方法を公表しなければならない。

アドバイス

経済産業省が公表している「カメラ画像利活用ガイドブック」では、画像データの収集時や収集した画像データを扱う際に配慮すべき項目を中心に、事例を交えて基準を示しています。このようなガイドライン自体に強制力はありませんが、各業界・業態でガイドラインに準じたルールの設定が望まれています。

AI開発するにあたって、法令の遵守ばかりに目を向けていてはいけません。法令による規制がクリアになっても、倫理的・社会通念的に問題がないか考える必要があります。この問題を検討する際に、ELSIが1つのキーワードとなっています。ELSIとは、倫理的・法的・社会的課題(Ethical, Legal and Social Issues)の略で、3つの課題を総合的に考えるように促しています。元々は生命科学の用語でしたが、後に先端科学技術研究全般に広く用いられるようになりました。ELSIを研究するための新たな組織を作った大学も増えており、ELSIに関心が高まっていることがわかります。

5.4.2 開発・学習環境の準備

AI開発で使われるプログラミング言語の中で、最もよく使われるのはPythonです。PythonはAI開発以外にもアプリケーション開発やWebシステム開発などで幅広く利用されており、読みやすさとわかりやすさを重視したプログラミング言語です。機械学習に関するライブラリ（プログラムに機能を追加するための便利なシステム群）が多数あり、実装済みのコードもオープンソースとして多数公開されています。

実際に開発を進める中で、複数人で作業を行ったり、他者のコードを利用する場合、Pythonやライブラリのバージョンを合わせる必要があります。バージョンが食い違うことにより思わぬ不具合に繋がるため、開発開始時に使用するバージョンを定めておくとよいでしょう。また、複数のプロジェクトを受け持つ際はこのようなバージョン管理が煩雑になりがちです。このような場合は、Dockerなどの仮想環境を構築するツールを活用し、コンピュータのOSに依存することなく環境構築を一貫させる工夫が必要となります。

Pythonコードを作成する開発環境には2種類あります。1つ目はIDE（統合開発環境）です。これは、ソフトウェア開発で利用される様々なソフトウェアと、その他の支援ツールなどをまとめて1つの開発環境で統合的に扱えるようにしたものです。2つ目はJupyter Notebookで、ブラウザ上でコードの作成や実行、管理を行うことができます。また、開発効率を上げるためにオープンソースのライブラリが使われます。代表的なものとして、効率的に数値計算をするNumpyや、データ解析を支援するPandas、機械学習のアルゴリズムを数多く備えているscikit-learnがあります。

5.4.3 アルゴリズムの設計・調整

予測結果の性能を向上させるためにアルゴリズムを検証したり、ハイパーパラメータなどを調整します。この他にも様々な工夫を重ねて精度の向上を目指しますが、長い期間をかけてようやく数パーセントしか向上しないこともあります。ビジネスにおいて目標とする精度とコストのバランスを考える必要があります。

また、層が深く複雑なアルゴリズムは表現力が高くなる傾向もありますが、開発者ですら予測結果を説明できなくなるという問題もあります。これをブラックボックス問題と呼びます。予測結果が重大な問題を引き起こす場合は説明責任が求められます。そのため、なぜそのような結果になったのか、AIの学習過程や構造を人が理解し、説明できるモデルにするなど、説明可能なAI（XAI）（4.8.2参照）について配慮が必要です。

ユーザーに対して、そのユーザーの嗜好に合うおすすめコンテンツを提供するサービスでも、あるリスクが指摘されています。それは「インターネット上で泡（バブル）の中に包まれたように、自分の見たい情報しか見えなくなる」リスクであり、一般にフィルターバブル現象と呼ばれています。ユーザーの嗜好への最適化が進むほど、そのユーザーが好まないと思われる情報に接する機会が失われるリスクがあります。

これらのような問題に取り組むために、FAT（Fairness, Accountability, and Transparency）と呼ばれる公平性、説明責任および透明性を検討する研究領域やコミュニティがあります。例えば、米国コンピューター学会（ACM）は、アルゴリズムにおけるFATを議論する学際会議「ACM FAT」を主催しており、ここではコンピュータサイエンス、法学、社会科学、人文科学の様々な分野の問題を調査し、解決策を探るための議論が行われています。

5.4.4 現場でコンセプト検証（PoC）を行う

段階的に開発を進めていき、完成したモデルの精度が目標に到達しているか確認します。1度目の挑戦で目標を達成していることは稀（まれ）で、精度を上げるために何度もプロセスを繰り返し、必要ならばデータ収集からやり直すこともあります。このように工夫を重ね、アイデアを試しながら実験的にプロセスを繰り返すことを「コンセプト検証（PoC）を行う」といいます。

AI開発の不確実性の低減のために、今後もPoCのような検証型アプローチの必要性は高まると考えられます。これまで述べてきたような開発目的や計画がしっかりと設定できていないと、PoCが有効に機能しない恐れがあるので注意が必要です。

5.5 デプロイ・運用

すべての開発段階を踏み、PoC を乗り越えることができたら、いよいよ本番環境での実装と運用となります。運用に際して重要になってくる法令や、セキュリティについて確認していきます。

5.5.1 成果物の権利

収集したデータや学習済みモデルは、条件を満たせば知的財産として保護されます。**表 5.3** にそれらの主なものである「特許権」「著作権」「不正競争防止法」についてまとめました。AI の作成や利活用をする際にも十分な注意が必要です。

表 5.3 AI に関する知的財産権の整理

	データ	学習用データセット	学習	学習済みモデル	学習済みパラメータ
特許法	×	×	○	○	×
			特許法上の要件を満たした場合	左と同じ	
著作権法	△	○	○	○	×
	著作物性がある場合	情報の選択・体系的な構成がされている場合、データベースの著作物に該当する	学習を行うプログラムのソースコード部分を対象とする	予測を行うプログラムのソースコード部分を対象とする	
不正競争防止法	○	○	○	○	○
	「営業秘密」や「限定提供データ」に該当する場合	左と同じ	左と同じ	左と同じ	左と同じ

○ 可能性がある　△ 可能性が低い　× 可能性がない

● 特許権

「発明」といえるような、従来には無い独自性の高いものについては特許法により保護を受けることができます。「発明」とは、特許法の中で「発明とは自然法則を利用した技術的思想の創作のうち高度のものをいう」と定義されています。**表5.3**の「データ」・「学習用データセット」は単に収集したデータやその集計したものに過ぎないため、発明には該当しません。また「学習済みパラメータ」についてもモデルの学習時に自動的に計算される値であるため、創作性はないと解釈され、同じく発明に該当しない可能性が低いです。特許を受けることができる発明者について以下にまとめます。

- 特許法上、人工知能（AI）が発明者となることはない。
- 株式会社等の法人が発明者となることはない。
- 複数人の共同作業によりプログラムを発明した場合、その全員が発明者となることができる。
- 発明者でなくても、特許出願ができる場合がある。

著作権

著作権を認められるには、作成物に創作性があることが肝心です。ただ網羅的にデータを集めただけでは創作的といえず、著作物にはあたりません。しかし、データの集合体が全体としてデータベースの著作物として保護される可能性があります。

さて、AIの創作物に関する著作権の適用範囲について説明します。まず、AIが関与せず人によって創作されたものは、もちろん著作権保護の対象となります。また、人がAIを道具として使って生み出された創作物も著作権保護の対象となります。しかし、AIのみによって創作されたものは著作権保護の対象となりません。例外として、この創作物を市場へ提供して一定の価値などが生じた場合は、著作権保護の対象となる可能性があります。

不正競争防止法

不正競争防止法は、データ利用に関する法令の1つとして紹介しました（5.3.2参照）。知的財産権に直接関係する法令ではありませんが、営業秘密と限定提供データに該当する場合は損害賠償などの対象となるため、知的財産権と絡めて**表5.3**に加えました。対象物が条件に当てはまる場合は、必要に応じて暗号化や難読化などの処理を施し、秘密管理を行う必要があることを覚えておきましょう。

なお、営業秘密はこれまで説明した法令では保護しきれない場合もあります。学習済みモデルは、派生モデルや蒸留モデルを生成することが可能です。派生モデルは、元のモデルに新たなデータを用いて更に学習することで得られます。また、蒸留モデルは元のモデルの入力と出力のみを用いて生成されます。これらは元のモデルとはまったく違う形式になっており、元のモデルとの関連性はありません。つまり、ある学習済みモデルを知的財産として保護したとしても、当該モデルを元に派生モデルや蒸留モデルが生成されてしまった場合、元のモデルとの関連性が立証できず、不正競争防止法でも保護が及ばないという問題があります。

5.5.2 AIの創作物の権利

データ収集の段階でもデータの利用条件について確認しましたが、運用段階に移る際に再確認するようにしましょう。収集した時と利用条件が異なるデータは、特に注意が必要です。

EU一般データ保護規則(以下、GDPR)は、2018年5月に運用が開始されました。GDPRは、EU域内の個人データやプライバシーの保護に関して規定しています。規定の中にはデータの利活用と保護の両立を目指し、収集・蓄積したデータを他のサービスで再利用できるようにデータポータビリティの権利が定められています。この規定はEU域内の事業者だけでなく、EU域外の日本の事業者がEU向けにサービスを提供する場合にも適用されます。特定の国や地域が個人情報について十分な保護水準を確保しているとEUによって認められることを「十分性認定」といい、2019年1月に日本も十分性認定を受けることに合意しました。

アドバイス

GDPRは、欧州議会、欧州理事会および欧州委員会が策定した個人情報保護の法令です。ビックデータの活用やグローバル化が進んだことから、EU加盟国共通の法規則として、以前の「EUデータ保護指令」に代わり発効されました。GDPRでは個人の名前や住所、クレジットカード情報、メールアドレスだけでなく、位置情報やCookie情報も個人情報と見なしています。

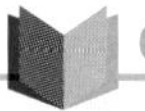
COLUMN

優越的地位の濫用

2019年12月、公正取引委員会は、デジタル・プラットフォーム事業者の取引規制に関する基本的な考え方を示したガイドラインを発表しました。そこでは、ユーザーがそのデジタル・プラットフォームを利用せざるを得ないことにつけこんで、ユーザーが本来望まない条件下で個人データを提供するように仕向けることはユーザーの不利益となり、優越的地位の濫用にあたるとしています。その他にも、同業他社との公正な競争を阻害するものであるとの見解を示しました。

5.5.3 セキュリティ対策

従来のシステムと同様に、AIシステムにもセキュリティ対策を講じる必要があります。システムが受ける攻撃として、システムへの不正アクセスによってデータやモデルを改変されたり、盗み取られたりすることが考えられます。このような従来のシステムと同様の手段で受ける攻撃の他に、AIシステム特有の攻撃手段である敵対的な攻撃（Adversarial Attacks）があります。これはモデルへの入力データに細工をすることによってモデルに不適切な出力をさせるというもので、AIが認識を誤るように、人間では認識できないようなノイズをデータに加えます。このようなAIを騙すように作られたデータのことを敵対的サンプル（Adversarial Examples）と呼びます。

また、AIを使って精巧に合成されたディープフェイクと呼ばれる偽映像が、デマや犯罪に利用されているとして社会問題となり、近年話題になっています。ディープフェイクは、ディープラーニングとフェイクを組み合わせた造語で、主にGAN（4.3.3参照）の技術が使われています。技術の進歩により偽の文字情報だけでなく、偽の画像や映像を使ったフェイクニュースが広まり、問題が深刻化しています。システムやデータを守るだけでなく、システムを悪用されないためのセキュリティ対策が重要です。

5.5.4 予期しない振る舞いへの対処

AIシステム運用の際には、AIが予期しない振る舞いをした場合にどのように対処するのか、あらかじめ決めておく必要があります。例えば、AIが誤った判断をしても、人が確認するプロセスを追加することで、問題を未然に防ぐことができます。

AIが予期しない振る舞いをする原因の1つとして、アルゴリズムバイアスが含まれることが考えられます。アルゴリズムバイアスとは、偏ったデータをモデルに与えてしまうことにより、AIのアルゴリズムも偏った結果を学習してしまうことをいいます。実際に、人種や性別によって不利な判断を下してしまった事例が複数あります。このことからも、AIだけに頼った判断は危険であることがわかります。

● AIの予期せぬ振る舞い

Microsoft社が公開したチャットボットシステムのTay（テイ）は、人種差別的、性差別的な偏見を持つ発言をし、サービス開始から16時間後にシステムが停止されました。また、Google社のサービスであるGoogle Photosでは、アップロードされた写真に写っていた黒人女性に「ゴリラ」とタグ付けをした事件がありました。これは、タグ付けの作業に問題があったため発生したことですが、このような事態を起こさないために、データ作成には注意を払う必要があります。

このようなAIの予期せぬ振る舞いについてのニュースは試験問題に出やすいジャンルです。代表例であるTayやGoogle Photosの例はもちろん、最新のニュースにも目を通すようにしましょう。

アドバイス

現行のAIは、常識や抽象的な概念を理解していません。「Garbage in, garbage out（ガラクタを入れればガラクタが出てくる）」という表現があります。AIは偏った学習をすれば、偏った答えしか導き出せないのです。

5.6 企業の危機管理体制

これまでは想定される危機に対処するためのリスク・マネジメントを学んできましたが、ここでは危機を最小限に抑え、速やかに復旧を目指すためのクライシス・マネジメント（危機管理）について説明します。まずは危機に備えた体制整備のために、コーポレート・ガバナンスと呼ばれる、公正な判断・運営がなされるように監視・統制する仕組みを確保します。また内部統制と呼ばれる、企業が健全な事業活動を続けるための社内ルールや仕組みの更新を進めます。

近年、提供しているAIシステムに問題が発生したり、ユーザーがシステムに対して誤解や失望することで炎上が起こることがあります。その反面、AIは関心を高めやすく過剰に期待されやすいため、炎上につながる場合も多々あります。これまでに述べたように、データやアルゴリズムの偏りによる炎上を防ぐためには、開発者自身が偏見を捨て、ダイバーシティ（多様性）やインクリュージョン（包括性）について理解を深める必要があります。もし、これまでのAIシステムに偏りがある場合、その偏りを十分に認識し、AIに対する透明性や説明責任を強化しなければなりません。

シリアス・ゲームという、純粋な娯楽のためではなく社会課題の解決を目的として作られたコンピュータゲームがあります。環境問題や医療問題、自然災害などの現実の世界で起こり得るシリアスな問題を、ゲームを通じて考えることで、炎上を起こさないような倫理観を養うことができます。こういった人材育成にゲームの力が効果を発揮するのではないかと考えられています。

5.6.1 有事への対応

炎上の広がり方として、ソーシャルメディアを使った口コミの拡散によるものが急増しています。ソーシャルメディアでの炎上をマスメディアが報道することで、より炎上が広がるケースも多々あります。これによって憶測や風評被害など、誤った情報が更なる危機を招く場合もあります。危機の種類と緊急レベルに応じた危機管理マニュアルを整備しておくことが望ましいといえます。

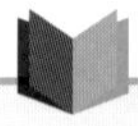

COLUMN

AI と安全保障・軍事技術

2015 年度の国際人工知能会議（IJCAI）で、自律型兵器（Autonomous Weapons Systems：AWS）の開発の禁止を求める書簡が公開され、多くの AI・ロボティクス等の関係者が署名をしました。2017 年にも同様の書簡が公開され、署名が呼びかけられました。書簡では、人工知能技術が自律型兵器に応用されることを懸念し、自律型致死性兵器システム（Lethal Autonomous Weapons Systems：LAWS）が戦争の第 3 革命を引き起こすことを警告しています。

LAWS に対する日本の考えは「完全自律型の致死性を有する兵器を開発しないという立場」を示しています。国際社会に対して共通認識が得られるよう議論を深めていき、国際的なルール作りに参加していく方針です。

以下の公開書簡も目を通しておくとよいでしょう。

公開書簡（英文）：https://futureoflife.org/autonomous-weapons-open-letter-2017/

5.6.2　社会との対話・対応のアピール

これまでの危機管理と問題への対策をただ行うだけでは、対策が十分とはいえません。社会に対して実施状況を公開することで、透明性を保ち、説明責任を果たすことができるのです。このような実施状況などの情報をまとめたものを**透明性レポート**と呼び、個別の企業や団体が Web で公開しています。個人情報を扱う企業の Web サイトなどでは、ユーザーの個人情報について政府機関などからの情報開示請求や、削除請求の件数とその対応を統計とした情報を閲覧することができます。

5.6.3 指針の作成と議論の継続

現在多くの国や企業、学術団体などがAIに関する倫理指針や規制のためのガイドラインを検討・策定しています。

2019年3月に日本政府は、AIを社会で活用するために、「人間の尊重」「多様性」「持続可能」の3つを基本理念とする「人間中心のAI社会原則」を示しています(**表5.4**)。

表5.4　人間中心のAI社会原則

原則	内容
人間中心の原則	AIは人間の能力や創造性を拡大することができる。
教育・リテラシーの原則	社会的に正しくAIを利用するための知識と倫理を持つ。
プライバシー確保の原則	個人の自由、尊厳、平等が侵害されない。
セキュリティ確保の原則	安全性および持続可能性が向上するよう努める。
公正競争確保の原則	不正なデータの収集や主権の侵害が行われない社会であること。
公平性、説明責任及び透明性の原則(FAT：Fairness, Accountability, Transparency)	不当な差別をされることなく、すべての人々が公平に扱われなければならない。
イノベーションの原則	国際化・多様化と産学官民連携を推進する。

出典から要約：https://www.mhlw.go.jp/content/10601000/000502267.pdf

また、人工知能学会の倫理委員会は2017年2月に「人工知能学会　倫理指針」を示しています(**表5.5**)。併せて確認しておくとよいでしょう。

表5.5　人工知能学会　倫理指針

指針	内容
人類への貢献	基本的人権と尊厳を守り、文化の多様性を尊重する。
法規制の遵守	研究開発に関する法規制、知的財産、他社との合意や契約を尊重する。
他者のプライバシーの尊重	他者のプライバシーを尊重し、個人情報を適正に取り扱う。
公平性	不公平をもたらす可能性を認識し、開発により差別を行わないよう留意する。
安全性	安全性と制御可能性、機密性に留意し、利用者に対して情報提供と注意喚起を行う。
誠実な振る舞い	社会に対して誠実で信頼されるよう、AIに関して真摯に説明する。
社会に対する責任	AIがもたらす結果を検証し、潜在的な危険性には警鐘を鳴らす。 AIが意図せず他者に危害を加える可能性を認識し、悪用への防止策をとる。

社会との対話と自己研鑽	人工知能に関する社会的な理解が深まるように努め、専門家として社会の平和と幸福に貢献する。絶えず自己研鑽に努め、同時にそれを望むものを支援する。
人工知能への倫理遵守の要請	人工知能が社会の一部となるためには、会員と同等に倫理指針を厳守しなければならない。

出典から要約：http://ai-elsi.org/wp-content/uploads/2017/02/ 人工知能学会倫理指針 .pdf

海外の国や組織が公開している原則やガイドラインを**表 5.6** にまとめます。

表 5.6　海外の国や組織が公開している原則・ガイドライン一覧

年月	国・組織・団体名	実施内容
2019 年 3 月	米国電気電子学会 (IEEE)	倫理思想を具体的な技術に落とし込むための「倫理的に調和された設計」を公開。
2019 年 4 月	欧州委員会	「信頼性を備えた AI のための倫理ガイドライン」を公開。
2019 年 5 月	中国	「北京 AI 原則」を公開。
2020 年 1 月	アメリカ	民間部門における AI 技術の開発等に関する 10 項目の原則を公開。
2020 年 2 月	欧州委員会	「AI 白書」を公開。

上表以外に民間企業で構成される団体としては、Amazon 社、Google 社、Meta 社（旧 Facebook 社）、IBM 社、Microsoft 社などアメリカの IT 企業を中心として、安全性や AI における公平性、透明性、責任などへの取り組みを「信条」としている Partnership on AI が組織されました。

また、Future of Life Institute という NPO 法人が、AI の研究課題・倫理と価値・長期的な課題などに触れた、23 項目からなる「アシロマ AI 原則」が公開されています。

● 信頼できる AI の条件

欧州委員会が公開する「信頼性を備えた AI のための倫理ガイドライン」では、信頼できる AI は合法的で倫理的、堅固であるべきとし、その条件として以下の 7 つの要件を挙げています（**表 5.7**）。

表 5.7 信頼できる AI の 7 つの要件

要件	概要
1. 人間の活動 (human agency) と監視	AI は、人間の活動と基本的人権を支援することで公平な社会を可能とすべきで、人間の主体性を低下させたり、限定・誤導したりすべきではない。
2. 堅固性と安全性	信頼できる AI には、全ライフサイクルを通じて、エラーや矛盾に対処し得る安全かつ確実、堅固なアルゴリズムが必要である。
3. プライバシーとデータのガバナンス	市民が自身に関するデータを完全に管理し、これらのデータが市民を害し、差別するために用いられることがないようにすべきである。
4. 透明性	AI システムのデータの処理のされ方などを追跡可能にする。
5. 多様性・非差別・公平性	AI は、人間の能力・技能・要求の全分野を考慮し、アクセスしやすいものとすべきである。
6. 社会・環境福祉	AI は、社会をより良くし、持続可能性と環境に対する責任を向上するために利用すべきである。
7. 説明責任	AI と AI により得られる結果について、責任と説明責任を果たすための仕組みを導入すべきである。

この 7 要件については度々試験で問われますので、確認しておきましょう。

5

第 5 章まとめ

第 1 章から第 4 章までで学んできた技術的な知識に対して、第 5 章ではAI をビジネスに活用する際に必要なことを学びました。AI 開発を進める方法や、開発に際して必要となる外部との連携および契約、AI 開発全体を通して気をつけるべき法令や倫理的問題など、AI を実社会で活用するために欠かせない事項ばかりです。

開発計画を立てる
- 解決すべきビジネス課題を明確にする。
- AI 導入を見越して既存業務フローを見直す。
- AI サービスの提供形態を検討する。
- 開発チーム体制を整える。
- 計画段階から法令・倫理を意識する。

データ収集
- データの利用規約を確認し、収集方法を決定する。
- 法令に基づくデータ利用規制を確認する。
- データの特性や偏りに注意する。
- 指針を参考に外部との連携を検討する。

モデリング
- データの前処理とアノテーションを実施する。
- 法令に基づくデータ加工方法を確認する。
- モデリングに必要なツールを準備する。
- 社会的問題に配慮したアルゴリズムを設計する。
- アルゴリズムが有効かどうかモデルの精度を評価する。

デプロイ運用
- 各開発段階で得られた成果物の権利を確認する。
- AI システムへの攻撃と、AI システムが悪用される可能性を認識し対策を立てる。
- AI の予期せぬ振る舞いから起こる問題を未然に防ぐ対策を立てる。

図 5.3　AI 開発におけるフローと各注意事項

企業の危機管理体制
- 危機が起きたときに被害を最小限に抑え、迅速な復旧を目指すための危機管理体制を整える。
- 危機の種類と段階に即した対処を考える。
- 透明性を保ち、社会に対する説明責任を果たす。
- 国や団体が公表する指針や現在も続く議論の結果を土台として AI のビジネス活用を行う。

図 5.4　AI 開発に携わる企業に求められる危機管理体制

本章で扱ったような AI に関する情報は日々更新されるため、意識してアンテナをはる必要があります。試験での出題数も増えています。試験対策としてだけでなく、AI を活用する上で、AI が引き起こす事故や倫理問題など、AI のデメリットにも注意を向けるようにしましょう。

章末問題

▶ 問題 1

ビジネス課題解決に AI やディープラーニングを取り入れる際に注意すべきこととして、最も適切な選択肢を 1 つ選べ。

① AI やディープラーニングは最新手法ほど精度が高く扱いやすいので、最高性能を達成した手法のみを利用して課題に取り組む方が良い
② 開発途中にデータを追加するとモデルを構築し直さなければならないので、最初に収集したデータのみで開発を進める
③ 取り組むべき課題を決定してから、AI やディープラーニングを使わない手法を含めて検討しながら適切な手法を選択すべきである
④ AI やディープラーニングは様々なビジネス課題に対応できるので、他の手法を検討する必要はない

解説

すべてのビジネス課題に AI やディープラーニングが適しているわけではなく、あくまでも手段の 1 つと考えましょう。AI の特性や、導入するメリット・デメリットも知った上で検討する必要があります。また、最新手法が必ずしも有効というわけではなく、課題によって適した手法を選定します。データは継続的に収集・蓄積して、運用しながら予測精度を上げていきます。

▶ 問題 2

MLOps についての説明として、最も適切な選択肢を 1 つ選べ。

① MLOps は、AI の実装から本番環境導入、運用までのライフサイクルを円滑に進めるための概念であるが、標準的なプロセスの定義はされていない
② MLOps は、Machine Learning と Opinions とを合成した造語で、AI 開発プロジェクトのプロセスモデルである
③ MLOps においては、各プロセスを少なくとも 1 回ずつ行うことが推奨されている

解答 1：③

④ MLOpsでは、プロジェクト全体においてモデルの作成・学習部分が非常に大きいことが示されている

解説

MLOps（Machine LearningとOperationsを合成した造語）は、機械学習モデルの実装から運用までのライフサイクルを円滑に進めるための管理体制であり、その概念でもあります。そのため標準的なプロセスは定義されていません。プロジェクト全体において、モデルの作成・学習すなわちMLOpsはほんの一部でしかありません。また、各プロセスを一度行うだけでは不十分で、継続してプロセスを回して、安定したシステムを維持することが大切です。

▶ 問題3

以下の文章を読み、空欄（ア）（イ）に最もよく当てはまる選択肢を1つ選べ。

経済産業省が公表している「AI・データの利用に関する契約ガイドライン」では（ア）段階において（イ）での契約を親和的としている。

① **（ア）** アセスメント　**（イ）** 秘密保持契約書等
② **（ア）** PoC　**（イ）** ソフトウェア開発契約書
③ **（ア）** 開発　**（イ）** 開発内容に適した形
④ **（ア）** 追加学習　**（イ）** 導入検証契約書

解説

アセスメント段階では秘密保持契約書等、PoC段階では導入検証契約書、開発段階ではソフトウェア開発契約書を締結します。追加学習段階では多様な契約が想定されるため、決まった形の契約はありません。

解答2：①　解答3：①

▶ 問題 4

欧州委員会が公開している「信頼性を備えた AI のための倫理ガイドライン」では、信頼できる AI は合法的で倫理的、堅固であるべきとし、その条件として 7 つの要件を挙げている。この要件に含まれない選択肢を 1 つ選べ。

① 多様性・非差別・公平性
② 説明責任
③ 機密性
④ 人間の活動 (human agency) と監視

解説

このガイドラインでは、信頼性を備えた AI の条件として「1. 人間の活動（human agency）と監視」「2. 堅固性と安全性」「3. プライバシーとデータのガバナンス」「4. 透明性」「5. 多様性・非差別・公平性」「6. 社会・環境福祉」「7. 説明責任」の 7 要素が挙げられています。

▶ 問題 5

以下の文章を読み、空欄に最もよく当てはまる選択肢を 1 つ選べ。

AI の精度が向上する一方で、AI の特性を突くような攻撃を受けることがある。人間には認識できないが、AI が認識を誤るようなノイズをデータに加えることで AI を騙すことができる。このような AI を騙すように作られたデータのことを(　)と呼ぶ。

① Adversarial Caution
② Adversarial Trick
③ Adversarial Examples
④ Adversarial Attacks

解答 4：③

解説

人間にはほとんどわからない小さなノイズを意図的に与えて作るデータを「敵対的サンプル（Adversarial Examples）」と呼びます。また、このAdversarial Examplesを用いてAIを騙す攻撃を「敵対的な攻撃（Adversarial Attacks）」と呼びます。

▶ 問題6

AIをビジネス活用する際のリスクや危機への予防や対処として、最も不適切な選択肢を1つ選べ。

① 予期しない振る舞いが致命的な事故を引き起こさないように、AIにのみ頼るのではなく人が確認・判断するプロセスも必要である
② コーポレート・ガバナンスや内部統制の更新を進める
③ 現場の担当者にもAIに関する教育を行い、AI活用により生じ得る危機に迅速に対処できるよう備える
④ 予期しない振る舞いに対処せずに済むよう、十分に体制を整え、技術の導入を行っておく

解説

AIが予期しない振る舞いを起こさないように対処することはもちろん重要ですが、事故が絶対に起きないと保証することは不可能です。それを踏まえ、事故が起きたあらゆる場合に備え、あらかじめ対処の方法を決定しておくことが肝心です。

解答5：③　解答6：④

模擬試験

G検定試験は、試験時間120分、220問程度の問題が出題されます。

ここでは、試験本番をイメージして、模擬試験問題を掲載いたします。「第0章　合格へのコツをつかもう」でも紹介していますが、試験の進め方やチェック機能など、G検定合格者のアドバイスを最大限に利用して、本番さながらの問題にチャレンジしてみてください。

G検定試験突破のカギは、繰り返し問題に慣れることでもあります。章末問題と模擬試験問題を繰り返すことで、試験前の総まとめとして実力をアップしてください。

回答用紙

問題	回答番号
1	
2	
3	
4	
5	
6	
7	
8	
9	
10	
11	
12	
13	
14	
15	
16	
17	
18	
19	
20	
21	
22	
23	
24	
25	
26	
27	
28	
29	
30	
31	
32	
33	
34	
35	
36	
37	
38	
39	
40	

問題	回答番号
41	
42	
43	
44	
45	
46	
47	
48	
49	
50	
51	
52	
53	
54	
55	
56	
57	
58	
59	
60	
61	
62	
63	
64	
65	
66	
67	
68	
69	
70	
71	
72	
73	
74	
75	
76	
77	
78	
79	
80	

問題	回答番号
81	
82	
83	
84	
85	
86	
87	
88	
89	
90	
91	
92	
93	
94	
95	
96	
97	
98	
99	
100	
101	
102	
103	
104	
105	
106	
107	
108	
109	
110	
111	
112	
113	
114	
115	
116	
117	
118	
119	
120	

問題	回答番号
121	
122	
123	
124	
125	
126	
127	
128	
129	
130	
131	
132	
133	
134	
135	
136	
137	
138	
139	
140	
141	
142	
143	
144	
145	
146	
147	
148	
149	
150	
151	
152	
153	
154	
155	
156	
157	
158	
159	
160	

問題	回答番号
161	
162	
163	
164	
165	
166	
167	
168	
169	
170	
171	
172	
173	
174	
175	
176	
177	
178	
179	
180	
181	
182	
183	
184	
185	
186	
187	
188	
189	
190	
191	

模擬試験の問題

▶ 問題 1

初めて人工知能 (Artificial Intelligence) という言葉が使われた場面として、最も適切な選択肢を 1 つ選べ。

① ダートマス会議
② ILSVRC
③ アメリカ人工知能学会
④ ICML

▶ 問題 2

シンボルグラウンディング問題におけるアプローチである「身体性」の考え方として、最も適切な選択肢を 1 つ選べ。

① 扱う情報量がネックとなる問題
② 無意識の偏見がアルゴリズムに影響を及ぼす問題
③ 人間のような情報の取捨選択が AI には難しいという問題
④ 外界と相互作用できる身体がなければ、概念は捉えきれないという問題

▶ 問題 3

シリアス・ゲームの説明として、最も適切な選択肢を 1 つ選べ。

① 社会問題の解決を目的として作られたコンピュータゲーム
② 対戦相手が AI か人なのかわからない対戦型コンピュータゲーム
③ AI によって考えられたストーリーに沿って作られたコンピュータゲーム
④ AI によって引き起こされる可能性のある問題を題材としたコンピュータゲーム

▶ 問題 4

以下の文章を読み、空欄に最もよく当てはまる選択肢を 1 つ選べ。

コンピュータによる画像中の物体認識の精度を競う国際コンテスト ILSVRC にて、2015 年に Microsoft 社が開発し、人間に勝るとも劣らない認識率を示したと報告

され大きな話題となったResNetは、ある層に与えられた信号をそれよりも上位の層の出力に追加する（　）によって、100層以上のネットワークが構成できるようになり、更に精度が向上することになった。

① スキップ結合
② シンプル結合
③ ランダム結合
④ ステップ結合

▶ 問題5

以下の文章を読み、(ア)～(エ)に当てはまる用語の組み合わせとして、最も適切な選択肢を1つ選べ。

強化学習において**(ア)**はQ値を期待値の見積もりで更新し、**(イ)**は実際に行動した結果でQ値を更新する。**(ウ)**は報酬が得られるまで行動してQ値を更新せず、報酬が得られたら更新する。**(エ)**はAlphaGoで採用されている。

① **(ア)** Q学習　**(イ)** モンテカルロ法
　(ウ) SARSA　**(エ)** Q学習
② **(ア)** Q学習　**(イ)** SARSA
　(ウ) モンテカルロ法　**(エ)** モンテカルロ法
③ **(ア)** モンテカルロ法　**(イ)** Q学習
　(ウ) SARSA　**(エ)** モンテカルロ法
④ **(ア)** SARSA　**(イ)** Q学習
　(ウ) モンテカルロ法　**(エ)** Q学習

▶ 問題6

LSTMはリカレントニューラルネットワーク(RNN)の持つある問題点を解決している。この問題点として最も適切な選択肢を1つ選べ。

① 長い時系列データは扱えない
② 計算時間が長すぎる
③ 誤差逆伝播法が使えない

④ 勾配降下法が使えない

▶ 問題 7

音声はアナログデータであり、アナログデータである連続データを直接取り扱うことはできないので音声信号を離散データへ変換する必要がある。アナログ音声を特徴量に変換する流れの説明として、最も不適切な選択肢を 1 つ選べ。

① 音声はパルス符号変調という方法で標本化・量子化・符号化され、デジタルデータに変換される
② 標本化とは連続的な音声データを一定期間ごとに区切ること
③ 量子化とは一定期間で切り出された振幅値を、離散的な振幅値に近似すること
④ 符号化とは離散的な振幅値を 0 から 1 の間の数値で表す符号に変換すること

▶ 問題 8

データの量やコンピュータの記憶装置の大きさを表す単位を小さい順に並べたものとして、最も適切な選択肢を 1 つ選べ。

① 1YB (ヨタバイト)　1PB (ペタバイト)　1EB (エクサバイト)　1ZB (ゼッタバイト)
② 1PB (ペタバイト)　1EB (エクサバイト)　1ZB (ゼッタバイト)　1YB (ヨタバイト)
③ 1EB (エクサバイト)　1ZB (ゼッタバイト)　1YB (ヨタバイト)　1PB (ペタバイト)
④ 1ZB (ゼッタバイト)　1YB (ヨタバイト)　1PB (ペタバイト)　1EB (エクサバイト)

▶ 問題 9

経済産業省が定めた「AI・データの利用に関する契約ガイドライン」では、開発プロセスを 4 つの段階に分けている。段階ごとに AI 技術によって自らの目的を実現することができるか否かや、次の段階に進むか否かについて検討しながら、それらの検証と当事者相互の確認を行い、段階的に開発を進めていく。この開発方式の名称として、最も適切な選択肢を 1 つ選べ。

①「試験的段階型」の開発方式
②「調査的段階型」の開発方式
③「推論的段階型」の開発方式
④「探索的段階型」の開発方式

▶ 問題 10

ニューラルネットワークのモデルは、ノードが密に結合しており、そのノード間の重みが小さい箇所の接続を削除する、または影響の小さいノードを削除することでパラメータ数を削減する。この手法の名称として、最も適切な選択肢を 1 つ選べ。

① 次元削減
② プルーニング
③ ドロップアウト
④ ブースティング

▶ 問題 11

以下の文章を読み、空欄に最もよく当てはまる選択肢を 1 つ選べ。

身体の一部の特徴を電子計算機のために変換した符号、またはサービス利用や商品の購入に割り当てられ、あるいはカード等の書類に記載された、対象者ごとに割り振られる符号のいずれかに該当するものを個人情報保護法で（　）と定めている。

① 個人識別番号
② 個人特定番号
③ 個人識別符号
④ 個人特定符号

▶ 問題 12

AI によって創作されたものを知的財産制度の上でどのように取り扱うかという議論がある。AI による創作物に関する日本における知的財産制度上の取り扱いの説明として、最も適切な選択肢を 1 つ選べ。

① AI が創作物を生み出す過程において、人間による創作的寄与がある場合は著作権が認められる
② AI が創作物を生み出す過程において、人間による簡単な指示以上の関与があれば著作権が認められる
③ AI の創作物すべてに著作権は認められる
④ AI の創作物すべてに著作権は認められない

▶ 問題 13

複数の畳み込み層と全結合層を結合させた畳み込みニューラルネットワークを構築し、大量の画像を使って 50 種の犬を分類するモデルを学習させた。このモデルの全結合層を変更して 10 種類の犬を分類するように入れ替える場合、効率良く再学習させる方法として、最も適切な選択肢を 1 つ選べ。

① すべての層において再学習する
② 畳み込み層の一部の重みをランダムに選び、それらを再学習する
③ 畳み込み層のみ再学習する
④ 全結合層のみ再学習する

▶ 問題 14

オーバーサンプリングの説明として、最も適切な選択肢を 1 つ選べ。

① 不均衡データに対するアプローチの 1 つで、少数派のクラスのデータを多数派に合わせて水増しする手法
② 不均衡データに対するアプローチの 1 つで、多数派のクラスのデータを少数派の数に合うようにランダムに抽出する手法
③ 過学習に対するアプローチの 1 つで、誤差パラメータのノルムによる正則化項を加える方法
④ 過学習に対するアプローチの 1 つで、学習データを k 個に分割して k 回テストデータを入れ換える形で学習を進める方法

▶ 問題 15

多層パーセプトロンに関する説明として、最も不適切な選択肢を 1 つ選べ。

① 線形分離が可能なものしか学習できない
② 順伝播型ニューラルネットワークの 1 つであり、隠れ層を含む 3 層以上の層からなる
③ 誤差逆伝播法が考案されることによって、重みの更新が可能になった
④ シグモイド関数の微分が計算を重ねるごとに小さくなってしまう点から、勾配消失問題を抱えている

▶ 問題 16

回帰問題で米の収穫量を耕作地面積と降水量、日照時間から予測した。次の変数の中で説明変数として、最も不適切な選択肢を 1 つ選べ。

① 収穫量
② 耕作地面積
③ 降水量
④ 日照時間

▶ 問題 17

以下の文章を読み、空欄に最もよく当てはまる選択肢を 1 つ選べ。

データ群からあるデータ A を見逃さずに検出する保守的な検査モデルを組みたい。その場合、使用するのに相応しい評価指標は（　）である。

① 正解率
② 適合率
③ 再現率
④ 特異度

▶ 問題 18

機械翻訳に用いられる Seq2Seq に関する説明として、最も適切な選択肢を 1 つ選べ。

① 入力値と出力値の数が一致していなければならない
② 構造は Encoder-Decorder 型である
③ 機械翻訳のみに特化したモデルである
④ CNN と RNN を組み合わせて構築されている

▶ 問題 19

確率的勾配降下法の説明として、不適切な選択肢を 1 つ選べ。

① ランダムにデータを選び出して計算するため、計算リソースが少なく済む
② 最適化アルゴリズムの 1 つであり、比較的局所最適解に陥りにくい

③ デメリットとして並列計算が行えない点が挙げられる
④ 全体のデータから N 個のデータを取り出して計算するため、計算リソースが少なく済む

▶ 問題 20

不正競争防止法上の「営業秘密」の説明として、最も適切な選択肢を 1 つ選べ。

① 産業の発達に寄与するような重要な情報のみが、営業秘密として保護される
② 限定提供データは、営業秘密のみがその対象となる
③ 生産方法や販売方法に有用な技術上の情報も営業秘密になり得る
④ 社内の一部の人間によって営業秘密として管理されることが必要である

▶ 問題 21

RPA の説明として、最も適切な選択肢を 1 つ選べ。

① RPA と AI は同じ技術を指している
② ロボットによって単純な業務を自動化する
③ 製造現場で組み立てや搬送工程などを自動化する
④ 高度なプログラミングの知識が必要である

▶ 問題 22

以下の文章を読み、空欄に最もよく当てはまる選択肢を 1 つ選べ。

ビッグデータを用いることで、人工知能が自ら知識を獲得する機械学習が実用化された。更に（　）を自ら習得するディープラーニングが登場し、画像認識などのタスクにおいて人間の認知能力を超えるまでに至った。

① 特徴量
② バイアス
③ 一般常識
④ 新たなアルゴリズム

▶ 問題 23

第 2 次 AI ブームでは、知識をコンピュータに入れ込む研究が進められた。専門家のように振る舞うことができるエキスパートシステムの開発が進められたが、様々な理由からこのブームは下火となっていく。この原因の説明として、最も不適切な選択肢を 1 つ選べ。

① 変更や追加による矛盾など、膨大な知識の管理が現実的ではなかったため
② 専門家の知識を聞き取り、明文化する作業が困難であったため
③ 明確なルールがある単純なゲームにしか対応できなかったため
④ 曖昧な表現に対応できない弱点があったため

▶ 問題 24

ディープラーニングでは、損失関数の値が最も小さくなるようなパラメータを求める。このパラメータの試行錯誤を最適化と呼ぶ。最適化の手法として、最も不適切な選択肢を 1 つ選べ。

① Adam
② RandomizedReLU
③ MSGD
④ AdaGrad

▶ 問題 25

カーネルトリックの説明として、最も適切な選択肢を 1 つ選べ。

① スラック変数を導入してある程度の誤った分類を許容しながら、誤った分類にペナルティを設ける
② 非線形な問題に対応するために用いられ、データをより多次元な空間の点の集合に変換することによって線形分離を可能にする
③ 外れ値の影響を避けるために、正規分布に基づいて外れ値を除去する
④ ブートストラップサンプリングを用いてデータをランダムに抽出し、複数の線形分離を試行することで最も良い分類基準を探す

▶ 問題 26

AI の予期せぬ振る舞いによって問題が発生した際に、組織として迅速な初期対応ができるよう、具体的にどんな場合にどう対応するかを考えておく必要がある。対応の仕方についての説明として、最も適切な選択肢を 1 つ選べ。

① 危機には様々な種類や段階があるが、対応方法の基本は同じであるため、基本的な対応策を検討しておけば問題はない

② データやアルゴリズムの偏りによる炎上を防ぐためには、ユーザーにダイバーシティ（多様性）やインクリュージョン（包括性）について理解してもらえるよう説明する責任がある

③ AI は、関心を高めやすく、過剰な期待を持たれやすいことも炎上が起こる要因といえるため、システムに AI を活用していることを公表しないことが望ましい

④ 危機発生時の対応として、マスコミ対応だけでなく、SNS 対策や風評対策なども考慮することが必要な時代である。そのため迅速な情報発信は企業姿勢を社会に示す機会となる

▶ 問題 27

AI 開発で最もよく使われるプログラミング言語である Python の説明として、最も不適切な選択肢を 1 つ選べ。

① 処理速度が速いため、大規模なシステム開発などに適している

② 組み込みアプリ開発や Web サイト構築から、ディープラーニングまで幅広い分野で利用可能である

③ 少ないコード行数でわかりやすいソースコードを書くことができる

④ 数万に上るほど豊富なライブラリが公開されている

▶ 問題 28

自律型致死兵器システム（LAWS）の研究・開発をめぐる議論について 2019 年 4 月時点での状況の説明として、最も不適切な選択肢を 1 つ選べ。

① Google 社は、ドローン兵器利用に向けた「Project Maven」をアメリカ国防総省と共同で進めていたが、Google 社員による抗議活動を受けて AI 技術を兵器開発に使わないとする声明を発表した

② 2019年、国連の特定通常兵器使用禁止制限条約（CCW）の締約国は、兵器使用の判断には人間が責任を持つとするなどの国際指針を採択したが、法的拘束力はない
③ 日本政府はLAWSに関して現段階では検討中としており、明確な意思表明はしていない
④ NPO団体であるFuture of Life Instituteは、アシロマAI原則の項目の1つで、LAWSによる軍拡競争を避けるべきであるとする方針を明確にしている

▶ 問題29

k-means法におけるハイパーパラメータとして、最も適切な選択肢を1つ選べ。

① 重み
② バイアス
③ 平均二乗誤差
④ クラスタ数

▶ 問題30

透明性レポートに関する説明として、最も適切なものを1つ選べ。

① 透明性レポートとは、企業がユーザーの個人情報の利用目的や管理方法を文章にまとめて公表したものである
② 透明性レポートとは、多種多様な危機による被害を最小限に抑えて危機状態から脱出するための対応方法をあらかじめ決定し記載したものである
③ 透明性レポートとは、データやAI技術を利用するソフトウェアの開発・利用に関する契約を締結する際の契約上の主な論点、契約条項例等を記載したものである
④ 透明性レポートとは、ユーザーの個人情報について、政府機関などからの情報開示請求や削除請求の件数とその対応を統計として公表したものである

▶ 問題31

近年スマートスピーカーと呼ばれるデバイスは、人の声を認識し、それに合わせた応答をするというものである。これを実現する技術の1つとして音声合成が挙げられる。2016年にGoogle DeepMind社から発表された音声合成の手法の名称として、最も

適切な選択肢を 1 つ選べ。

① WaveNet
② HMM
③ AlexNet
④ FFT

▶ 問題 32

セマンティックセグメンテーションの説明として、最も適切な選択肢を 1 つ選べ。

① 画像の特徴を理解して何が写っているかを判断する
② 入力画像を説明する文章を自動生成する
③ 画像から対象物の位置をバウンディングボックスで特定する
④ 画像のピクセルごとにクラス分類を行う

▶ 問題 33

自然言語処理の前処理として、形態素解析やクレンジングがある。形態素解析による処理についての説明として、最も適切な選択肢を 1 つ選べ。

① 文章に含まれるノイズを除去する
② 意味を持つ最小単位に切り分ける
③ 表記ゆれを吸収し、単語を置き換える
④ 辞書を使って単語の表現を統一する

▶ 問題 34

画像のデータセットである MNIST に関する説明として、最も適切な選択肢を 1 つ選べ。

① 画像内に写っているオブジェクト 600 種に対してバウンディングボックスが付与されているデータセットである
② 0 から 9 までの手書き数字のモノクロ画像 7 万枚で構成されるデータセットである

③ T シャツやドレス、サンダルなど 10 種のファッション画像 7 万枚で構成されるデータセットである
④ 6 万枚の画像が、飛行機、自動車、鳥などの 10 種のクラスでラベリングされているデータセットである

▶ 問題 35

探索木が抱えている問題点として、最も適切な選択肢を 1 つ選べ。

① オセロやチェスの対戦は可能だが、迷路やパズルが不得意である
② 問題はなく、万能のアルゴリズムである
③ コンピュータで処理するには不向きである
④ 組み合わせが膨大になる際に探索しきれない

▶ 問題 36

説明可能 AI（XAI）の説明として、最も適切な選択肢を 1 つ選べ。

① 課題解決に適した AI を構築するために必要な前処理やアルゴリズムを説明可能にする技術
② 予測結果に至ったプロセスを人間が理解できるように説明可能にする技術
③ 複雑な長文であっても文章全体の意図や要点を説明可能にする技術
④ AI を構築するためのコードを説明可能にする技術

▶ 問題 37

自然言語処理で文章をベクトル表現することで、比較する 2 つの文章間の類似度を測ることができる。類似度の計算方法の 1 つであるコサイン類似度の性質として、最も適切な選択肢を 1 つ選べ。

① 2 つのベクトルを足し合わせることで求められる
② 距離と同じ概念で、2 つの類似度が高いほど 0 に近づく
③ -1 ～ 1 の値を取り、2 つの類似度が高いほど 1 に近づく
④ 2 つのベクトルをかけ合わせることで求められる

▶ 問題 38

以下の文章を読み、空欄に最もよく当てはまる選択肢を 1 つ選べ。

映像から物体検出を行う場合、一から学習をさせるのは困難であるため、パラメータの一部として事前に（　）の課題を学習させたモデルから結合係数を用いることがある。

① 画像認識
② 領域認識
③ 音声認識
④ パターン認識

▶ 問題 39

以下の文章を読み、空欄に最もよく当てはまる選択肢を 1 つ選べ。

個人情報取扱事業者は、第三者から個人情報を受領する場合、次の 2 点の確認を行わなければならない。

1. 当該第三者の氏名又は名称及び住所並びに法人にあってはその代表者の氏名
2. 当該第三者による当該個人データの（　）

① 管理の状況
② 取り扱いの内部規則
③ 取得の経緯
④ 管理の責任者

▶ 問題 40

活性化関数として ReLU 関数がディープラーニングでよく用いられるのはなぜか。理由として、最も適切な選択肢を 1 つ選べ。

① 出力が一定の範囲に収まるので後工程で特徴を計算しやすい
② 入力が負の場合も微分値が 0 にならないため、重みの更新が可能である
③ どの学習においても最も高い精度を出すことが可能である
④ 微分値が一定のため、勾配消失問題の対策として有用である

▶ 問題 41

DQN の説明として、最も適切な選択肢を 1 つ選べ。

① Google DeepMind 社によって開発され、モデルの一部を CNN で近似した手法
② GRU が内蔵されており、過去を考慮した時系列分析が可能である
③ 生成モデルの一種で入力画像にノイズを加える
④ 弱学習器を直列に繋げて前の学習器の結果を考慮し、次のモデルを学習する

▶ 問題 42

以下の文章を読み、(ア) ～ (ウ) に当てはまる用語の組み合わせとして、最も適切な選択肢を 1 つ選べ。

活性化関数の特徴として、**(ア)** は関数への入力値が 0 未満のときは 0、0 以上のときは 1 を返し、**(イ)** は関数への入力値を 0 から 1 の範囲の数値に変換する。**(ウ)** では出力の合計が 1 になるため、出力結果を確率として利用する場合がある。

① **(ア)** ReLU 関数　**(イ)** ソフトマックス関数　**(ウ)** ステップ関数
② **(ア)** ReLU 関数　**(イ)** シグモイド関数　**(ウ)** ソフトマックス関数
③ **(ア)** ランプ関数　**(イ)** シグモイド関数　**(ウ)** ステップ関数
④ **(ア)** シグモイド関数　**(イ)** ReLU 関数　**(ウ)** ソフトマックス関数

▶ 問題 43

機械学習におけるデータ拡張の目的として、最も不適切な選択肢を 1 つ選べ。

① 勾配消失の低減
② 未知のデータに対する汎化性能の向上
③ 過学習への対策
④ 学習データ数の水増し

▶ 問題 44

畳み込みニューラルネットワーク (CNN) の手法が提案された順番を、時系列で正しく並べたものとして、最も適切な選択肢を 1 つ選べ。

① GoogLeNet　ResNet　SegNet　AlexNet
② ResNet　SegNet　AlexNet　GoogLeNet
③ SegNet　AlexNet　GoogLeNet　ResNet
④ AlexNet　GoogLeNet　ResNet　SegNet

▶問題 45

ディープラーニングの最適化を行う際に、1 サンプルごとにパラメータの更新をする手法として、最も適切な選択肢を 1 つ選べ。

① オンライン学習
② ミニバッチ学習
③ マルチタスク学習
④ バッチ学習

▶問題 46

学習率の説明として、最も不適切な選択肢を 1 つ選べ。

① 学習率を大きくすると学習は収束しやすいが、オーバーシュートする可能性が上がる
② 最適化の手法として勾配によって学習率を変化させる RMSProp がある
③ 学習率は使用するモデルごとに決まった値がある
④ 学習率を低く設定すると、一般的に学習の収束は遅くなる

▶問題 47

TPU の説明として、最も適切な選択肢を 1 つ選べ。

① ノイマンアーキテクチャに基づく汎用プロセッサで、あらゆるコンピュータの心臓部として広く用いられている
② グラフィック処理や数値計算等で使用される専用メモリを備えた特殊なプロセッサである
③ GPU の演算資源を画像処理以外の目的に応用する技術のこと
④ ニューラルネットワークの計算に特化した行列演算専用として設計されたプロセッサである

▶ 問題 48

経済産業省より公表されている「カメラ画像利活用ガイドブック」によって提示されているデータ利用時の撮影対象者への留意点として、最も不適切な選択肢を 1 つ選べ。

① 対象者から把握できる形態で撮影目的を必ずカメラ本体に提示する
② 可能な限りの誠実な通知を行うことを前提としても、常に「撮影されたくない者への配慮」を行うことが求められる
③ 対象者が意図する範囲を超えた情報の取得が行われ、本人の想像しない情報が後日開示される可能性がある
④ 撮影側すら予想し得なかった情報が後の解析技術によって明らかになる可能性がある

▶ 問題 49

リカレントニューラルネットワーク (RNN) が内部にループ構造を持つ利点として、最も適切な選択肢を 1 つ選べ。

① 過学習を防ぐことができる
② 未来の情報を学習に活用できる
③ 過去の情報を一時的に記憶できる
④ データのノイズを除去できる

▶ 問題 50

勾配降下法において、誤差関数を最小化するように学習データを用いて計算を行い、それによりパラメータを更新することを繰り返す。このパラメータを更新する回数の名称として、最も適切な選択肢を 1 つ選べ。

① エポック数
② イテレーション数
③ ミニバッチサイズ
④ カーネルサイズ

▶ 問題 51

以下の文章を読み、(ア) (イ) に当てはまる用語の組み合わせとして、最も適切な選

択肢を 1 つ選べ。

ニューラルネットワークの学習の目的として **(ア)** の値を最小化するパラメータを見つけることがある。**(ア)** の代表的な例として **(イ)** が挙げられる。**(イ)** は線形回帰やニューラルネットワーク、決定木などの多様なモデルに用いられるが、外れ値に対して弱い面があるため前処理に注意が必要である。

① **(ア)** 損失関数　**(イ)** 平均絶対誤差
② **(ア)** 損失関数　**(イ)** 平均二乗誤差
③ **(ア)** 活性化関数　**(イ)** 交差エントロピー誤差
④ **(ア)** 活性化関数　**(イ)** 2 値クロスエントロピー

▶ 問題 52

以下の文章を読み、この説明文の手法の名称として、最も適切な選択肢を 1 つ選べ。

深層生成モデルの手法の 1 つで Encoder-Decoder 型をしている。Encoder において入力データを平均と分散で表現するよう学習し、Decoder でその統計分布からランダムに選んだデータを復元することで、新たなデータを生成する。

① AE
② VAE
③ GAN
④ StyleGAN

▶ 問題 53

Google 社が開発した機械学習に特化した集積回路の名称として、最も適切な選択肢を 1 つ選べ。

① GPU
② CPU
③ TPU
④ GPGPU

▶ 問題 54

最高気温とアイスクリームの売上の関係を調べるために、それぞれの値を散布図に示した。図を見る限り、2 つの値は直線的な相関関係が見られたため単回帰分析を行ったところ、下記のような結果が出た。

目的変数 y：1 日のアイスクリームの売上個数

説明変数 x：最高気温

傾き a：4

切片 b：5

この単回帰分析結果の解釈に関する説明として、最も適切な選択肢を 1 つ選べ。

① 最高気温が 1 度上がるごとにアイスクリームの売上個数が 20 個ほど増える
② 最高気温が 30 度の日のアイスクリームの売上個数は 125 個ほどと予測される
③ 最高気温が 2 倍になるとアイスクリームの売上個数は 3 倍になる
④ 最高気温が 15 度の日のアイスクリームの売上個数は 65 個の前後 5 個以内になる

▶ 問題 55

以下の文章を読み、空欄に最も当てはまる選択肢を 1 つ選べ。

自然言語処理において、単語と単語の関係に注意を向けながら学習し、予測する仕組みを（　）という。

① 自己符号化器 (Autoencoder)
② ボルツマンマシン (Boltzmann machine)
③ 単語埋め込み (Word embeddings)
④ 注意機構 (Attention mechanism)

▶ 問題 56

2017 年、Google によって開発された Transformer は、RNN に問題点があるため RNN を使わないモデルとして開発された。その問題点の説明として、最も適切な選択肢を 1 つ選べ。

① 過学習が起こりやすい

② 前処理工程が多すぎる
③ 並列処理ができない
④ モデルの可読性が低い

▶ 問題 57

収集したデータや学習済みモデルは、条件を満たせば知的財産として保護を受けられる。この保護に関する説明として、最も適切な選択肢を 1 つ選べ。

① 収集された生データは、特許権が認められる場合がある
② 学習用データセットは情報の単なる提示に該当するため、著作権は認められない
③ 学習済みモデルにより生成した創作物については、人間の関与の度合いによっては、著作物として著作権法上保護される
④ 不正競争防止法の営業秘密としての要件を満たした場合、学習用データセットは保護の対象となるが、生データは対象とならない

▶ 問題 58

畳み込みニューラルネットワーク（CNN）の発展形モデルで、ネットワークの深さ、幅、解像度を最適なバランスで調整し、画像認識において従来に比べてかなり少ないパラメータ数で高い精度を叩き出した手法として、最も適切な選択肢を 1 つ選べ。

① NASNet
② EfficientNet
③ SENet
④ DenseNet

▶ 問題 59

自然言語処理の用語である「意味解析」に関する説明として、最も適切な選択肢を 1 つ選べ。

① 単語間の係り受け関係を解析し、想定される関係のパターンを洗い出す処理
② 文章を最小の意味を持つ単語に区切り、単語それぞれの品詞を判別する処理
③ 複数の文にわたって単語間の係り受け関係を解析する処理
④ 係り受けのパターンの中から統計的に正しいパターンを判断する処理

▶ 問題 60

ディープラーニングが脚光を浴びるきっかけとなった ILSVRC では、数多くの有名なモデルが公表されてきた。優勝モデルが提案された順番を、時系列で正しく並べたものとして、最も適切な選択肢を 1 つ選べ。

① AlexNet　ZFNet　GoogLeNet　ResNet
② GoogLeNet　ZFNet　AlexNet　ResNet
③ ResNet　GoogLeNet　ZFNet　AlexNet
④ ZFNet　VGGNet　GoogLeNet　AlexNet

▶ 問題 61

GoogLeNet に関する説明として、最も適切な選択肢を 1 つ選べ。

① 複数の畳み込み層やプーリング層から構成される Inception モジュールを持つモデルである
② 畳み込み層のみを積み重ねた構造をしているモデルである
③ 福島邦彦によって発表されたモデルである
④ スキップ結合と呼ばれる層を飛び越えた結合を持つモデルである

▶ 問題 62

以下の文章を読み、(ア) ～ (エ) に当てはまる用語の組み合わせとして、最も適切な選択肢を 1 つ選べ。

ボードゲームをする AI の歴史は古く、チェス用機械 **(ア)** が史上初のゲーム AI とされる。この頃、AI が人に勝つことは難しかったが、1997 年 IBM 社が開発した AI **(イ)** は人間相手に勝利を収めた。将棋では 2013 年プロ棋士に初めて公の場で勝利した **(ウ)**、囲碁では 2016 年に、Google DeepMind 社が開発した AI **(エ)** がプロ棋士を下した。

① **(ア)** Deep Blue　**(イ)** El Ajedrecista
　(ウ) AlphaGO　**(エ)** Ponanza
② **(ア)** Deep Blue　**(イ)** El Ajedrecista
　(ウ) Ponanza　**(エ)** AlphaGO

③ (ア) El Ajedrecista　(イ) Deep Blue
　(ウ) Ponanza　(エ) AlphaGO
④ (ア) El Ajedrecista　(イ) Deep Blue
　(ウ) AlphaGO　(エ) Ponanza

▶ 問題 63

以下の文章を読み、(ア) (イ) に当てはまる用語の組み合わせとして、最も適切な選択肢を 1 つ選べ。

最適化問題を考えるとき、ディープラーニングではとても多くの次元を扱うため、ある次元から見ると最小値と見られる点であっても、別の次元から見ると最大値となる場合がある。このような点を (ア) という。また、(ア) のような箇所にはまり、学習が進まなくなることを (イ) という。

① (ア) 大域的最適解　(イ) 勾配消失
② (ア) 局所最適解　(イ) 過学習
③ (ア) 停留点　(イ) Underfitting
④ (ア) 鞍点　(イ) プラトー

▶ 問題 64

場合分けの手法として「探索木」を使用する際に、メモリへの負担を軽くしたいと考えた場合に適した手法として、最も適切な選択肢を 1 つ選べ。

① 幅優先探索
② 深さ優先探索
③ ヘビーウェイトオントロジー
④ ライトウェイトオントロジー

▶ 問題 65

OpenAI によって開発された自動文章生成モデルである GPT-2 は非常に高精度な文章を生成することができ、チャットボットやニュース生成など様々な応用が期待されていたが、一般に公開することは危険であると判断された。その理由として、最も不適切な選択肢を 1 つ選べ。

① スパムメールを大量に生成し、送信することができるため
② 実際には発言していない内容を発言しているように見せた動画が作れるため
③ 違和感のないフェイクニュースを生成し、SNS 上で拡散させることができるため
④ 他人に成りすまし、ソーシャルメディア上で偽の情報を発信できるため

▶ 問題 66

ディープラーニングにおいて必要なデータ量の目安を見積もるための経験則がある。この経験則の名称として、最も適切な選択肢を 1 つ選べ。

① バーニーおじさんのルール
② ノーフリーランチの定理
③ オッカムの剃刀
④ 赤池情報量基準

▶ 問題 67

以下の文章を読み、空欄に最も当てはまる選択肢を 1 つ選べ。

教師なし学習の手法である（　）は、データの集合を同じ特徴を持つ集団に分割する。例えばインターネット通販の購入履歴を（　）することでレコメンドシステムに活用することができる。

① クラスタリング
② 次元削減
③ 主成分分析
④ 線形分類

▶ 問題 68

個人情報取得の際の利用目的について個人情報保護法で定められていることとして、最も不適切な選択肢を 1 つ選べ。

① 利用目的をあらかじめ公表している場合を除き、速やかにその利用目的を本人に通知、または公表しなければならない。
② 途中で利用目的が変更になる場合、原則として事前に本人の同意を得る。加えて、

その利用目的を本人へ通知、または公表しなければならない

③ 利用目的の達成に必要な範囲内において、個人データを正確かつ最新の内容に保つとともに、個人情報を利用する必要がなくなった場合、データを遅延なく消去するよう努めなければならない

④ 利用目的の達成に必要な範囲を超えて個人情報を取り扱った場合は、速やかにその旨を本人に通知、または公表しなければならない

▶ 問題 69

以下の文章を読み、(ア)(イ)に当てはまる用語の組み合わせとして、最も適切な選択肢を 1 つ選べ。

過学習対策を取り入れた線形モデルとして、Lasso 回帰とリッジ回帰がある。前者は **(ア)**、後者は **(イ)** という手法を取り入れている。

① **(ア)** L1 正則化　**(イ)** L2 正則化
② **(ア)** L2 正則化　**(イ)** L1 正則化
③ **(ア)** 標準化　**(イ)** 正規化
④ **(ア)** 正規化　**(イ)** 標準化

▶ 問題 70

敵対的生成ネットワーク (GAN) はジェネレータとディスクリミネータで構成されている。敵対的生成ネットワークにおけるジェネレータの役割として、最も適切な選択肢を 1 つ選べ。

① ディスクリミネータが生成画像であると識別できないような画像を生成する
② ディスクリミネータが出力する識別値を入力として画像を生成する
③ ディスクリミネータが生成画像であると識別できるように識別値を出力する
④ ディスクリミネータが生成する画像を入力として画像を生成する

▶ 問題 71

長い間、音声認識を行うモデルとして隠れマルコフモデル (HMM) が標準的に使われてきた。HMM を使う利点として、最も適切な選択肢を 1 つ選べ。

① 学習処理が単純なため計算量が少ない
② 音素単位の認識を行うため、少量のサンプルで学習できる
③ 音声パターンの変動識別に統計的処理を必要としない
④ 音素単位で学習するため、様々な単語に対応できる

▶ 問題 72

音高の知覚的尺度として知られるメル尺度があるが、メル尺度への変換が必要とされる理由として、最も適切な選択肢を 1 つ選べ。

① 人間が知覚できる音の周波数領域には制限があるため
② 周波数値からは特徴量を分析するのが困難なため
③ 人間の知覚する音高は個人差が大きいため
④ 周波数の増加量と人間が知覚する音の高さは比例しないため

▶ 問題 73

リカレントニューラルネットワーク (RNN) で扱う課題として、最も不適切な選択肢を 1 つ選べ。

① 家賃の予測
② 株価の予測
③ 気温の予測
④ 売上の予測

▶ 問題 74

匿名加工情報に関する説明として、最も不適切な選択肢を 1 つ選べ。

① 匿名加工情報を作成した場合は、匿名加工情報に含まれる個人に関する情報の項目を公表しなければならない
② 匿名加工情報を作成した場合は、安全管理措置、苦情処理の方法に関する情報を秘密情報として管理しなければならない
③ 事業者が匿名加工情報を自ら利用する場合は、その個人情報に関わる本人を識別する目的で他の情報と照合することを行ってはならない
④ 事業者が匿名加工情報を作成して第三者に提供する場合は、匿名加工情報に含ま

れる項およびその提供の方法を公表しなければならない

▶ 問題 75

以下の文章を読み、空欄（ア）（イ）に当てはまる単語の組み合わせとして、最も適切な選択肢を 1 つ選べ。

AI 開発をする上で倫理的・社会通念的に問題を検討する際に、ELSI が 1 つのキーワードとなっている。ELSI の E は Ethics（倫理）、L は Legal（法律）、S は **（ア）**、I は Issues（課題）の略であり、E・L・S の 3 つの課題を総合的に考えるように促している。ELSI は、もともとは **（イ）** の用語であったが、後に先端科学技術研究全般に広く用いられるようになった。

① **（ア）** Social（社会）　**（イ）** 生命科学
② **（ア）** Social（社会）　**（イ）** 原子力工学
③ **（ア）** Science（科学）　**（イ）** 生命科学
④ **（ア）** Science（科学）　**（イ）** 原子力工学

▶ 問題 76

畳み込みニューラルネットワーク（CNN）において畳み込みの処理を行う前に、入力データの周囲を 0 などの固定の値で埋める処理の名称として、最も適切な選択肢を 1 つ選べ。

① ストライド
② パディング
③ バギング
④ プーリング

▶ 問題 77

ディープフェイクに関する説明として、最も不適切な選択肢を 1 つ選べ。

① ディープフェイクでは主に、教師なし学習の敵対的生成ネットワーク（GAN）が利用されている
② ディープフェイクとは、ディープラーニングを使って作られた偽動画によって名

誉棄損や詐欺などの犯罪行為に利用されることである
③ ディープフェイクはポルノの生成や詐欺に利用されるだけでなく、選挙などに関する虚偽の情報の流布にも用いられることから、民主主義上の脅威になり得ると考えられている。
④ ディープフェイクを検出するツールの開発が進められており、実際に偽動画を見破るツールや手法が公開されている

▶ 問題 78

画像データのテキスト部分を文字データとして変換を行いたい。この作業を行うための技術として、最も適している選択肢を 1 つ選べ。

① WaveNet
② GAN
③ YOLO
④ OCR

▶ 問題 79

機械学習モデルの汎化性能を上げるための工夫として、最も不適切な選択肢を 1 つ選べ。

① 画像データにランダムにノイズを入れる
② オーバーサンプリングを行う
③ カテゴリカルデータを数値に変換する
④ 様々な種類のデータをまんべんなく十分に収集する

▶ 問題 80

従来、人間が手探りで構築してきたディープニューラルネットワーク (DNN) を基本的なブロック構造を積み重ねて、ネットワークの構造そのものを探索する仕組みの名称として、最も適切な選択肢を 1 つ選べ。

① NAS
② VGG
③ GAP

④ DSC

▶ 問題 81

意味ネットワークの考え方である「part-of」の関係として、最も適切な選択肢を 1 つ選べ。

① 果物とバナナ
② 犬としっぽ
③ 鳥とスズメ
④ 乗り物と自動車

▶ 問題 82

決定木における剪定の説明として、最も適切な選択肢を 1 つ選べ。

① 複数の弱分類器から得た出力を多数決して最終の出力を決める手法
② データを多次元空間に変換することで線形分離を可能にする手法
③ 説明変数の相関を調べることで似通った説明変数を減らして多重共線性を防ぐ手法
④ モデルの汎用性を上げるために分岐の深さを制限する手法

▶ 問題 83

物体検出の説明として、最も適切な選択肢を 1 つ選べ。

① 画像から人などがどのような行動をしているか判断する
② 画像の特徴を理解して何が写っているかを判断する
③ 画像のピクセルごとにクラス分類を行う
④ 画像から対象物の位置をバウンディングボックスで特定する

▶ 問題 84

一般的なソフトウェアにセキュリティ対策が必要であることと同様に、AI システムも攻撃から守るための対策が必要となる。AI に対する攻撃として敵対的な攻撃 (Adversarial Attacks) と呼ばれるものがあるが、敵対的な攻撃の特徴として、最も適切な選択肢を 1 つ選べ。

① この攻撃の特性上、ある特定のクラスに誤分類させることは不可能である
② 音声認識のためのデータに対して人間には聞き分けられない微小なノイズを追加することで、まったく異なる命令を AI に与えることができる
③ モデルのパラメータや学習データなど、攻撃者がすべてのデータにアクセスし、データを改変することで攻撃を受ける
④ 画像分類モデルに対して攻撃を行う際には、入力となる画像に人間が見てわかる人工的なパッチ画像を貼り付ける

▶ 問題 85

サンプリング・バイアスの説明として、最も適切な選択肢を 1 つ選べ。

① 集団内で似たような思考が高く評価され、特定の考えが強固になることで偏りが生じること
② 不適切な標本抽出を行い、母集団を代表しないデータが選ばれてしまうこと
④ アルゴリズムの技術的限界などによって、偏った学習を行ってしまうこと
④ データを収集する際にデータが誤って測定されたことで偏りが生じること

▶ 問題 86

2019 年 5 月の道路交通法の改正によって、自動運転中に条件付きで認められるようになったこととして、最も適切な選択肢を 1 つ選べ。

① 運転席から離れて仮眠をとること
② 携帯電話やカーナビを操作すること
③ 徐行状態で無人で走行させること
④ 時速 10km 未満の速度超過が発生すること

▶ 問題 87

音声認識エンジンの名称として、最も不適切な選択肢を 1 つ選べ。

① Speech Recognition
② Deep Speech
③ Julius
④ Kaldi

▶ 問題 88

欧州委員会が 2019 年 4 月 8 日に発表した「信頼性を備えた AI のための倫理ガイドライン」では、信頼できる AI は合法的で倫理的、堅固であるべきとし、その条件として 7 つの要件を挙げている。これに含まれない要件として、最も適切な選択肢を 1 つ選べ。

① 透明性
② 柔軟性
③ プライバシーとデータのガバナンス
④ 社会・環境福祉

▶ 問題 89

LSTM の計算コストが大きいという問題点を解消した手法の名称として、最も適切な選択肢を 1 つ選べ。

① R-CNN
② GRU
③ BPTT
④ GPT

▶ 問題 90

強化学習において、行動価値関数の関数近似に畳み込みニューラルネットワーク (CNN) を用いた手法として、最も適切な選択肢を 1 つ選べ。

① ディープボルツマンマシン (DBM)
② ディープニューラルネットワーク (DNN)
③ ディープ Q ネットワーク (DQN)
④ ディープオートエンコーダ (DAE)

▶ 問題 91

画像認識する際に、その判断根拠を可視化することを目的とするモデルとして、最も適切な選択肢を 1 つ選べ。

① GRU
② CAM
③ VAE
④ DQN

▶ 問題 92

コンピュータによる画像中の物体認識の精度を競う国際コンテスト ILSVRC にて、2012 年に 2 位と大差をつけて優勝しており、初めて深層学習の概念および畳み込みニューラルネットワークの概念を取り入れたモデルとして、最も適切な選択肢を 1 つ選べ。

① LeNet
② ResNet
③ AlexNet
④ GoogLeNet

▶ 問題 93

以下の文章を読み、**(ア)** **(イ)** に当てはまる用語の組み合わせとして、最も適切な選択肢を 1 つ選べ。

2014年に英国レディング大学で実施された実験において、ウクライナ在住の13歳の少年という設定の Eugene Goostman が、審査員の 30%以上に人間であると間違われ、**(ア)**に初めて合格したとして話題になった。その結果には様々な意見がある。**(ア)** は「人間か人工知能か」を見分けるテストとして有名だが、人間に対して質問に違和感のない対応ができることと質問の意味を理解していることは同義とはならないという **(イ)** と呼ばれる反論が存在する。

① **(ア)** クロスバリデーション　**(イ)** バーニーおじさんのルール
② **(ア)** カーネルトリック　**(イ)** 意味ネットワーク
③ **(ア)** チューリングテスト　**(イ)** 中国語の部屋
④ **(ア)** エキスパートシステム　**(イ)** ノーフリーランチ定理

▶ 問題 94

予測結果に対して人間がモデルの判断基準を理解できる度合いを示す一般的な用語として、最も適切な選択肢を 1 つ選べ。

① 解釈性
② 汎用性
③ 再現性
④ 可用性

▶ 問題 95

ボードゲームなどにおいて、ある時点からランダムな手で局面を進めて勝率をシミュレーションする手法として、最も適切な選択肢を 1 つ選べ。

① モンテカルロ法
② ホールドアウト法
③ ε -greedy 法
④ Mini-Max 法

▶ 問題 96

機械翻訳とは、文字通りコンピュータによってある言語を別の言語に自動で翻訳する方法である。機械翻訳はその基本となるシステムによって「ルールベース機械翻訳」と「統計機械翻訳」、そして「ディープラーニングによる機械翻訳」の 3 つに分類される。統計機械翻訳の説明として、最も適切な選択肢を 1 つ選べ。

① 文法を機械的に解釈して単語を切り分け、辞書から訳語を引き出し、訳語を文法に沿って並べる
② 翻訳に必要な情報を学習しながら翻訳する
③ 文法に則った構造になっていない文章は、正確な翻訳が期待できない
④ 単語や基本の構文に基づき、対訳データから計算した情報を利用して翻訳する

▶ 問題 97

以下の文章を読み、(ア) (イ) に当てはまる用語の組み合わせとして、最も適切な選択肢を 1 つ選べ。

過学習を防止するための対策として、データを訓練用と検証用に分割して検証をする方法がある。頻繁に使用されるデータの分割方法として **(ア)** と **(イ)** が挙げられる。**(ア)** は訓練データと検証データの割合を決めて分割する方法である。例えば 100 個のデータがあった場合、70 個を訓練データとして、残り 30 個をテストデータとして分割することとなる。それに対して **(イ)** はデータをいくつかに分割してそのうちの 1 つを検証データとし、残りのデータを訓練データとする。訓練データと検証データを入れ換えることで分割した回数分検証を行い、結果を平均して精度を確かめる。例えば 100 個のデータを 5 つに分割した場合、5 回検証を行うことになる。

① **(ア)** k- 分割交差検証 **(イ)** ホールドアウト法
② **(ア)** ジャックナイフ法 **(イ)** リーブワンアウト法
③ **(ア)** リーブワンアウト法 **(イ)** ジャックナイフ法
④ **(ア)** ホールドアウト法 **(イ)** k- 分割交差検証

▶ 問題 98

以下の文章を読み、(ア) ～ (ウ) に当てはまる用語の組み合わせとして、最も適切な選択肢を 1 つ選べ。

分類問題の代表的なモデルであるサポートベクトルマシン (SVM) は、ディープラーニングが登場する以前から広く使われてきた。SVM では正しい分類基準を見つけるために、**(ア)** の最大化という考え方を使用する。なお、きっちりと誤分類なく分類する手法を **(イ)**、誤分類を許容する手法を **(ウ)** と呼ぶ。

① **(ア)** マージン **(イ)** ヘビーウェイトオントロジー **(ウ)** ライトウェイトオントロジー
② **(ア)** 尤度関数 **(イ)** ヘビーウェイトオントロジー **(ウ)** ライトウェイトオントロジー
③ **(ア)** マージン **(イ)** ハードマージン **(ウ)** ソフトマージン
④ **(ア)** 尤度関数 **(イ)** ハードマージン **(ウ)** ソフトマージン

▶ 問題 99

画像のデータセットである ImageNet に関する説明として、最も適切な選択肢を 1 つ選べ。

① 約 30 万件の動画に 400 種に分類された人間のアクションがラベリングされているデータセットである
② 1400 万枚以上にも及ぶカラー画像に WordNet 階層に基づいてラベリングされているデータセットである
③ 画像内に写っているオブジェクト 600 種に対してバウンディングボックスが付与されているデータセットである
④ 6 万枚の画像が、飛行機、自動車、鳥などの 10 種のクラスでラベリングされているデータセットである

▶ 問題 100

教師あり学習に当てはまらないものとして、最も適切な選択肢を 1 つ選べ。

① ロジスティック回帰
② ランダムフォレスト
③ k-means 法
④ ニューラルネットワーク

▶ 問題 101

Amazon 社、Google 社、Facebook 社（現 Meta 社）IBM 社、Microsoft 社などの民間企業から構成される、AI の安全性や公平性、責任などへの取り組みを目的とした組織の名称として、最も適切な選択肢を 1 つ選べ。

① ACM FAT
② GDPR
③ IEEE
④ Partnership on AI

▶ 問題 102

ディープラーニングを最適化するため、全訓練データを用いた重みの更新を行った。この時の 1 エポックのイテレーション数として、最も適切な選択肢を 1 つ選べ。

① 訓練データの数と同じ
② 1

③ 10
④ 100

▶ 問題 103

深層強化学習の手法の 1 つで、学習に必要な環境を実世界から部分的に切り抜き、再現した世界でシミュレーションを行い、その学習結果を実世界で利用する手法の名称として、最も適切な選択肢を 1 つ選べ。

① BERT
② Rainbow
③ OpenPose
④ Sim2Real

▶ 問題 104

AI 効果の説明として、最も適切な選択肢を 1 つ選べ。

① 人工知能が実用化されると、人はそれを単なる自動化であり知能ではないと感じてしまうこと
② 人工知能によって便利になることで起こる経済的効果
③ 人工知能によって事務職など一部の職業が取って代わられること
④ 商品の説明に AI という単語を使うことによって商品イメージを良くする効果

▶ 問題 105

ディープラーニングの学習を行うには CPU よりも GPU の方が適しているといわれるが、その理由として、最も適切な選択肢を 1 つ選べ。

① GPU は CPU よりコア数が多いことから、計算速度が速くなるため
② GPU のみが画像処理を行えるため
③ GPU は処理すべきタスクを順次実行できるため
④ GPU は機械学習に特化するよう設計されているため

▶ 問題 106

画像や動画から人物の骨格をリアルタイムで検出する手法の名称として、最も適切な選択肢を 1 つ選べ。

① SSD
② YOLO
③ OpenPose
④ OpenAI Five

▶ 問題 107

人工無脳と呼ばれるものとして、最も適切な選択肢を 1 つ選べ。

① Google マップ
② Yahoo! ショッピング
③ ELIZA（イライザ）
④ ハンドシャッター機能

▶ 問題 108

2018年にGoogleによって開発され、Transformerという構造が組み込まれており、文章を文頭と文末の双方向から学習することによって文脈を読むことを実現したモデルの名称として、最も適切な選択肢を 1 つ選べ。

① BERT
② Attention
③ fastText
④ GLUE

▶ 問題 109

AI の社会実装に当たって、留意すべき 3 つの項目として FAT という考えがある。このうち A が意味するものとして、最も適切な選択肢を 1 つ選べ。

① Accuracy：正確性
② Accumulation：蓄積性

③ Accessibility：アクセス可能性
③ Accountability：説明責任

▶ 問題 110

個人情報保護法における、カメラ画像の取り扱い方に関する説明として、最も適切な選択肢を 1 つ選べ。

① カメラ画像から機械学習で推定した性別や年代等の情報は個人情報にあたる
② カメラ画像から形状認識技術等を基に人の形を判別し、その数量を計測したデータは個人情報にあたる
③ カメラ画像にモザイク処理等を施し、特定の個人が識別できないように加工したデータであっても個人情報にあたる
④ 取得した画像から人物の目、鼻、口の位置関係等の特徴を抽出し、数値化したデータは個人情報にあたる

▶ 問題 111

2018年5月に適用開始されたEU一般データ保護規則（GDPR）に関する説明として、最も不適切な選択肢を 1 つ選べ。

① 特定の国や地域が個人情報について十分な保護水準を確保していると EU によって認められることを「必要性認定」という
② GDPR ではデータの利活用と保護の両立を目指し、収集・蓄積したデータを他のサービスで再利用できるようにデータポータビリティの権利が定められている
③ GDPR では個人の名前や住所、クレジットカード情報、メールアドレスを含めるだけでなく、位置情報や Cookie 情報も個人情報と見なす
④ GDPR は EU 域内の事業者だけでなく、EU 域外の事業者が EU 向けにサービスを提供する場合にも適用される

▶ 問題 112

完全結合ネットワーク（FCN）のネットワーク構造と処理に関する説明として、最も不適切な選択肢を 1 つ選べ。

① 最後に拡大処理をすることで、入力サイズと同じ大きさで出力できる
② 「画像中の物体が何であるか」という出力ではなく「画像中に物体がどこにあるか」という出力をする
③ 畳み込みニューラルネットワーク（CNN）と同様に、畳み込み層と全結合層を組み合わせた構造をしている
④ 逆畳み込み演算という演算で拡大処理を行っている

▶ 問題 113

TF-IDF の説明として、最も適切な選択肢を 1 つ選べ。

① TF-IDF の値は様々な文章に出現する単語ほど大きくなる
② TF-IDF の値は文章ごとに計算され、同じ単語であっても文章ごとに異なる値となる
③ TF-IDF とは文章中に含まれる単語間の関連度を評価する手法である
④ IDF は単語のある文章内の出現頻度を表した値である

▶ 問題 114

発明者に関する説明として、最も不適切な選択肢を 1 つ選べ。

① 特許法上、人工知能が発明者となることはない
② 発明者でなくても、特許出願することができる場合がある
③ 株式会社等の法人が発明者となることはない
④ 複数の者の共同作業によりプログラムを発明した場合、そのうち代表者 1 名が発明者となることができる

▶ 問題 115

機械学習・ディープラーニングではハイパーパラメータの調整が欠かせない。ハイパーパラメータの説明として、最も適切な選択肢を 1 つ選べ。

① 学習前に設定するモデルの挙動を決める値
② ディープラーニングでいうところの入力値に乗算される重みのこと
③ 活性化関数によって出力された値
④ 学習率はハイパーパラメータの一種ではない

▶ 問題 116

CycleGAN に関する説明として、最も適切な選択肢を 1 つ選べ。

① 2 つの画像データセット同士のドメインの関係を学習する
② 2 つの画像データセット同士のピクセル間の関係を学習する
③ GAN と同様に一対の Generator と Discriminator で構成されている
④ 大量のペアとなる画像データセットを必要とする

▶ 問題 117

次の文章が説明する手法の名称として、最も適切な選択肢を 1 つ選べ。

単語を固定長のベクトルで表現することを目的とし、「単語の意味は周囲の単語によって形成される」という分布仮説と呼ばれる考えに基づいた手法である。

① TF-IDF
② Word2Vec
③ BoW
④ ELMo

▶ 問題 118

音声認識において、特に母音の識別に重要な役割を果たし、音声の周波数スペクトルに現れる周囲よりも強度が大きい周波数帯域のことを示す用語として、最も適切な選択肢を 1 つ選べ。

① 周波数スペクトル
② スペクトル包絡
③ フォルマント
④ 音韻

▶ 問題 119

敵対的生成ネットワーク (GAN) のネットワークに畳み込みニューラルネットワーク (CNN) を用いた手法の名称として、最も適切な選択肢を 1 つ選べ。

① DCGAN
② CycleGAN
③ StarGAN
④ PGGAN

▶ 問題 120

ニューラルネットワークで多クラスの分類問題に取り組む際、出力層に使用する活性化関数として、最も適切な選択肢を 1 つ選べ。

① ソフトマックス関数
② ハイパボリックタンジェント (tanh) 関数
③ シグモイド関数
④ ParametricReLU

▶ 問題 121

EC サイトなどでおすすめ商品を推薦するレコメンデーションにおいて、教師なし学習のクラスタリングが活用されている。顧客情報を比較し、類似する顧客情報から未購入の商品を推薦する手法として、最も適切な選択肢を 1 つ選べ。

① 階層フィルタリング
② コンテンツベースフィルタリング
③ 協調クラスタリング
④ バンディットアルゴリズム

▶ 問題 122

以下の文章を読み、空欄に最もよく当てはまる選択肢を 1 つ選べ。

ALOCC は、オートエンコーダと（　）を組み合わせたような構造をしている。Reconstructor と呼ばれる部分は、学習時には正常画像にノイズを加えたデータを入力し、元通りに復元するように学習する。Discriminator と呼ばれる部分は、入力された画像が Reconstructor の出力なのか本物の正常画像なのかを見分けるように学習する。

① GAN
② DQN
③ CAM
④ VAE

▶ 問題 123

以下の文章を読み、(ア)(イ)に当てはまる用語の組み合わせとして、最も適切な選択肢を 1 つ選べ。

(ア)と(イ)といった自然言語処理モデルは、文脈を考慮した単語分散表現を与えるため、複数の意味を持つ多義語が文章の中でどういった意味で使われているのかを区別することができると期待できる。

① (ア) Seq2Seq　(イ) Doc2Vec
② (ア) Word2Vec　(イ) fastText
③ (ア) ELMo　(イ) BERT
④ (ア) GPT-2　(イ) GPT-3

▶ 問題 124

2017 年、Google によって開発された Transformer はそのモデルのシンプルさにもかかわらず、大きな成果を上げることに成功した。近年の最重要モデルといえる Transformer に関する説明として、最も不適切な選択肢を 1 つ選べ。

① 自然言語処理分野 (NLP) だけでなく他分野にも使われ高性能を叩き出している
② RNN も CNN も使わずに Attention のみを使用した構造をしている
③ Encoder-Decoder 型のモデルである
④ Attention 機構では文脈の流れを読み取る学習をしている

▶ 問題 125

CRISP-DM についての説明として、最も適切な選択肢を 1 つ選べ。

① CRISP-DM はデータ分析プロセスを 4 つの段階に分けて考える
② CRISP-DM では、「データの準備」を行ってから「データの理解」を行う

③ CRISP-DMの各ステップのうち「PoC」が特に重要視されている
④ CRISP-DMの各ステップの順序は厳密ではなく、各ステップにおいて行き来が発生する

▶ 問題126

RainbowはDQNを含めた7つのDQNの拡張手法をすべて組み合わせた手法である。Rainbowに使われている手法として、最も不適切な選択肢を1つ選べ。

① Noisy Nets
② Dueling Networks
③ SARSA
④ DoubleDQN

▶ 問題127

図のLSTMの構成において(a) (b) (c)のゲートの名称の組み合わせとして、最も適切な選択肢を1つ選べ。

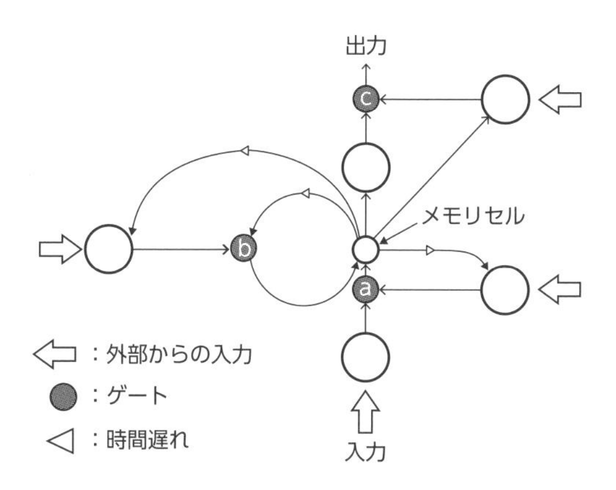

① (a) 入力ゲート　(b) 忘却ゲート　(c) 出力ゲート
② (a) 忘却ゲート　(b) 出力ゲート　(c) 入力ゲート
③ (a) 出力ゲート　(b) 入力ゲート　(c) 忘却ゲート
④ (a) 入力ゲート　(b) 出力ゲート　(c) 忘却ゲート

▶ 問題 128

以下の文章を読み、空欄に最もよく当てはまる選択肢を 1 つ選べ。

機械学習において訓練データでは高い精度を出すことができるのに、未知のデータに対して精度が下がってしまうことを（　）という。ロバスト性の低いモデルは実現場では運用するに耐えないため、（　）しないように工夫が必要となってくる。

① 多重共線性
② 勾配消失
③ 過学習
④ プラトー

▶ 問題 129

回帰問題において、正しく予測できているかを確認するために使用される評価指標として、最も適切な選択肢を 1 つ選べ。

① 決定係数
② 相関係数
③ 適合率
④ ROC 曲線

▶ 問題 130

シンボルグラウンディング問題の説明として、最も適切な選択肢を 1 つ選べ。

① 特徴量が増えすぎると汎化性能が低下する
② 言葉を記号としてしか処理できず、記号と意味を結びつけることができない
③ あらゆる問題に対して万能なアルゴリズムは作れない
④ AI は自分で状況に応じた情報の取捨選択ができない

▶ 問題 131

ディープラーニングにおいて重みなどのパラメータをより小さいビットで表現することで、モデルの高速化・軽量化を図る手法として、最も適切な選択肢を 1 つ選べ。

① 量子化
② 正則化
③ 標準化
④ 正規化

▶ 問題 132

異なる音声データを比較する際には、DP マッチングや隠れマルコフモデル (HMM) などを用いた伸縮マッチング手法が広く用いられる。こうした手法が必要な理由として、最も適切な選択肢を 1 つ選べ。

① 話す言葉によって音域が異なるため
② 話す言葉によって長さが異なるため
③ 話す人によってイントネーションが異なるため
④ 話す人によって言葉の長さが異なるため

▶ 問題 133

以下の文章を読み、空欄に最もよく当てはまる選択肢を 1 つ選べ。

2015 年に機械学習のソフトウェアライブラリである (　) が Google から発表された。データの読み込み、前処理、計算、状態、出力といった処理に対してテンソル (多次元配列) を扱うことが特徴的である。

① Chainer
② Docker
③ Keras
④ TensorFlow

▶ 問題 134

敵対的な攻撃 (Adversarial Attacks) と最も関連が深い内容として、最も適切な選択肢を 1 つ選べ。

① 人が映った動画に、違う人の顔を当てはめた動画が公開された
② パンダの画像に少量のノイズを付加することでテナガザルと誤認識した

③ 学習用データに、画像の一部をカットしたように加工したデータを加えた
④ 敵対的生成ネットワーク(GAN)を使い、存在しない人間の顔画像を新たに生成した

▶ 問題135

機械学習・ディープラーニングを行う上で、扱うデータの次元数が多すぎると学習がうまくいかない場合がある。次元数を少なくするために用いられる手法として、最も適切な選択肢を1つ選べ。

① Actor-Critic法
② One Hot Encoding
③ 標準化
④ t-SNE法

▶ 問題136

ロジスティック回帰で2値分類を行う際に使用されている活性化関数として、最も適切な選択肢を1つ選べ。

① ステップ関数
② シグモイド関数
③ ReLU関数
④ tanh関数

▶ 問題137

サイズが6×6の画像に対し、パディングを行わず、サイズが2×2のカーネルで畳み込みを行ったところ、出力は3×3のサイズとなった。このときのストライド幅として、最も適切な選択肢を1つ選べ。

① 1
② 2
③ 3
④ 4

▶ 問題 138

リカレントニューラルネットワーク (RNN) で扱われるデータとして、最も適切な選択肢を 1 つ選べ。

① 画像データ
② 確率データ
③ 時系列データ
④ 定性データ

▶ 問題 139

Word2Vec の分布仮説とは、ある周辺の単語の確率分布はその周辺の単語によって決まるという考え方である。これを表現する方法としては、CBOW と Skip-Gram の 2 種類に分類できる。Skip-Gram の説明として、最も適切な選択肢を 1 つ選べ。

① 教師なし学習に分類される
② ある単語から周辺の単語を予測する
③ CBOW の方が、学習時間が短く精度も高い
④ 前後の単語から対象の単語を予測する

▶ 問題 140

分類問題においてデータの不均衡により、注目しているクラスの予測ができないという問題がある。その対処法の 1 つであるデータ拡張手法の SMOTE (Synthetic Minority Oversampling Technique) に関する説明として、最も適切な選択肢を 1 つ選べ。

① データ数の多いクラスのデータ量を増やし、少数のクラスを削除する
② 各クラスのデータ分布をなるべく変えずにそれぞれのデータ数を増やす
③ データ数の少ないクラスのデータ量を増やす
④ データ数の多いクラスのデータ量を減らし、データ数の少ないクラスのデータ量を増やす

▶ 問題 141

著作物を学習用データとして取り扱う場合に、2019 年 1 月施行の改正著作権法の規定に照らして、最も適切な選択肢を 1 つ選べ。

① 他者が創作したデータの記録または翻案は、コンピュータによる情報解析を目的とする場合には認められるが、コンピュータ以外による情報解析を目的とする場合においては認められていない。

② アメリカやイギリスなどでも同様の規定があるため、海外の著作物を複製して利用する場合には、日本の著作権法に則って適切に処理する必要がある

③ インターネット上に公開されている他者の著作物を複製し、データセットを作成する場合、そのデータセットで学習させた機械学習のモデルは、営利目的で利用することが認められている

④ 他者の著作物を含んだデータセットを作成し、第三者へ提供することは、非営利の場合にのみ適法とされる

▶ 問題 142

分類問題の評価として ROC 曲線を使用した場合、最も精度が高い ROC 曲線のグラフとして、最も適切な選択肢を 1 つ選べ。

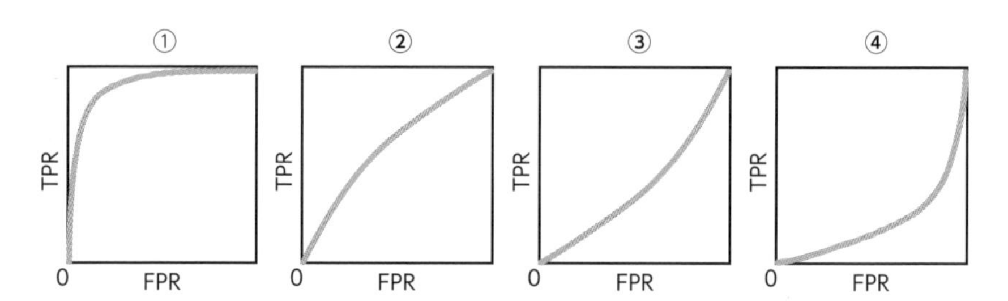

▶ 問題 143

キャプション生成の説明として、最も適切な選択肢を 1 つ選べ。

① 手書き文字などから自動でテキストを読み取る

② 入力画像を説明する文章を自動生成する

③ 画像から対象物の位置をバウンディングボックスで特定する

④ 音声データから人の声を検知し、テキストデータに変換する

▶ 問題 144

2019 年 5 月の道路交通法の改正によって、自動運転車の保安基準で搭載を義務付けられているものとして、最も適切な選択肢を 1 つ選べ。

① 車線逸脱防止支援装置
② 衝突被害軽減ブレーキ
③ 作動状態記録装置
④ 踏み間違い防止装置

▶ 問題 145

6 面体のサイコロの出る目の確率が以下の式に従う場合の x の期待値として、最も適切な選択肢を 1 つ選べ。

$$f(x) = 1/6, \quad x = 1,2,\cdots,6$$

① 2
② 3
③ 3.5
④ 5

▶ 問題 146

1955 年にアレン・ニューウェル、ハーバート・サイモンらによって開発され、ダートマス会議においてデモンストレーションが行われたコンピュータプログラムの名称として、最も適切な選択肢を 1 つ選べ。

① エニアック
② イライザ
③ ディープブルー
④ ロジック・セオリスト

▶ 問題 147

モデル圧縮を行う目的として、最も不適切な選択肢を 1 つ選べ。

① 計算コストを下げる
② 低スペックなデバイスでの運用を可能にする
③ 精度を向上させる
④ 処理を高速化する

▶ 問題 148

ニューラルネットワークで使用される ReLU 関数に、正の値 x が入力されたとする。出力の値として、最も適切な選択肢を 1 つ選べ。

① -x
② x
③ 1
④ 0

▶ 問題 149

畳み込みニューラルネットワーク (CNN) を用いた画像分類において、予測結果の根拠を可視化する手法として、最も適切な選択肢を 1 つ選べ。

① LSTM
② 変分オートエンコーダ (VAE)
③ Grad-CAM
④ DON

▶ 問題 150

海外での国や組織から公開されている原則やガイドラインの名称と、公開している国や組織名の組み合わせとして、最も不適切な選択肢を 1 つ選べ。

① アメリカ：民間部門における AI 技術の開発等に関する 10 項目の原則
② GDPR：AI 白書
③ IEEE：倫理的に調和された設計
④ 中国：アシロマ AI 原則

▶ 問題 151

データの利用条件をレビューする際に留意すべきこととして、最も不適切な選択肢を1つ選べ。

① 公的な法令とは別に、情報提供者と受領者間で個別に結ばれた契約においてデータの利用権限を適正かつ公平に定めるために、経済産業省が発表している「データの利用権限に関する契約ガイドライン」を参考にするのが望ましい
② 第三者の著作物を学習用データとして取り扱う場合に、著作権法の規定をクリアしていても、不正競争防止法の営業秘密に当たるデータの利用などは制約を受ける可能性がある
③ 人種、病歴、犯罪の経歴など、それを知られることによって本人の利益が損なわれるおそれのある情報は特に配慮が必要とされるため、この情報の取得には本人の同意が必要である
④ EU一般データ保護規則(GDPR)は、プロファイリング行為に関する規律やデータポータビリティの規定などを独自に定めており、EU向けにサービスを提供する日本企業も法的規制を受ける場合がある

▶ 問題 152

以下の文章を読み、空欄に最もよく当てはまる選択肢を1つ選べ。

大きいモデルやアンサンブルモデルを教師モデルとして、その知識を小さいモデルの学習に利用する手法を(　)と呼ぶ。これにより、大きいモデルに匹敵する精度を持つ小さいモデルを作ることが期待できる。モデル圧縮などにも活用されている。

① プルーニング
② バギング
③ 量子化
④ 蒸留

▶ 問題 153

画像のデータセットであるCIFAR-10に関する説明として、最も適切な選択肢を1つ選べ。

① 6 万枚の画像が、飛行機、自動車、鳥などの 10 種のクラスでラベリングされているデータセットである
② 1400 万枚以上にも及ぶカラー画像に WordNet 階層に基づいてラベリングされているデータセットである
③ 画像内に写っているオブジェクト 600 種に対してバウンディングボックスが付与されているデータセットである
④ 0 から 9 までの手書き数字のモノクロ画像 7 万枚で構成されるデータセットである

▶ 問題 154

ビジネス現場において、メールや議事録、アンケートなどの文章を解析する場合、文単体ではなく文章全体の意味を考慮することが重要な意味を持つことも多い。これに関わる「照応解析」の説明として、最も適切な選択肢を 1 つ選べ。

① 代名詞や、指示語などの表現が指す対象を推定する技術
② 文章が肯定的か否定的か中立かを分析する技術
③ 2 つの文の間に含意関係があるかを判断する技術
④ 文としての意味が正しいかを判定する技術

▶ 問題 155

ディープラーニングの中間層で使用される活性化関数を選択する基準として、最も適切な選択肢を 1 つ選べ。

① 中間層で使用する活性化関数は必ず ReLU か tanh 関数のどちらかから選択する必要がある
② 逆伝播時に誤差逆伝播法を使用することを考慮して、活性化関数は微分可能なものを選ぶ
③ tanh 関数はシグモイド関数よりも誤差を逆伝播する際の勾配が消失しやすいので使用を避けるべきである
④ LeakyReLU は勾配消失問題を起こしやすい活性化関数の代表格であり、中間層での使用は避けるべきである

▶ 問題 156

畳み込みニューラルネットワーク (CNN) を用いた手法は様々な用途に用いられる。各手法を一般物体検出と、(セマンティック) セグメンテーションの使用用途に分類した場合、最も正しく分類できている選択肢を 1 つ選べ。

① (一般物体検出) R-CNN、YOLO　(セグメンテーション) U-Net、DeepLab
② (一般物体検出) DeepLab、R-CNN (セグメンテーション) YOLO、U-Net
③ (一般物体検出) U-Net、DeepLab (セグメンテーション) R-CNN、YOLO
④ (一般物体検出) YOLO、U-Net　(セグメンテーション) DeepLab、R-CNN

▶ 問題 157

U-Net が用いられるタスクとして、最も適切な選択肢を 1 つ選べ。

① 画像生成
② 画像セグメンテーション
③ 物体検出
④ キャプション生成

▶ 問題 158

以下の関数 z を x について偏微分した結果として、最も適切な選択肢を 1 つ選べ。

$$z = 3x^2y + xy + 5x - 4y^2 - 3y + 6$$

① $6xy - 4y^2 - 2y + 11$
② $3x^2 + x - 8y + 2$
③ $3x^2 + x - 8y - 3$
④ $6xy + y + 5$

▶ 問題 159

深層強化学習を応用して様々なゲームを攻略するためのゲーム AI が開発されている。ゲーム AI の手法として、最も不適切な選択肢を 1 つ選べ。

① OpenAI Five

② AlphaStar
③ AlphaONE
④ AlphaZERO

▶ 問題 160
以下の文章を読み、空欄に最もよく当てはまる選択肢を 1 つ選べ。

　第三者の著作物を学習用データとして取り扱う場合に、著作権法の規定をクリアしていても、不正競争防止法の（　）に当たるデータの利用などは制約を受ける可能性がある。

① 要配慮個人情報
② 営業秘密
③ 匿名加工情報
④ 個人情報

▶ 問題 161
2017 年、Future of Life Institute という NPO 法人が、AI の研究課題・倫理と価値・長期的な課題などに触れた 23 項目からなるガイドラインを公開した。このガイドラインの名称として、最も適切な選択肢を 1 つ選べ。

① アシロマ AI 原則
② AI 開発原則
③ AI 規制 10 原則
④ AI 原則実践のためのガバナンス・ガイドライン

▶ 問題 162
ベイズの定理を示す式として、最も適切な選択肢を 1 つ選べ。

① P（B|A）=P（A）P（B）/P（A|B）
② P（B|A）=P（A|B）/（P（A）P（B））
③ P（B|A）=P（A|B）P（A）/P（B）
④ P（B|A）=P（A|B）P（B）/P（A）

▶ 問題 163

AI 倫理上の課題に関する説明として、最も不適切な選択肢を 1 つ選べ。

① AI システム運用の際に AI が誤った判断をしても、人が確認するプロセスを追加することで、問題を未然に防ぐことができる。このような「人間関与」という考え方としては、AI の予測値をユーザーに提示する前、もしくは後に人間がチェックをするということの他にも、AI の挙動をモニタリングして、必要があれば人間が介入するようなものも含む

② 命に関わるような重要な予測を AI にさせる場合、根拠もわからず結果に従うのは倫理的に問題がある。これに対処するために、AI に説明可能性を付与する技術の開発が進められている。その手法の 1 つとして SHAP というものがあり、モデルに局所的にでも説明性を持たせようというアプローチで、特徴量の寄与度を示すことで、結果に大きく影響を与える特徴量を可視化することができる

③ AI を搭載したロボットやシステムが事故を引き起こした場合、その事故の責任を誰に帰属させるべきかという問題がある。AI を搭載した自動車が事故を起こした場合、メーカーや AI を作ったエンジニアに責任はあるのか、判例が少なく未だに結論の出ていない議論であるが、幸いにして自動運転車による死亡事故はまだ起きていない

④ 提供している AI システムに問題が発生したり、ユーザーがシステムに対して誤解したり失望したりすることで炎上を引き起こすことがある。データやアルゴリズムの偏りによる炎上を防ぐためには、開発者自身が偏見を捨て、ダイバーシティ (多様性) やインクリュージョン (包括性) について理解を深める必要がある。AI 倫理上の課題に対応するため、人種、性別、年齢などの様々な観点から多様性ある組織とすることが重要である

▶ 問題 164

最適化アルゴリズムの RMSProp についての説明として、適切な選択肢を 1 つ選べ。

① 二階微分を使用したアルゴリズム

② 振動を抑えるために勾配の大きさに応じて学習率を変える

③ 全データを使用してパラメータを更新する

④ 移動平均を用いることで振動を抑制する

▶ 問題 165

概念形態の記述方法であるライトウェイトオントロジーの説明として、不適切な選択肢を 1 つ選べ。

① 知識の記述方法を哲学的にも熟考した上で決定する
② クイズ AI である Watson に活用された
③ 正しいか、妥当であるかよりも効率を優先している
④ Web マイニングやデータマイニングに活用される

▶ 問題 166

2019 年 3 月に日本政府より公表された「人間中心の AI 社会原則」の基本理念として、最も不適切な選択肢を 1 つ選べ。

① 人間の尊厳が尊重される社会
② 多様な背景を持つ人々が多様な幸せを追求できる社会
③ 公平性、説明責任および透明性のある社会
④ 持続性ある社会

▶ 問題 167

教師あり学習で使用する教師データのラベル付けを行うことをアノテーションと呼ぶ。アノテーションを行う際に注意すべき点として、最も不適切な選択肢を 1 つ選べ。

① 作業者によってラベルの付け方にバラツキが出る
② 作業者のミスにより間違ったラベルが付けられる
③ 音声データにはラベルが付けられない
④ 文章データにはカテゴリをラベル付けできる

▶ 問題 168

ニューラルネットワークにおいて、ドロップアウトを行うことによって得られる効果の説明として、最も適切な選択肢を 1 つ選べ。

① 一定の基準に達したら学習を止めることで過学習対策となり、計算コストの軽減にも繋がる

② 学習率を勾配によって変動させることで効率的に学習が進むことが期待される
③ 不均衡データに対して、データ数が少ないラベルに合わせてデータ数の多いラベルのデータをランダムに取り除き、学習効率を上げる
④ 学習時にランダムに何割かのノードを無効化することによって疑似的にアンサンブル学習を行い、過学習を抑制する

▶ 問題 169

ニューラルネットワークで学習を行う際に起こり得る勾配消失問題への対策手法として、最も適切な選択肢を 1 つ選べ。

① 活性化関数にシグモイド関数を使用していた場合は ReLU 関数に変更する
② オーバーサンプリングを行って不均衡データへの対処を行う
③ 隠れ層を増やす
④ 学習データを増やす

▶ 問題 170

強化学習を用いるのに適した問題設定として、最も適切な選択肢を 1 つ選べ。

① ある画像に対してキャプションを生成する
② 物体を検出してバウンディングボックスで表示する
③ 簡単なイラストをリアルな写真のように変換する
④ 掃除ロボットの最適な巡回路を見つける

▶ 問題 171

ニューラルネットワークにおいて、入力層と出力層の合計 2 層からなるネットワークのモデルの名称として、最も適切な選択肢を 1 つ選べ。

① RNN
② 単純パーセプトロン
③ オートエンコーダ
④ 制限付きボルツマンマシン

▶ 問題 172

データ収集する際に、公的な法令とは別に、情報提供者と受領者間で個別に結ばれる契約がある。契約においてデータの利用権限を適正かつ公平に定めるために参考にすることが望ましいとされる方針の名称として、最も適切な選択肢を 1 つ選べ。

① 信頼性を備えた AI のための倫理ガイドライン
② 金融分野における個人情報保護に関するガイドライン
③ カメラ画像利活用ガイドブック
④ データの利用権限に関する契約ガイドライン

▶ 問題 173

決定木のメリットの説明として、最も不適切な選択肢を 1 つ選べ。

① 予測に必要な計算コストが少ない
② 可読性が高く、データの構造に対する考察に役立つ
③ 過学習しにくい構造をとっているのでハイパーパラメータの調整がしやすい
④ 回帰問題と分類問題のどちらにも対応できる

▶ 問題 174

アンサンブル学習を行う際に、ブートストラップサンプリングを用いてデータを抽出した。抽出されたデータの特徴として、最も適切な選択肢を 1 つ選べ。

① 重複を許可しない条件で、ランダムに抽出される
② 重複を許可しない条件で、インデックスの降順に抽出される
③ 重複ありの条件で、ランダムに抽出される
④ 重複ありの条件で、各データ群の分散が最大になるように抽出される

▶ 問題 175

第 3 次 AI ブームではディープラーニングが台頭することで、それまで伸び悩んでいた分野の研究が進歩した。ディープラーニングの登場で特に注目されようになった分野として、最も適切な択肢を 1 つ選べ。

① 画像認識

② エキスパートシステム
③ オントロジー
④ チューリングマシン

▶ 問題 176

人工知能の知識獲得のボトルネックの説明として、最も不適切な選択肢を 1 つ選べ。

① 専門家からのヒアリングには膨大な時間とコストが必要となる
② 蓄えた知識の整合性や一貫性を保つことが困難である
③ 一般常識など広範囲の知識は膨大な量の知識ルールが必要になる
④ 記号と意味の紐づけができない

▶ 問題 177

以下の文章を読み、空欄に最もよく当てはまる選択肢を 1 つ選べ。

業務における重要な情報を保護したい場合、不正競争防止法における営業秘密として扱うことにより情報を保護できる。情報を営業秘密とするためには、秘密管理性、非公知性、(　)の 3 つの要件を満たす必要がある。

① 有用性
② 重要性
③ 秘匿性
④ 機密性

▶ 問題 178

階層クラスタリングの手法のうち、クラスタ同士の融合の基準に、融合前のクラスタと融合後のクラスタの偏差平方和を用いる方法として、最も適切な選択肢を 1 つ選べ。

① 重心法
② 群平均法
③ 完全連結法
④ ウォード法

▶ 問題 179

オートエンコーダ (AE) の説明として、最も不適切な選択肢を 1 つ選べ。

① 入力されたデータを要約・圧縮する処理をエンコーダと呼ぶ
② デコーダによって出力されたデータは入力データと同じになるように学習される
③ 事前学習に活用される技術である
④ 相互結合型のニューラルネットワークである

▶ 問題 180

与えられた文章を前から順に任意の数の文字列または単語の組み合わせで分割するための方式として、最も適切な選択肢を 1 つ選べ。

① BOW
① N-gram
① TF-IDF
① CBOW

▶ 問題 181

バギング、ブースティング、スタッキングの 3 つの手法を比較した際に、一般的に学習速度が速い順に並べられているものとして、最も適切な選択肢を 1 つ選べ。

① バギング　ブースティング　スタッキング
② ブースティング　スタッキング　バギング
③ スタッキング　バギング　ブースティング
④ バギング　スタッキング　ブースティング

▶ 問題 182

データ拡張は特に画像処理分野で欠かせない技術となっている。データ拡張の手法の説明として、最も不適切な選択肢を 1 つ選べ。

①「反転」は、画像を上下左右に反転させる
②「アフィン変換」は、画像の拡大縮小、回転、平行移動などを行列で座標変換する
②「ガンマ変換」は、画像の明るさを調整する

④「切り取り」は、切り落とした箇所に別サンプルの画像をはめ込む

▶ 問題 183

シンギュラリティの説明として、最も適切な選択肢を 1 つ選べ。

① 2045 年に起こる人工知能が、新たに自身より賢い人工知能を作れるようになる技術的特異点
② 人工知能の賢さが人類を超えて、人類に反抗することが予測される
③ 2029 年に人間と同様の知性を持った人工知能が誕生する
④ シンギュラリティは 2045 年に起こるとすべての専門家が納得している

▶ 問題 184

請負契約のシステム開発において、委託側には開発への協力義務が、受託側にはプロジェクト・マネジメント義務がある。これら双方の義務に関する説明として、最も不適切な選択肢を 1 つ選べ。

① 委託側の協力義務の内容として、適時にシステムの仕様決定を行い受託側へ伝えることや、受託側が開発をする上で必要な情報を提供することなどが挙げられる
② 委託側が協力義務を果たさずにプロジェクトが失敗した場合、委託側が損害賠償を払わねばならない可能性がある
③ 受託側は開発作業を適切に進めるとともに、専門的な知識を有しない委託側が適切にプロジェクトに関与するように働きかける義務がある
④ プロジェクトが途中で失敗した場合に、受託側にプロジェクト失敗の原因がなければ委託側に報酬支払義務が発生する

▶ 問題 185

2017 年 2 月に人工知能学会の倫理委員会より公表された「人工知能学会　倫理指針」の内容について、最も不適切な選択肢を 1 つ選べ。

① 人類への貢献
② 人間の活動 (human agency) と監視
③ 他者のプライバシーの尊重
④ 社会との対話と自己研鑽

▶ 問題 186

不正競争防止法における限定提供データは「業として特定の者に提供する情報として電磁的方法により相当量蓄積され、及び管理されている技術上又は営業上の情報」と定義されている。限定提供データとして保護を受けるための要件の説明として、最も不適切な選択肢を 1 つ選べ。

① 一定の条件下で反復継続的に提供している
② 電磁的方法により管理されている
③ 業として不特定の者に提供する情報である
④ 秘密管理性があるものは除かれる

▶ 問題 187

深層強化学習のモデルの 1 つであり、DQN の真の報酬を過大評価しているという問題の対策として提案された手法として、最も適切な選択肢を 1 つ選べ。

① Dueling Networks
② SARSA
③ DoubleDQN
④ Gorila

▶ 問題 188

以下の文章を読み、空欄に最もよく当てはまる選択肢を 1 つ選べ。

2016 年に Facebook AI Research という Facebook 社 (現 Meta 社) の人工知能研究所から開発された (　) は、様々な文章の解析・分類を可能とする自然言語処理ライブラリである。

① ElMo
② Seq2Seq
③ Word2Vec
④ fastText

▶ 問題 189

以下の文章を読み、空欄 (ア) (イ) に当てはまる単語の組み合わせを選べ。

ディープニューラルネットワークにおいて、順伝播では入力値に **(ア)** とバイアスを適用した後に **(イ)** を通って次の層に伝わっていく。

① **(ア)** 学習率　　**(イ)** 損失関数
② **(ア)** 重み　　**(イ)** 活性化関数
③ **(ア)** ハイパーパラメータ　　**(イ)** 活性化関数
④ **(ア)** 重み　　**(イ)** 損失関数

▶ 問題 190

以下の文章を読み、空欄に最もよく当てはまる選択肢を 1 つ選べ。

スマートスピーカーとは AI によって対話型の音声操作システムを可能にしたスピーカーで、ユーザーの音声をテキストに変換する深層学習をベースとした音声認識技術が利用されている。音声をテキストに変換する際には、音の波形から大きさ・高さ・音色といった情報を定量化した (　) を抽出する処理を行う。

① 音響特徴量
② 固有周波数
③ 変調スペクトル
④ 音響指標

▶ 問題 191

交差検証を行う意義として、最も適切な選択肢を 1 つ選べ。

① 前処理の工程が減るため、実装コストが下がる効果がある
② 学習における計算コスト削減のために行う
③ 交差検証を行った中で最も良い訓練データと検証データの組み合わせを見つける
④ データの偏りによる過学習を防ぎ、汎化性能を上げる役割を持つ

模擬試験の解答・解説

問題 1　　解答：①

① ダートマス会議は、人工知能という単語が初めて使われたことで有名な研究発表会です。
② ILSVRC は、画像認識技術の国際コンテストです。
③ アメリカ人工知能学会は、人工知能技術を主題とする国際的な非営利の学術団体です。
④ ICML は、機械学習分野の国際会議です。

問題 2　　解答：④

①は知識獲得のボトルネック、②は AI のバイアス問題、③はフレーム問題の説明です。

問題 3　　解答：①

シリアス・ゲームは娯楽のためのゲームではなく、環境問題、公衆衛生、経営などをシミュレーションゲームに仕立て、プレーヤーの判断によって問題解決を図るというものです。

問題 4　　解答：①

ResNet では順伝播型ニューラルネットワークに加えて、手前の層の入力からの情報を、後ろの層の出力値と活性化関数の入力口で足し合わせています。この構造をスキップ結合と呼び、これにより勾配消失問題を緩和し、層をより深くすることに成功しました。

問題 5　　解答：②

強化学習の手法は、実際に行動を試して価値を更新する手法と、ディープラーニングを組み込んだ手法があります。この問題の場合は、前者の手法です。Q 学習は、期待値の見積もりを現在推定している値の最大で更新します。SARSA は実際に行動してみた結果を使用して、期待値の見積もりを更新します。モンテカルロ法は Q 学習や SARSA と異なり、報酬が得られて初めて Q 値を更新します。AlphaGo ではモンテカルロ法が採用されています。

問題 6 解答：①

RNN も通常のディープラーニングモデルと同様に誤差関数が小さくなるように勾配降下法を使って重みを学習していきます。RNN を、時間経過を含めて1つの大きなニューラルネットワークと見なすことにより、誤差逆伝播法を適用することが可能となります。しかし、動画や文章のような長い時系列データではネットワークが時系列長に比例して非常に深くなってしまい、情報がうまく伝達されず、勾配消失問題が起こりやすくなります。

問題 7 解答：④

音声データをアナログからデジタルへ変換するための A-D 変換で一般的に使われる手法として PCM（Pulse Code Modulation）があります。PCM ではアナログデータを一定期間で切り出し（標本化）、振幅値を離散値に近似を行い（量子化）、近似した値を 0 か 1 の 2 値で表現します（符号化）。このような 3 つのステップを経てデジタルデータへ変換しています。

問題 8 解答：②

普段私たちが使っているスマートフォンやパソコンで目にするデータ容量の単位として、GB（ギガバイト）や TB（テラバイト）がありますが、それよりも上のデータ容量の単位と並べてみると、$1GB=10^{9}$、$1TB=10^{12}$、$1PB=10^{15}$、$1EB=10^{18}$、$1ZB=10^{21}$、$1YB=10^{24}$ となります。あまりに大きな数字で程度がわかりにくいですが、例えば1EBは巨大 IT 企業が保管しているデータ量程度といわれています。また、1ZB は 10 億 TB であり、2020 年の全世界で生成や消費されたデジタルデータの総量が調査され、59ZB を超えるという結果になりました。

問題 9 解答：④

「AI・データの利用に関する契約ガイドライン」では、開発プロセスを 4 つの段階に分ける「探索的段階型」の開発方式を推奨しています。この開発方式は、最初に要件定義を固めるウォーターフォール形式とは異なり、試行錯誤型の開発を許容する開発方式です。

問題 10　　解答：②

ニューラルネットワークのノード間のつながりを削除することで、パラメータの数を減らして計算を高速化させることをプルーニング（枝切り）と呼びます。重要度の低いノードを選んで切り離すため、精度をあまり下げずに高速化することが可能です。

問題 11　　解答：③

特定の個人を識別できる文字・番号・記号などの符号で、法令で定められたものを個人識別符号と呼びます。マイナンバーや免許証番号、保険証番号などの個人に対して割り当てられる公的な番号と、指紋やDNAなどの身体の一部の特徴を変換した符号があります。

問題 12　　解答：①

AIによる創作物に著作権が認められるためには、人間の思想や感情を創作的に表現している必要があります。人間がAIに指示を出すだけでは、制作の主体はあくまでAIとなり、人の思想や感情が表現されているとはいえません。そのため、人間の創作性のない制作物は著作物には当たらず、著作権も発生しません。

問題 13　　解答：④

問題文で述べているような、学習済みモデルを利用して再学習することを転移学習と呼びます。学習済みモデルの中間層では画像を分類するための特徴が既に抽出されているので、中間層までの重みは固定し、全結合層のみを変更し再学習をします。これとよく似た手法でファインチューニングがありますが、これはネットワーク全体を微調整して再学習を行います。

問題 14　　解答：①

オーバーサンプリングは、教師あり学習において教師データの中身に偏りがある場合に使用されるテクニックです。不均衡なデータをそのまま学習すると、比率の多いラベルのデータに学習が引きずられる傾向があります。学習データはまんべんなくすべてのデータがそろっていることが望ましいです。

問題 15　解答：①

線形分離が可能なものしか学習できないのは単純パーセプトロンの特徴です。

問題 16　解答：①

収穫量は最終的に予測したい値となるので目的変数となります。

その他の耕作地面積と降水量、日照時間は「収穫量」を予測するための要因となるため、説明変数となります。

問題 17　解答：③

見つけたいデータAが、検出結果にどれだけ含まれているかを示す再現率が高くなることが望ましいと考えられます。

問題 18　解答：②

Seq2Seqは機械翻訳だけでなく、自動字幕技術やチャットボットも得意とします。RNNを利用したEncoder-Decoder型の構造をしており、入力値と出力値の数が一致していなくても学習ができるという特徴があります。

問題 19　解答：④

④は、最適化アルゴリズムのうちのミニバッチ勾配降下法の説明となります。

問題 20　解答：③

不正競争防止法上の「営業秘密」では、秘密管理性・非公知性・有用性の3つの要件を満たせば保護の対象となります。産業の発達に寄与するような重要な情報に限らず、生産・販売に関わる有用な情報も該当します。要件の1つである秘密管理性では、社内でその情報が秘密であるとわかるように管理されていることが必要です。また、営業秘密の要件を満たさず保護の対象とならない場合でも、限定提供データとして保護される可能性があります。

問題 21　解答：②

RPAとはRobotic Process Automationの略で、業務の自動効率化を担うソフトウェアの総称です。主にバックオフィス業務（事務や総務、経理）など、効率性が重視される部門での単純作業の自動化を行います。

問題 22　　解答：①

機械学習の中で特徴量を自ら学習することができる技術がディープラーニングです。

問題 23　　解答：③

③は、第１次 AI ブームが終わった原因です。

第２次 AI ブームでは知識のデータベースの管理と、専門家からのヒアリングの難易度が大きな問題になりました。また、知識を入力してもコンピュータが言葉の意味を理解したわけではないため、微妙なニュアンスの表現には対処しきれない面も見受けられました。

問題 24　　解答：②

RandomizedReLU は活性化関数です。

最適化の手法については、「3.2.4 学習の最適化」で復習しましょう。

問題 25　　解答：②

カーネルトリックとは、非線形問題を線形分離可能にする手法の１つです。カーネルトリックを用いて、あえて多次元にデータを写像することで、線形分離を可能とします。

問題 26　　解答：④

① 危機には様々な種類があり、緊急レベルがそれぞれ異なるので、各問題に適した対策を講じておく必要があります。
② システムの偏りなどによって炎上を起こさないようにするためにも、開発者自身が多様性や包括性を理解して開発に臨む必要があります。
③ AI は、関心を高めやすく、過剰な期待を持たれやすいことを前提に、誤解を招かないようシステムの宣伝に配慮する必要があります。

問題 27　　解答：①

Python は AI 開発以外にも、アプリケーション開発・Web システム開発など幅広く利用されています。豊富なライブラリが公開されていたり、文法がわかりやすいことから、初心者がプログラミングを学び始めるのに適しており、非常に人気が高まっているプログラミング言語です。Pythonを使用する上でのデメリットは、処理速度が遅いことです。大規模なシステム開発や処理速度の速さが必要となるゲーム開発などには不向きです。

問題28　解答：③

日本政府はLAWSに関して、人間の関与が及ばない完全自律型の致死性兵器の開発を行う意図はなく、また国際法や国内法により使用が認められない装備品の研究開発を行うことはない、という内容の文書を公開しています。

問題29　解答：④

k-means法におけるハイパーパラメータの1つにクラスタ数があります。クラスタ数の決め方は、人間が手動で指定する方法と、アルゴリズムを使って求めるエルボー法とシルエット分析があります。

問題30　解答：④

透明性レポートでは企業が政府機関などから受領した個人情報に関する情報開示の要請、または削除請求への対応を統計的にまとめたものを公開しています。その他の選択肢は以下を示しています。

①プライバシーポリシー、②危機管理マニュアル、③AI・データの利用に関する契約ガイドライン

問題31　解答：①

音声合成の手法であるWaveNetは従来の手法と比べて、圧倒的に高い質での音声合成に成功し、AIスピーカーが人間に近い自然な言語を話すことなどに大きく寄与しています。Googleのスマートスピーカー「Google Home」などにも使用されています。

問題32　解答：④

セマンティックセグメンテーションとは、画像内の全画素にラベルやカテゴリを関連付けるアルゴリズムです。画素ごとに分類を行うため、画像からはみ出している物体など、不規則な形状の対象物も明瞭に検出することができます。

問題 33　　解答：②

形態素解析は、日本語のような単語の区切りが明らかでない言語においては、意味を持つ最小単位（形態素）に切り分けていきます。よく使われる手法として、MeCab や Janome などが挙げられます。

問題 34　　解答：②

MNIST は、0～9の手書き数字のモノクロ画像に教師ラベルが与えられているデータセットです。主に画像認識を目的としたディープラーニングの初心者向けチュートリアルでよく使われています。

問題 35　　解答：④

探索木はいわゆる場合分けの手法で、簡単な迷路やパズルを解くことができます（①）。探索木のアルゴリズムのように単純な計算を繰り返すアルゴリズムはコンピュータの得意とすることですが（③）、複雑な条件分岐ではメモリ不足などで探索しきれないという問題があります（④）。また、現在どのアルゴリズムにも得意不得意があり、万能なアルゴリズムは存在しません（②）。

問題 36　　解答：②

ディープラーニングでは層が深く複雑なアルゴリズムほど表現力が高くなる傾向もありますが、予測結果を開発者ですら説明できなくなってしまう、ブラックボックス問題が発生しやすくなります。AI の学習過程や構造を人が理解し、説明できるモデルにするための技術やその分野を説明可能 AI（XAI）と呼びます。

問題 37　　解答：③

文章をベクトルで表現することにより、ベクトルを使った様々な計算が可能となります。言語処理でよく使われるベクトル間の類似度計算の手法に、コサイン類似度があります。コサイン類似度とは、ベクトルのなす角が0に近づく（一致する）ほど値が1に近づくというコサインの性質を利用して類似度を計算する手法です。2つのベクトルの大きさの積で2つのベクトルの内積を割ることで求められます。

問題 38　解答：①

ディープラーニングで頻用される事前学習の手法の1つとして、映像から物体検出を行う際に、パラメータの一部として事前に画像認識の課題を学習させた訓練済みモデルの結合係数を用いることがあります。

問題 39　解答：③

個人情報取扱事業者は、第三者から個人データの第三者提供を受ける場合には、以下の事項を確認する必要があります（個人情報保護法26条1項）。

1. 当該第三者の氏名又は名称及び住所並びに法人にあっては、その代表者（法人でない団体で代表者又は管理人の定めのあるものにあっては、その代表者又は管理人）の氏名
2. 当該第三者による当該個人データの取得の経緯

問題 40　解答：④

ReLU関数の出力は、入力値が負の値の場合は0、正の値の場合は入力値を返します。よって、①と②は当てはまりません。また、活性化関数に万能と呼ばれるものは現存しません。

問題 41　解答：①

DQNは、Google DeepMind社によって開発されました。この手法は囲碁プログラムのAlphaGOで用いられ、2015年にプロ棋士にハンディキャップなしで勝利しました。

問題 42　解答：②

それぞれの関数は以下のような出力になります。

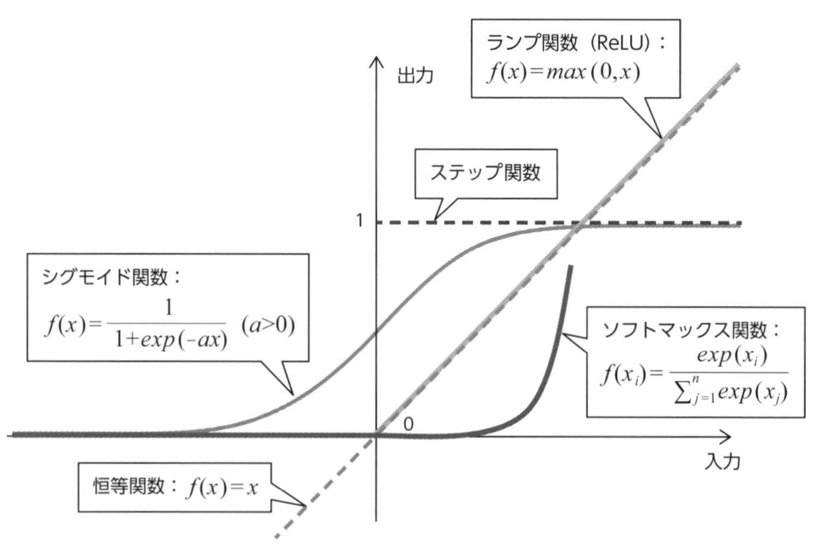

図　各関数

問題 43　　解答：①

データを拡張してデータ数を水増しすることで、データ数が少ない場合でも学習を行えるようになります。また画像データの場合、角度を変えたり、拡大・縮小の変換を加えたりすることで、元データに過学習することを防ぎ、汎化性能を上げることができます。

問題 44　　解答：④

画像認識モデルの精度を競うILSVRCという大規模な競技会では、2012年にAlexNet、2014年にGoogLeNet、2015年にResNetが優勝しました。SegNetは、2017年にケンブリッジ大のグループから発表された、初期のセマンティックセグメンテーション向けのCNNモデルです。

問題 45　　解答：①

②と④については、1回のパラメータの更新に複数のサンプルを使用します。オンライン学習は局所最適解にはまりにくい性質がありますが、外れ値に弱いことや学習が不安定になりやすい点も注意が必要です。なお、③は複数の機能を1つのモデルに学習する方法です。

問題 46　　解答：③

学習率は、扱うデータやモデルの構造によって変化するため、決まった値はありません。ハイパーパラメータとしてチューニングなどを行うことによって決めることがほとんどです。また、RMSPropなどの最適化手法を使用すると状況に応じて学習率は変動します。

問題 47　　解答：④

Googleによってニューラルネットワークの計算に特化したプロセッサであるTPUが開発されました。GPUに比べ汎用性は劣りますが、大規模で複雑なディープラーニングの計算時間を最小限に抑えることが可能となりました。

問題 48　　解答：①

「カメラ画像利活用ガイドブック」によると、カメラ撮影を行う際の具体的な通知方法・通知内容については、撮影対象者が容易にその情報を得られるよう、撮影対象場所や利活用目的等を事業者が総合的に考慮し、決定する、とあります。このガイドブックは事業者に対し、対応を強制するものではなく、カメラ画像を利活用する際に配慮すべき点などが記されています。

問題 49　　解答：③

RNNはループ構造により過去の情報を一時的に記憶することができ、その情報を基に新しい事象を処理することができます。

問題 50　　解答：②

①はすべての訓練データを使い切った回数、③は1回パラメータを更新するために使用するデータの数を表します。なお、④はCNNなどに出てくる畳み込みフィルタのサイズです。

②のイテレーションについては、第3章のCOLUMN「機械学習におけるイテレーションとエポック」の図3.20を参照してください。

問題 51　　解答：②

ニューラルネットワークをはじめ、機械学習の評価指標として損失関数が用いられます。損失関数から得る値は予測の値と実際の値の差となるので、小さければ小さいほどよいことがわかります。
また、各損失関数の特徴は以下の通りです。

- 平均絶対誤差：外れ値に強い
- 平均二乗誤差：外れ値に敏感である
- 交差エントロピー誤差：分類問題にしばしば用いられる
- 2値クロスエントロピー：2値分類で用いられる

問題52　解答：②

AE（オートエンコーダ）は入力データと出力データがまったく同じになるよう学習することで、その入力データを圧縮表現し特徴を抽出します。一方VAE（変分オートエンコーダ）は、圧縮表現ではなく、平均と分散で表現するよう学習します。入力データが何かしらの分布に基づいて生成されているものだとしたら、その分布を表現するように学習すれば良いという考えからこうしたアプローチがとられました。

問題53　解答：③

TPUはGoogleが開発した機械学習に特化した特定用途向け集積回路です。CPUはコンピュータにおける中心的な処理装置を表し、GPUはコンピュータグラフィックスの演算などを行う画像処理装置です。GPUは行列演算も得意としているため、機械学習にもよく使われます。GPGPUは、GPUの演算資源を画像処理以外の目的に応用する技術のことです。

問題54　解答：②

y=4x+5の式にそれぞれ数値を入れて計算することで求めたい値がわかります。最高気温を式に入れることで、その日のアイスクリームの売上個数のおおよその数を予測することができますが、前後何個以内といった誤差の程度を表すことはできません。

問題55　解答：④

文章が長くなると長期の依存関係を取り込むことが困難で、RNNやLSTMでは扱えないほどの長文を処理するために注意機構が考え出されました。人間の認知機構での注意と似た考え方で、例えば、英語から日本語に翻訳する場合、どの英単語がどの日本語の単語に訳されているかという単語間の結び付きに注意しながら学習するモデルです。

問題 56　解答：③

RNN には、並列処理ができないため高速化できないという問題点があります。Transformer では、RNN を廃止したため並列処理を可能にして、より大きなデータセットで学習を行えるようになりました。

問題 57　解答：③

特許法では、生データは情報の単なる提示に該当するため特許権は認められません。一方、学習用データセットは、情報の選択または体系的な構成によって創作性を有するものはデータベースの著作物として保護されます。不正競争防止法の営業秘密としての要件を満たした場合は、生データであっても営業秘密と認められます。

問題 58　解答：②

モデルの精度を上げるために、ネットワークの構造の大きさをスケールアップするという方法がよく使われます。EfficientNet はモデルの「深さ」と「広さ」と「解像度(＝入力画像の大きさ)」の 3 つをバランスよく調整することで、ネットワーク構造が無駄に大きくなることを防ぎ、少ないパラメータで高い精度を出すことに成功しました。

問題 59　解答：④

自然言語処理で文章を解析する流れとして、まず文章を意味を持つ最小の単語に区切り、品詞で判別していきます(形態素解析)。次に単語間の想定されるすべての係り受け関係のパターンを洗い出します(構文解析)。構文解析で洗い出したパターンの中から、統計的に最も正しいと考えられるパターンを 1 つ絞り込みます(意味解析)。代名詞を含む文や、主語が省略された文などは、周囲の文との文脈からそれを判断する必要があるため、これまで行った解析を複数の文に渡って処理します(文脈解析)。

問題 60　解答：①

ディープラーニングを用いたモデルが圧倒的な精度を出したのは2012年です。それぞれの優勝した年は以下の通りです。なお、VGGNetは準優勝モデルとなります。

2012年：AlexNet、2013年：ZFNet、2014年：GoogLeNet、2015年：ResNet

問題 61　解答：①

GoogLeNetは、ILSVRC2014で優勝したGoogleのチームが開発したネットワークモデルです。複数の畳み込み層やプーリング層から構成されるInceptionモジュールとGlobal Average Poolingを導入している点が特徴的です。これらの工夫により、勾配消失問題を防いだり、精度の向上に成功しています。

問題 62　解答：③

AIを使用したボードゲームシステムは数多く開発されてきました。代表的なシステムを把握しておくとよいでしょう。

- バックギャモンのAIプログラム「BKG 9.8」
- チェス用機械「El Ajedrecista」
- チェス世界チャンピオンに勝利した「Deep Blue」
- 将棋のプロ棋士に勝利した「Ponanza」
- 囲碁のプロ棋士に勝利した「AlphaGo」
- 囲碁、将棋、チェスのプレイができる「AlphaGo Zero」

問題 63　解答：④

選択肢は、それぞれ勾配が0となる点ではありますが、特徴をしっかり捉えましょう。

- 大域的最適解：すべての範囲で誤差の値を最小とする解
- 局所最適解：ある範囲では誤差が小さいが、最小値ではない
- 停留点：勾配は0となる点
- 鞍点：停留点の1つであり、特に問いの説明に当てはまる点のことを指す

停留点などにより、学習が進まないことを指す言葉はプラトーです。

問題 64　解答：②

探索木には基本的な考え方として以下の2つの手法があります。

- 幅優先探索：条件による選択肢のすべてを探索してから次の条件に進む方法。メモリに負担はかかるが、確実に最善の解答にたどり着く。
- 深さ優先探索：結論（分岐の執着点）にたどり着くことを優先し、結論に達したら分岐へ戻ることを繰り返す手法。メモリへの負担は少ないが、最善の答えにたどり着く速度は運任せとなる。

問題 65　解答：②

GPT-2は自動で文章を生成してくれるAIです。40GBにも及ぶテキストサンプルを使用して学習しており、あまりの精度の高さに、悪用された場合に深刻な被害をもたらすことが懸念されました。スパムメールやフェイクニュースを簡単に大量に生成して世間を混乱させたり、他人になりすまして個人や団体の名誉を毀損したりといった事態につながってしまう可能性もあります。

問題 66　解答：①

ディープラーニングにおいて必要なデータ量の目安を見積もる経験則として、「バーニーおじさんのルール」があります。この経験則では、ニューラルネットワークのパラメータの数に対して、最低限その10倍以上の訓練データ量が必要となる、とされています。しかし、これは現実的な量とはいえず、データ数が少なくても学習ができるような工夫がされています。

問題 67　解答：①

教師あり学習の問題とは違い、カテゴリが最初に定まっていないデータをデータ間の類似度に基づいて分類するのがクラスタリングです。

問題 68　解答：④

個人情報保護法では、利用目的の変更は、変更前の利用目的と関連性を有すると合理的に認められる範囲を超えて行ってはならないとあります。また、あらかじめ本人の同意を得ないで、利用目的の達成に必要な範囲を超えて、個人情報を取り扱ってはならないとあります。

問題 69　解答：①

正則化の代表的な手法として、過学習を防止するためのLasso回帰（L1正則化）と次元圧縮に用いられるリッジ回帰（L2正則化）があります。

問題 70　解答：①

GANのネットワーク構造は、ジェネレータ（生成ネットワーク）とディスクリミネータ（識別ネットワーク）の2つのネットワークから構成されており、ジェネレータでは入力画像から特徴を抽出し、その特徴から偽物であると見破られないような画像を生成していきます。ディスクリミネータではジェネレータから出力された画像が、本物か偽物かを正しく判断できるよう学習していきます。このように互いに競い合わせることで精度を高めていきます。

問題 71　解答：④

HMMでは音素単位での認識を基本とするため、様々な単語に対応することが比較的容易です。また発声法（強さ、速さ、明瞭さ）等による音声パターンの変動を確率モデルで捉え、統計的処理で対処できます。その一方で、パラメータ推定に多量の学習用サンプルを必要とし、計算量も多いという問題点があります。

問題 72　解答：④

音の周波数の増加量と人間が知覚する音の高さは比例せずに一定の周波数以上になるとその差が大きくなっていきます。つまり人間の聴覚は高音になるほど聞き分けることが困難であることから、人間の音の聞こえ方に基づいた尺度であるメル尺度が作られました。

問題 73　解答：①

RNNは与えられた時系列データから、次に得られるであろうデータを予測するニューラルネットワークです。そして、時系列データとは時間順序を追って取得され、ある時点のデータが、それ以降に発生するデータに何らかの影響を及ぼしていると考えられるデータを指します。株価や気温、売上の値は時間軸に沿って変化している時系列データとして扱われます。

問題 74 解答：②

匿名加工情報を取り扱う事業者は匿名加工情報を作成した場合、安全管理措置、苦情処理の方法、その内容を公表しなければならない、とされています。

問題 75 解答：①

ELSI とは、倫理的・法的・社会的課題（Ethical, Legal and Social Issues）の略で、新規科学技術を研究開発し、社会実装する際に生じる様々な課題についての研究を指します。元は生命科学の用語でしたが、後に先端科学技術研究全般に広く用いられるようになりました。様々な人々と協働しながら開発と技術のあり方を考えていくという、社会に開かれた態度であるといえます。

問題 76 解答：②

CNN において畳み込み処理の前に、画像データの周囲に固定の数値を埋め込むことをパディングと呼びます。特に、0 で埋めることをゼロパディングと呼びます。パディングをする理由は、画像の端にある情報を拾うようにするためと、畳み込みが進むにつれて画像が小さくなり過ぎることを防ぐためです。

問題 77 解答：②

ディープフェイクとは、2 つの画像や動画の一部を結合させ、元とは異なる動画を作成する技術を指します。現在はフェイク動画、偽動画を指すことが多くなりました。犯罪に使われたニュースが注目を浴びることで、ディープフェイクは悪いものであると思われがちですが、映画の CG などに使われており、エンターテインメントで多く活用される技術です。

問題 78 解答：④

従来の OCR はプログラムによるアルゴリズム処理がメインでしたが、ディープラーニングによる手書き文字の識別技術などにより精度を向上させています。

問題 79 解答：③

機械学習の汎化性能を上げるためには、多様なデータを偏りなくそろえることが望ましいです(④)。偏りのあるデータの場合は、少ないデータを水増ししたり(②)、汎用性を上げたりするために、意図的に一部のデータにノイズを入れることもあります(①)。

なお、カテゴリカルデータを数値に変換する作業はモデルに適合させるための前処理の一環です。

問題80　　解答：①

NAS (Neural Architecture Search)は、従来、人間が手探りで構築してきたディープニューラルネットワーク(DNN)を、基本的なブロック構造を積み重ねて自動的に構築します。このブロック構造は、畳み込み、バッチ正規化、活性化関数などを含みます。NASはRNNや強化学習を使ってネットワークの構造を出力します。

問題81　　解答：②

「part-of」の関係は属性を表しており、何かの一部であるという解釈をすることができます。しっぽは犬の一部であることから「part-of」の関係であることがわかります。なお、②以外の選択肢は継承関係を表す「is-a」の関係となります。

問題82　　解答：④

剪定は、過学習を抑制する手法の１つです。複雑になりがちな決定木の分割回数を制限することで、汎用性の向上を図ります。

問題83　　解答：④

物体検出は、画像内の物体が存在する領域(バウンディングボックス)と抽出した領域に存在する物体の分類を処理します。代表的なものとして、顔検出や自動運転などの技術に応用されています。

問題84　　解答：②

敵対的な攻撃は攻撃者がすべてのデータにアクセスする必要はなく、入力するデータに人間の目では捉えることはできない微小なノイズを加えることでAIに誤認識させることができます。ノイズの加え方の違いによって任意のクラス、もしくは特定のクラスに誤分類させられます。

問題 85　　解答：②

サンプリング・バイアスとは不適切な標本抽出によって、母集団を代表しない特定の性質に偏ったデータが紛れ込んでいることを指します。母集団の全構成員から無作為に標本を選ばない限り、バイアスが生じる可能性があります。

問題 86　　解答：②

2019年5月の道路交通法の改正では、自動運転を利用しており、何らかの理由で自動運転システムが作動しなくなった際にただちに手動運転に移れる状態にある場合は、携帯電話やカーナビの操作などが認められました。しかし、運転席を離れたり睡眠をとるなど、手動運転への切り替えにすぐに対応できないものについては、当然不可とされています。無人走行や速度超過も認められていません。

問題 87　　解答：①

Speech Recognitionは音声認識を実行するためのライブラリで、いくつかの音声認識エンジンをサポートしています。その他の選択肢はすべて音声認識エンジンです。

Deep Speechは同名の音声認識モデルが実装されており、従来の音響モデルと音素の概念を使用せず機械学習のみで開発されたモデルです。

Juliusは音声認識システムの開発・研究のためのオープンソースの高性能な汎用大語彙音声認識エンジンで幅広い用途に応用できます。

Kaldiは国際的な開発チームにより非常に活発に開発が継続されており、新しい特徴抽出法や、深層学習が取り入れられています。

問題 88　　解答：②

このガイドラインでは信頼性を備えたAIの条件として「1. 人間の活動（human agency）と監視、2. 堅固性と安全性、3. プライバシーとデータのガバナンス、4. 透明性、5. 多様性・非差別・公平性、6. 社会・環境福祉、7. 説明責任」の7要素が挙げられています。

問題 89　　解答：②

GRU（Gated Recurrent Unit）は、LSTMの忘却ゲートと入力ゲートを単一の更新ゲートにマージし、隠れ状態のみを伝達していくニューラルネットワークのモデルです。これにより、パラメータ数を減らすことができるので、計算コストを抑えることができます。

問題 90　解答：③

ディープQネットワーク（DQN）は強化学習のQ学習をベースとした手法で、Q学習における行動価値関数（Q関数）を畳み込みニューラルネットワークに置き換えて近似したものです。

問題 91　解答：②

画像から対象物を判別する際に、画像のどこに着目しているのかを可視化してくれるモデルとしてCAMがあります。代表的な手法であるGrad-CAMでは、判断根拠とした箇所をヒートマップで強調することで可視化します。

問題 92　解答：③

AlexNetは、ILSVRC2012において2位に10%近く精度の大差をつけて優勝したモデルです。AlexNetの成果により、畳み込み層を含む多層ニューラルネットワークが注目されるようになりました。

問題 93　解答：③

チューリングテストは、機械に知能が備わったか判断するためのテストとして有名です。反論として登場したのが、英語しかわからない人間が中国語の完璧な説明書を使用して中国語の質問に対応する「中国語の部屋」という喩えです。

問題 94　解答：①

一般に、機械学習はブラックボックスといわれているように、複雑なモデルを用いた場合には、なぜその結果となったのか理解できないことが少なくありません。そのため、機械学習の学習、予測結果を人間が容易に解釈できるようにする研究が盛んに行われています。

問題 95　解答：①

モンテカルロ法は、AlphaGoにも活用された考え方です。ランダムに盤面を進めて勝率の良い手を選択します。いわば総当たりの手法のため、非常にマシンパワーが必要であることからブルートフォース（力任せ）であると評されることもありました。

問題 96　　解答：④

ルールベース機械翻訳では単語ベースで区切られた言語データベースを用いて翻訳しますが、正しい文法構造でない文章は翻訳することができません。これに対して統計機械翻訳では、文章レベルの対訳ベースのデータベースを使います。これによって、統計的により正しい翻訳である確率の高い表現が選択され、訳文を生成します。ディープラーニングによる機械翻訳では、ニューラルネットワークの仕組みを翻訳に応用することで、ルールベース機械翻訳や統計機械翻訳では対応できなかった複雑な表現にも、精度の高い翻訳を生成することが可能になりました。

問題 97　　解答：④

ホールドアウト法とk-分割交差検証は、機械学習における代表的なデータのテスト方法です。それぞれの違いを把握しましょう。

- ホールドアウト法：比率は任意に訓練用と検証用にデータを2つに分割する
- k-分割交差検証：任意の数（k個）にデータを分割する。分割したそれぞれを検証データとして使用する

問題 98　　解答：③

SVMは、マージン最大化の考え方のもとで主に2クラスに線形分離をする手法です。マージンとは、2つのクラス間の距離を指します。なお、多項分類や回帰にも用いることができ、誤分類を許容しないハードマージンと許容するソフトマージンに分かれます。

問題 99　　解答：②

ImageNetは、スタンフォード大学から研究者や教育に役立てるために公開されているデータセットで、カラー写真の教師ラベル付き画像データ1400万枚以上で構成されています。教師ラベルは、WordNet階層と呼ばれる英語の概念辞書に基づいて付与されています。

問題 100　解答：③

k-means 法は、教師なし学習であるクラスタリングの手法に 1 つです。カテゴリの教師データはなく、任意の数のカテゴリに分類します。

問題 101　解答：④

民間企業で構成される団体である Partnership on AI は、Amazon、Google 社などのアメリカの IT 企業を中心として組織されています。AI における安全性や公平性、透明性、責任などへの取り組みを「信条」としています。

問題 102　解答：②

一度のパラメータの更新、つまりイテレーション 1 回につき全訓練データを使うため、エポックも 1 となりイテレーションとエポックが同じとなります。

問題 103　解答：④

Sim2Real とは、学習に必要な環境を仮想空間で再現し学習させ、その学習結果を実世界で利用する手法です。これを用いることにより、データ収集を低コストで行うことが可能となりました。

問題 104　解答：①

AI 効果は人工知能が実用化され、原理がわかってしまうと「それは単純な自動化であって知能とは関係ない」と結論付ける人間の心理効果の 1 つです。

問題 105　解答：①

GPU は CPU よりも計算に必要なコアの数が圧倒的に多いので、計算処理速度が速く、処理すべきタスクを同時に並列処理することも可能です。

問題 106　解答：③

人物の骨格をディープラーニングで推定するシステムの 1 つに OpenPose があります。画像や動画内に複数の人がいてもリアルタイムに身体の動きを検出することができます。検出するのは顔のパーツから首、腰、膝などの 18 カ所にわたり、それらを点と線で示して姿勢を推定します。OpenPose を使用すれば、特殊な設備がなくてもカメラ 1 台で複雑な姿勢の解析が可能になります。

問題 107　解答：③

人工無脳とは、会話ボットあるいはおしゃべりボットのことを指します。既定のルールに従って言語処理を行うことで対話が成立するようにプログラムされていますが、実際には言葉の意味を理解しているわけではありません。

選択肢①～④は、以下のような機能を持ったコンテンツです。

① Google マップ：交通状況や最良ルートの予測し、マップに表示する
② Yahoo! ショッピング：似ている商品を探す類似画像検索機能
③ ELIZA（イライザ）：言語処理による文書を用いた対話システム
④ ハンドシャッター機能：画像認識によって手のひらを検出し、自動でシャッターを切る

問題 108　解答：①

2018年10月にGoogleによって発表された自然言語処理モデルのBERTは、Bidirectional Encoder Representations from Transformersの略で、「Transformerによる双方向のエンコード表現」と訳されます。従来のモデルと比べて文脈を理解できることが大きな差となり、発表当時は「AIが人間を超えた」といわれるほどのブレイクスルーをもたらしました。

問題 109　解答：④

FATとは、Fairness（公平性）、Accountability（説明責任）、Transparency（透明性）を表す概念であり、AIの設計思想の下においても、人々がその人種、性別、国籍、年齢、政治的信念、宗教等の多様なバックグラウンドを理由に不当な差別をされることなく、すべての人々が公平に扱われなければならないという信念の礎となっています。

問題 110　解答：④

経済産業省が公表している「カメラ画像利活用ガイドブック」では、取得した画像から人物の目、鼻、口の位置関係等の特徴を抽出し数値化したデータは、特定の個人の識別が可能なため、個人情報として適切に扱う必要があるとされています。

問題 111 解答：①

GDPR は、欧州議会、欧州理事会および欧州委員会が策定した個人情報保護のための法令です。特定の国や地域が個人情報について十分な保護水準を確保しているとEU によって認められることを「十分性認定」といいます。2019 年 1 月に日本も十分性認定を受けることに合意しました。

問題 112 解答：③

FCN の特長は、全結合層を 1 × 1 の畳み込み層に置き換え、ネットワークが畳み込み層のみで構成されていることです。全結合層を畳み込み層に置き換えると、クラス分類の結果がヒートマップとして表現され、物体の領域も出力されるようになりました。また、全結合層をなくすことで、従来の CNN のように入力画像のサイズを固定する制約を受けなくなりました。これにより、プーリングを経て小さくなった特徴マップのサイズを入力画像と同サイズに拡大することができます。拡大処理には逆畳み込み演算という処理を施します。

問題 113 解答：②

TF-IDF とは文章中に含まれる単語の重要度を評価する手法の 1 つで、主に情報検索やトピック分析などの分野で用いられます。いくつかの文章があったときに、TF は単語のある文章内の出現頻度で、IDF はある単語が出てくる文章頻度の逆数です。その文章内での出現回数が多い (TF の値が大きい)、かつ、他の文章であまり出てこない (IDF の値が大きい) という単語ほど値が大きくなり、その文章を特徴づけているといえます。TF-IDF の値は文章ごとに計算しますが、同じ単語であっても文章によって TF が異なるので TF-IDF の値も異なります。

問題 114 解答：④

特許法において、複数の者の共同作業によりプログラムを発明した場合、その全員が発明者となることができる、とあります。共同発明として、特許を受ける権利は発明者全員の共有となり、共有者全員でなければ特許出願することができません。

問題 115 解答：①

ハイパーパラメータは、モデルがどのように学習を進めるかを定める値です。教師あり学習の決定木ならば分岐する回数や分岐後の最小サンプル数、ディープラーニングでは学習率もハイパーパラメータに該当します。

問題 116　　解答：①

CycleGANとは敵対的生成ネットワーク（GAN）の一種で、画像のスタイルを相互変換することができます。多数の馬とシマウマの画像の特徴を把握し、相互に変換を可能にした事例が有名です。CycleGANでは、2枚の画像の対応する各ピクセルの関係を学習するのではなく、2つの画像データセット同士のドメインの関係を学習して画像変換を実現します。これによって、CycleGANは大量のペア画像を用意しなくても、2つの違う画像データセットからその関係を学習して画像変換アルゴリズムを獲得できます。2対のGeneratorとDiscriminatorを使った変換と逆変換の循環（cycle）構造になっており、それぞれの組は通常のGANと同様に、敵対し合いながら学習を進めます。

問題 117　　解答：②

Word2Vecは、文章中の単語を数値ベクトルに変換し、その意味を把握するための自然言語処理の手法です。従来の手法に比べて精度が高く、特に文章の意味把握においては以前より飛躍的に精度を向上させることができました。「単語の意味は周囲の単語によって形成される」という分布仮説が設計思想にあります。

問題 118　　解答：③

時間変化する音声を一定区間で区切り周波数領域へ変換すると、周波数帯ごとに強弱が見られます。つまり、スペクトル包絡が山谷を持っていると考えられ、この山（ピーク）に当たる周波数帯をフォルマントと呼びます。

問題 119　　解答：①

2016年に提案されたDCGANのオリジナルのGANとの大きな違いは、GeneratorとDiscriminatorそれぞれのネットワークに全結合層ではなく、CNNを使用している点です。そして、GANの学習が安定しない問題に対しては、バッチ正規化の導入や、活性化関数にReLUだけでなくtanhやLeaky ReLUを使用しています。

問題 120　　解答：①

ソフトマックス関数では、出力値がクラスの数だけ用意され、それらの値の合計が1になるように出力されます。そのため、出力された値は確率として解釈でき、どのクラスにどのくらいの確率で所属している可能性があるかを結果として得ることができます。

問題 121　　解答：③

レコメンデーションには代表的な手法として、協調フィルタリングとコンテンツベースフィルタリングがあります。前者は顧客情報同士を比較することでおすすめ商品を選出し、後者は商品を基準に以前買った商品と類似する商品をおすすめします。

問題 122　　解答：①

ALOCCは画像データに対して異常検知を行うための手法で、オートエンコーダとGANを組み合わせたような構造をしています。オートエンコーダ部分はGANのGeneratorに相当し、Reconstructor（R）と呼ばれます。学習時には正常画像にノイズを加えたデータを入力し、元通りに復元するように学習します。Discriminator（D）はGANと同じで、入力された画像がRの出力なのか本物の正常画像なのかを見分けるように学習します。

問題 123　　解答：③

Word2Vecなどの単語分散表現は、1単語に1ベクトルを割り当てるため、文章中に多義語があっても意味を区別できませんでしたが、後継としてそれを可能にしたものがELMoやBERTです。これらは文脈を考慮した単語分散表現を与えるので、単語の意味を加味した答えを返すことができます。

問題 124　　解答：④

Transformerとは、2017年にGoogleが開発したモデルです。このモデルは、正確な機械翻訳を目指して開発されました。従来モデルで主に使われてきたRNNもCNNも使わず、Attentionのみを用いたEncoder-Decoder型のモデルとして設計されました。Attention機構では、入力した文章と出力する文章の対応する単語の関係を学習しています。Transformerは自然言語処理分野だけでなく、画像認識などの他分野でも活躍しています。

問題 125　　解答：④

CRISP-DMはデータ分析プロジェクトのプロセスモデルで、データ分析を「ビジネスの理解」「データの理解」「データの準備」「モデリング」「評価」「展開」の6つのステップに分割して考えます。CRISP-DMでは「データの理解」を行ってから「データの準備」を行うとされていますが、各ステップの順序は厳密ではなく、大半のプロジェクトでは、必要に応じてステップ間を行き来して作業を行います。

問題 126　　解答：③

Rainbowは、DQN以外にDoubleDQN、Prioritized Replay、Dueling Networks、Multi-step Learning、Distributional RL、Noisy Netsを組み合わせた手法で、どの拡張手法と比べても精度が飛躍的に向上することができました。

問題 127　　解答：①

入力ゲートでは、入力値を長期保存用に変換した上で、どの情報をどのくらいの重みで長期記憶に保存するか制御します。忘却ゲートは、前セルからの長期記憶1つずつに対して情報の取捨選択を行います。忘却ゲートによって不要と思われる情報を捨てることで計算量が膨大になることを防ぐことができます。このような処理により、長期記憶に短期記憶が加わって取捨選択された値の中で、短期記憶に関する部分のみを出力ゲートより出力します。

問題 128　　解答：③

訓練データに過剰に適合した状態を過学習と呼びます。学習用のデータを増やす、正規化・標準化などが過学習防止の手法として挙げられます。

問題 129　　解答：①

回帰問題では、答えである実測値と予測した値の誤差を基準に評価を行います。選択肢の中で決定係数のみが誤差を使った評価指標です。②は、変数同士の関係性を表す値のため評価指標ではありません。③④については、正解・不正解を基準とした分類問題で使用される評価指標です。

問題 130　　解答：②

シンボルグラウンディング問題は人工知能が抱える問題の１つです。文字を記号としてしか処理できず、意味の理解にまで及ばないことを指します。

問題 131　　解答：①

モデルの軽量化の手法の１つである量子化は、ディープラーニングにおいて重みなどのパラメータを８ビット以下の固定小数点や整数に置き換え、使用するビットを制限することでネットワークの構造を変えずにメモリ使用量を削減できます。

問題 132　　解答：④

２つの音声データ内に同じパターン（同じ単語）が含まれるか比較する場合に、時間軸方向の伸縮を許すことでパターンに多少の違いがあっても、同じパターンと認識できます。つまり、人によって話し方が異なっていても、同じ単語であれば認識できるように計算します。

問題 133　　解答：④

TensorFlowとは、Googleが開発しオープンソースで公開している機械学習に用いるためのソフトウェアライブラリです。機械学習だけでなくディープラーニングにも対応しています。様々なOSで利用でき、Python以外のプログラミング言語にも対応しています。

問題 134　　解答：②

敵対的な攻撃の１つに、人間にはわからないような微小なノイズを加えた画像をAIに入力することで誤認識させる方法があります。実例として、パンダの画像にノイズを加えることで、AIが画像をテナガザルと誤分類したというものがあります。

問題 135　　解答：④

多すぎる次元数を少なくするには、次元削減を用います。その手法として、主成分分析やt-SNE法があります。どちらもデータの持つ情報量をできるだけ残して、次元削減を行います。

問題 136　解答：②

2値分類で使用されている活性化関数はシグモイド関数です。出力は確率値として捉えられます。なお、それぞれの活性化関数の詳細は「3.2.2 活性化関数の工夫」で復習しましょう。

問題 137　解答：②

サイズが6×6の画像に、サイズが2×2のカーネルをストライド幅2で当てはめていくと、出力は3×3のサイズとなります。

問題 138　解答：③

RNNとは、ニューラルネットワークを拡張して時系列データを扱えるようにしたものです。ここでいう時系列データとは、ある時間の経過とともに値が変化していくようなものを指し、店舗の日次売上データやホームページのアクセス数履歴、工場設備のセンサデータなど、多種多様なデータが時系列データとして表現されます。

問題 139　解答：②

Skip-Gramで行われる学習は教師あり学習で、入力として対象となる中心語を与え、その周辺語の予測を出力します。それに対してCBOWは、前後の単語から対象の単語を予想します。一般論として、CBOWよりもSkip-Gramの方が学習に時間がかかるものの、精度は良いとされています。

問題 140　解答：③

分類問題において、あるクラスのデータ数が極端に多い、または少ないデータのことを不均衡データと呼びます。この対処方法は2つあり、データ数の偏りを補正して均衡にする方法と、少ないクラスの誤分類に重いペナルティを課すような損失関数を定義する方法です。

SMOTEは前者の方法です。データ数が少ないクラスのデータ量を増やすことで、データの均衡を保ちます。

問題 141 解答：③

2019年1月施行の著作権法改正により、情報解析のためであれば、必要な範囲で著作権者の承諾なく著作物の記録や翻案が認められました。また、他者の著作物を複製してデータセットを作成したとき、そのデータセットやモデルを、営利・非営利を問わず利用あるいは第三者への提供ができます。これは世界的に見て先進的であるため、海外の著作物を日本の著作物と同等に扱うことは困難な場合が多いでしょう。

問題 142 解答：①

ROC曲線は閾値（しきいち）によって変化するTrue Positive Rate（真陽性率）とFalse Positive Rate（偽陽性率）を描画したものです。良いモデルの場合、ある閾値できれいに分類が可能となるため、グラフの形は左上に膨らんだ曲線となります。

問題 143 解答：②

キャプション生成とは、画像や映像内で行われている出来事や人物・動物などの振る舞いなどを説明する文を生成するタスクです。画像や映像中の各要素をそれぞれ画像認識モデルで認識した結果をもとに、キャプションを生成します。

問題 144 解答：③

事故や車両の不具合があった場合の原因究明が行えるよう、自動運転車には作動時の記録ができる装置の搭載が義務化されます。その上で、警察官は運転者に対してその記録の提示を求めることができるとし、運転者には記録を保管する義務が発生します。

衝突被害軽減ブレーキは、2021年11月以降の新型車から装備が義務付けられました（②）。車線逸脱防止支援装置（①）や踏み間違い防止装置（④）は既に搭載されている自動車はありますが、義務化はされていません。

問題 145 解答：③

期待値とは、ある試行を行い、その結果として得られる数値の平均値のことです。計算方法は、試行によって得られる数値（この場合サイコロの目の数）とその値が得られる確率（各目が出る確率は1/6）の積の総和です。つまり、

$$1 \times 1/6 + 2 \times 1/6 + 3 \times 1/6 + 4 \times 1/6 + 5 \times 1/6 + 6 \times 1/6 = 3.5$$

となります。

問題 146　　解答：④

1955年から1956年にかけてアレン・ニューウェル、ハーバート・サイモン、J・C・ショーが開発したコンピュータプログラムであるロジック・セオリストは、人間の問題解決能力を真似するよう意図的に設計されたプログラムであり、「世界初の人工知能プログラム」と称されました。

問題 147　　解答：③

ディープラーニングのモデル圧縮とは、情報処理を効率化することで、一定の精度を保ちながら処理速度を向上させるための技術です。また、モデルを軽量化することで、計算能力が低いエッジデバイス上などでも予測させることができます。

問題 148　　解答：②

ReLU関数では負の値が入力されると0を、正の値が入力されると入力をそのまま出力します。

問題 149　　解答：③

Grad-CAMは、画像認識する際にその判断根拠を可視化することを目的とするモデルです。タグ付けされたクラス（犬、猫など）に対して、影響の大きい画像の箇所をヒートマップで示しています。

問題 150　　解答：④

多くの国や企業、学術団体などがAIに関する倫理指針や規制のためのガイドラインを検討・策定しています。2019年5月に中国が発表した「北京AI原則」では、個人の自由やプライバシーの保護といった、中国におけるAI倫理の方針を示しています。

問題 151　　解答：③

人種、病歴、犯罪の経歴などの情報は個人情報保護法の中でも要配慮個人情報として扱われ、情報の取得は原則あらかじめ本人の同意が必要です。このため、第三者への提供に一部規制がありますが、利用制限はありません。その一方で「金融分野における個人情報保護に関するガイドライン」では、原則としてこれらの情報を取得することをはじめ、情報の利用または第三者への提供が禁止されています。

問題 152　　解答：④

大きなモデルを教師モデルとして小さいモデルへ継承する方法を蒸留といいます。大きなモデルの学習結果を生徒モデルへ引き継ぐことで、低スペックのデバイスでも高い精度を実現できます。

問題 153　　解答：①

CIFAR-10 とは、トロント大学が公開しているデータセットで、6 万件もの画像に 10 個のクラスがラベリングされています。クラスは飛行機、自動車、鳥、猫、鹿、犬、カエル、船、トラックの 10 種です。機械学習研究で最も広く使用されているデータセットの 1 つです。

問題 154　　解答：①

照応解析とは「それ」や「そこ」などの代名詞や、指示語などの照応詞が指す内容を推定する技術です。また、省略された名詞句を補完する処理も照応解析に含まれます。

問題 155　　解答：②

活性化関数は、順伝播時の出力の形や、誤差を逆伝播する際には微分が可能であるか、勾配が消失しにくいか等の条件を考慮して決める必要があります。

問題 156　　解答：①

（一般物体検出）R-CNN は、Selective Search と呼ばれる物体候補アルゴリズムを使用し、画像内の主要な物体をバウンディングボックスを介して特定します。YOLO はあらかじめ画像全体をグリッド分割しておき、各領域ごとに物体のクラスとバウンディングボックスを求めます。

（セグメンテーション）U-Net は画像から特徴を抽出するエンコーダと、抽出した特徴を受け取り確率マップを出力するデコーダで構成されます。確率マップでは、どのクラスに属しているかという確率をピクセル単位で表現します。DeepLab は Dilated/Atrous 畳み込みが用いられており、少ないパラメータで大域的な特徴を捉えることができるため、パラメータ数が多くなりがちなセグメンテーションに適しています。

問題 157　　解答：②

U-Netは畳み込み層のみで構成されたFCNの1つであり、画像のセグメンテーションを推定するための手法です。Encoder-Decoder型をしており、構造がアルファベットのUの形をしていることから、この名が付けられました。

問題 158　　解答：④

多変数関数を微分するときに、1つの変数に対してのみ微分をして、それ以外は定数として扱うというのが偏微分です。今回の式ではxについてのみ微分を行うので、xを含まない項は定数項と見なされ、微分すると0となります。xを含む$3x^2y+xy+5x$を微分すると$6xy+y+5$となります。これにより変数が複数ある式を微分することができるため、重回帰分析に応用されています。

問題 159　　解答：③

ゲームAIの手法として開発された順に、AlphaGO、AlphaGo Zero、AlphaZero、AlphaStar、OpenAI Fiveがあります。名前が非常に似ているので、間違えないよう注意しましょう。

問題 160　　解答：②

第三者の著作物を学習用データとして取り扱う場合に、著作権法上の例外規定により利用が可能とされても、その著作物が秘密管理されている場合、不正競争防止法の営業秘密に当たり、制約を受ける可能性があります。

問題 161　　解答：①

2017年、人工知能研究の将来を討議した会議においてアシロマAI原則が発表されました。人工知能が人類全体の利益となるよう、倫理的問題、安全管理対策、研究の透明性などについて23の原則としてまとめたものです。

問題 162　　解答：④

ベイズの定理を、例題を使って説明します。ここに袋が3つあり、それぞれの袋には赤玉と白玉がいくつか入っています。そこで、いずれかの袋から玉を1つ取り出したところ、玉は白色でした。この時、2番目の袋からこの白玉が取り出される確率を、ベイズの定理によって求めます。

白い玉が取り出されたという事象を事象A、玉を袋2から取り出す事象を事象B2とすると、P（A）とP（B2）は事象A、B2が起こる確率を表し、P（A|B2）は袋2から白玉が取り出される確率を表します。それぞれの値をベイズの定理に当てはめて計算することで、P（B2|A）の白玉が袋2から取り出された確率を求めることができます。

問題163　解答：③

自動運転に関する死亡事故は、2021年9月までの時点で、アメリカで3件発生しています。日本では自動運転車による死亡事故は起きていませんが、実証実験が盛んになった2019年以降、少なくとも5件の事故や接触事案が起きています。また最近では、トヨタの自動運転EVが東京五輪の選手村で、視覚障害がある選手に接触する事故を起こしています。実証実験中の事故を最大限防ぐ努力をしつつ、事故を教訓にさらに技術レベルを高めることが求められています。

問題164　解答：②

①はニュートン法、③は最急降下法、④はモーメンタムの説明です。

問題165　解答：①

概念形態を記述する方法の研究をオントロジーといい、大きく分けてヘビーウェイトオントロジーとライトウェイトオントロジーがあります。ヘビーウェイトオントロジーでは、記述が正当かどうかを考察するため時間がかかる難点があります。対するライトウェイトオントロジーは、厳密な正当性の確認は行われません。

問題166　解答：③

日本政府は、AIを社会へ活用するために、人間の尊厳が尊重される社会（Dignity）、多様な背景を持つ人々が多様な幸せを追求できる社会（Diversity & Inclusion）、持続性ある社会（Sustainability）の3つを基本理念とする「人間中心のAI社会原則」を示しています。「連携の原則」「セキュリティの原則」「プライバシーの原則」などの開発原則で構成されています。

問題167　　解答：③

アノテーションは膨大な量の作業になることが多いため、複数人での作業が必要となります。しかし、アノテーションの定義が曖昧であると、作業者によるバラツキやミスが起こりやすくなります。そのため、アノテーションの要件を定めたマニュアルを準備します。文章データにはその文章のカテゴリをラベル付けしたり、音声データは文章にしてからその文章中の各単語に意味をラベル付けしていきます。

問題168　　解答：④

①は早期終了(early stopping)、②はRMSProp、③はオーバーサンプリングの説明です。

問題169　　解答：①

勾配消失問題の代表的な原因として、活性化関数の種類があります。シグモイド関数のような出力値の微分が小さな値になるものは勾配消失問題の大きな原因となるため、微分値が小さくなりにくいReLUやLeakyReLUを使用します。

問題170　　解答：④

①～③についてはCNNやRNN、オートエンコーダなどの技術が活用されます(第4章 参照)。強化学習に適した課題かどうかは、環境・エージェント・報酬など、強化学習を行う上で必要な要素を当てはめられるかを考えるとよいでしょう。④の場合は、「環境＝部屋の状態」、「エージェント＝お掃除ロボット」「報酬＝掃除した部屋の網羅率」などのように当てはめられます。

問題171　　解答：②

入力層と出力層の2層からなる構造は、ニューラルネットワークの基本単位ともいえます。RNN（時系列データを扱えるNN)やオートエンコーダ(データの圧縮・復元を行うNN)、制限付きボルツマンマシン(特徴の抽出を行う働きを持つNN)の構造には、中間層が存在します。

問題172　　解答：④

データの利用権限を契約で適正かつ公平に定めるため、経済産業省が発表している「データの利用権限に関する契約ガイドライン」を参考にするのが望ましいです。

問題 173　解答：③

決定木は単体では過学習を起こしやすいモデルとして知られています。ハイパーパラメータを調整するか、剪定などの過学習対策をとるか、アンサンブル学習を取り入れた学習方法が有効とされています。

問題 174　解答：③

ブートストラップサンプリングは、アンサンブル学習時によく使用されるリサンプリングの手法です。重複を許可した条件でランダムに抽出することで、様々なデータ条件で弱学習器の学習を行います。

問題 175　解答：①

第3次AIブームの発展の起因は、インターネットの普及によるビッグデータの活用が可能になったことやコンピュータなどの性能が上がったことが一因となっています。画像認識の他にも自動翻訳機能の発展が代表例です。

問題 176　解答：④

①～③は、コンピュータに専門知識を組み込む際のデータ収集と集めた知識の管理に関する問題点（知識獲得のボトルネック）を説明したものです。④は、シンボルグラウンディング問題の説明です。

問題 177　解答：①

不正競争防止法の営業秘密とするための3つの要件は以下の通りです。

- 秘密管理性（社内でその情報が秘密であるとわかるように管理されていることが必要）
- 非公知性（一般に知られている情報でないことが必要）
- 有用性（事業活動のために有用な情報であることが必要）

問題 178　解答：④

階層クラスタリングには、クラスタの融合基準によって様々な手法があります（2.5.3 参照）。中でも代名詞となっているのが融合前後のクラスタのばらつきが小さくなるような組み合わせで融合するウォード法です。

問題 179　　解答：④

オートエンコーダは、入力データを圧縮して(エンコーダ)、元のデータの復元する(デコーダ)ように学習が行われます。事前学習に活用すると勾配消失問題や計算コストの削減に役立つ技術です。なお、④は制限付きボルツマンマシンの説明です。

問題 180　　解答：②

N-gramとは、あるテキストの総体を前から順に任意のN個の文字列または単語の組み合わせで分割したものです。N個の数(gram)に応じて、Nが1の場合をユニグラム(uni-gram)、2の場合をバイグラム(bi-gram)、3の場合をトライグラム(tri-gram)と呼びます。多義語を扱う場合に、どのような文脈で対象の単語が使われたかをn-gramとして考慮することで、それぞれの読みの曖昧性を解消する手助けとすることができます。

問題 181　　解答：①

一般的に、並列処理が可能なバギングが最も学習速度が速いとされています。次点のブースティングは直列処理のため学習速度は劣りますが、精度の出やすい手法です。最後にスタッキングについては、学習が2段階に分かれており、3つの中で最も学習の計算コストが高い手法となっています。

問題 182　　解答：④

学習データが少ない場合でも精度を上げる方法の1つとして画像のデータ拡張があります。拡張手法の「切り取り」は、画像の一部をトリミングする処理を加えていきます。切り落とした箇所に別サンプルの画像をはめ込む手法はCutmixと呼ばれます。

問題 183　　解答：①

シンギュラリティは、人工知能が自らを超える人工知能を生み出すことによって人間の生活に大きな変化が起こるという概念を指します。専門家によって賛否が分かれていること、様々な意見があることを把握しましょう。

問題184　　解答：④

請負契約のシステム開発においてプロジェクトが失敗した場合、その責任に関してはそれぞれの詳細な原因によって異なる可能性もありますが、一般的に委託側に失敗の原因があった場合のみ報酬支払義務が発生します。

問題185　　解答：②

人工知能学会の倫理委員会は、倫理的な価値判断の基礎となる倫理指針として、以下の9つを挙げています。

- 人類への貢献
- 法規制の遵守
- 他者のプライバシーの尊重
- 公正性
- 安全性
- 誠実な振る舞い
- 社会に対する責任
- 社会との対話と自己研鑽
- 人工知能への倫理遵守の要請

問題186　　解答：③

不正競争防止法における限定提供データとして保護を受けるためには、価値を有する程度の量を蓄積されたデータを、アクセス制限など電磁的方法で管理され、かつ、業として特定の者（有料制会員など）に提供する情報である必要があります。

問題187　　解答：③

DQNの発展形モデルの1つであるDoubleDQNは、DQNの真の報酬を過大評価しているという問題の対策として提案された手法です。この手法によって、次の行動を決定するメインのネットワークと別に、行動の価値評価をするネットワークを作ることで学習を安定化させることができます。

問題 188　解答：④

2016年にFacebook社（現Meta社）によって開発されたfastTextは、Googleが開発したWord2Vecというライブラリを基に作られており、より単語のベクトル表現の生成が高速化され、更にはテキストの分類も高速で行えるようになりました。

問題 189　解答：②

ディープニューラルネットワークでは、順伝播と逆伝播法を繰り返すことで重みを更新していきます。順伝播では、入力値に対して重みが掛け合わされバイアスが加えられます。その値を活性化関数に通すことによって次の層の入力値となります。

問題 190　解答：①

音声を学習に使用する際に、音に含まれる物理的な特徴を数値化した音響特徴量を抽出します。音響特徴量には音の大きさや高さはもちろん、固有周波数、変調スペクトル、音響指標など、多くの特徴があります。これらは使用する用途によって適切に選択します。

問題 191　解答：④

交差検証は、データセットを訓練データと検証データに分ける際に起こる「データの偏り」を緩和するための処置です。データが偏ると過学習が起き、汎化性能が下がる可能性が高くなります。

参考文献

- AI白書編集委員会(2019):「AI白書2019」(KADOKAWA)
- AI白書編集委員会(2020):「AI白書2020」(KADOKAWA)
- 斎藤康毅(2018):「ゼロから作るDeep Learning 2 自然言語処理編」(オライリー・ジャパン)
- 荒木雅弘(2015):「イラストで学ぶ音声認識」(講談社)
- 荒木雅弘(2017):「フリーソフトでつくる音声認識システム」(森北出版)
- 永田雅人,豊沢聡(2017):「実践OpenCV 3 for C++画像映像情報処理」(カットシステム)
- 猪狩宇司(著),今井翔太(著),江間有沙(著),岡田陽介(著),工藤郁子(著),巣籠悠輔(著),瀬谷啓介(著),徳田有美子(著),中澤敏明(著),藤本敬介(著),松井孝之(著),松尾豊(著),松嶋達也(著),山下隆義(著),一般社団法人日本ディープラーニング協会(監修):「深層学習教科書 ディープラーニング G検定(ジェネラリスト)公式テキスト 第2版」(翔泳社)
- 福島邦彦「位置ずれに影響されないパターン認識機構の神経回路のモデル ネオコグニトロン」1979年、電子通信学会論文誌A, vol. J62-A, no. 10, pp. 658-665 copyrigh © 2022 IEICE
- Yann LeCun Leon Bottou Yoshua Bengio and Patrick "GradientBased Learning Applied to Document Recognition" (1998)
- Karen Simonyan & Andrew Zisserman + Visual Geometry Group, Department of Engineering Science, University of Oxford "VERY DEEP CONVOLUTIONAL NETWORKS FOR LARGE-SCALE IMAGE RECOGNITION" (2015)
- Kaiming He Xiangyu Zhang Shaoqing Ren Jian Sun Microsoft Research "Deep Residual Learning for Image Recognition" (2015)
- Li Liu,Wanli Ouyang,Xiaogang Wang, Paul Fieguth, Jie Chen,Xinwang Liu, Matti Pietikainen: "Deep Learning for Generic Object Detection: A Survey" (2018)
- Jonathan Long, Evan Shelhamer, Trevor Darrell: "Fully Convolutional Networks for Semantic Segmentation" (2015)
- Vijay Badrinarayanan, Alex Kendall, Roberto Cipolla, "SegNet: A Deep Convolutional Encoder-Decoder Architecture for Image Segmentation" (2016)
- Hengshuang Zhao1 Jianping Shi2 Xiaojuan Qi1 Xiaogang Wang1 Jiaya Jia1 1The Chinese University of Hong Kong 2SenseTime Group Limited "Pyramid Scene Parsing Network" (2016)
- Olaf Ronneberger, Philipp Fischer, Thomas Brox: "U-Net: Convolutional Networks for Biomedical Image Segmentation" (2015)
- Fisher Yu, Vladlen Koltun: "Multi-Scale Context Aggregation by Dilated Convolutions" (2017)

- Alexander Kirillov1,2 Kaiming He1 Ross Girshick1 Carsten Rother2 Piotr Dollar ´ 1 1Facebook AI Research (FAIR) 2HCI/IWR, Heidelberg University, Germany "Panoptic segmentation" (2019)
- 農学情報科学 . 深層学習 .RNN.Bidirectional RNN, https://axa.biopapyrus.jp/deep-learning/nn/brnn.html (2020)
- Shaoqing Ren, Kaiming He, Ross Girshick, Jian Sun: "Faster R-CNN: Towards Real-Time Object Detection with Region Proposal Networks" (2016)
- Joseph Redmon, Santosh Divvala, Ross Girshick, Ali Farhadi: "You Only Look Once: Unified, Real-Time Object Detection" (2016)
- Ross Girshick, Jeff Donahue, Trevor Darrell, Jitendra Malik: "Rich feature hierarchies for accurate object detection and semantic segmentation" (2014)
- Elaina Tan, Lakshay Sharma,"Neural Image Captioning" (2019)
- Minh-Thang Luong Hieu Pham Christopher D. Manning Computer Science Department, Stanford University, Stanford, CA 94305 "Effective Approaches to Attention-based Neural Machine Translation" (2015)
- Ashish Vaswani, Noam Shazeer, Niki Parmar, Jakob Uszkoreit, Llion Jones,Aidan N. Gomez, Łukasz Kaiser, Illia Polosukhin "Attention Is All You Need" (2017)
- Kelvin Xu, Jimmy Ba, Ryan Kiros, Kyunghyun Cho, Aaron Courville, Ruslan Salakhutdinov, Richard Zemel, Yoshua Bengio: "Show, Attend and Tell: Neural Image Caption Generation with Visual Attention" (2016)
- Tomas Mikolov, Kai Chen, Greg Corrado, Jeffrey Dean, "Efficient Estimation of Word Representations in Vector Space" (2013)
- AI プロダクト品質保証コンソーシアム(QA4AI コンソーシアム)"AI プロダクト品質保証ガイドライン" 編 2019.05 版 , http://www.qa4ai.jp/QA4AI.Guideline.201905.pdf
- Selvaraju, R. R. et al. "Grad-CAM: Visual Explanations from Deep Networks via Gradient-based Localization.", ICCV 2017
- 福岡真之介 , 桑田寛史 , 料屋恵美(2019):「IoT・AI の法律と戦略」(商事法務)
- 経済産業省「AI・データの利用に関する契約ガイドライン 1.1 版」(2019)
- 内閣府政策統括官(科学技術・イノベーション担当)「「人間中心の AI 社会原則」及び「AI 戦略 2019 (有識者提案)」について」(2019)
- 人工知能学会 倫理指針 , http://ai-elsi.org/wp-content/uploads/2017/02/ 人工知能学会倫理指針 .pdf (2017)
- 金融庁 個人情報保護委員会「金融分野における個人情報保護に関するガイドライン」(2017)
- IoT 推進コンソーシアム 総務省・経済産業省「カメラ画像利活用ガイドブック」(2018)
- 公正取引委員会「デジタル・プラットフォーム事業者と個人情報等を提供する消費者との取引における優越的地位の濫用に関する独占禁止法上の考え方」(2019)

索引 INDEX

G

H

I

J

K

L

M

N

O

P

Q

R

さ

会社紹介

テービーテック株式会社

自動車産業を中心に製造にかかわるシステムソリューションを提供。大手自動車メーカーとの長年に及ぶ取引の実績、経験から、製造業向けの生産管理・設備保全・原価管理システムなどを開発し、導入からシステム構築・運用までをトータルにサポートしている。近年は蓄積された製造の知識を生かしてAI人材の教育に力を入れている。自動車製造業向けの短期講座の実績多数。

手掛けるAI講座の1つとして、現場視点で考えることのできるデータサイエンティストの育成を目標とした6ヶ月の長期AI講座「製造業特化型データサイエンス集中コース」を開講。多くの卒業生を送り出し、同講座はデータサイエンティスト協会主催の「データサイエンスアワード2019」においてファイナリストに選出された。

著者紹介

金井 恭秀（かない やすひで） テービーテック株式会社代表取締役

大手自動車メーカーやそのグループ会社において業務改善やシステムコンサルタントとしての実績多数。

現在はその知見を活かして、AI・IoTプロジェクトや講座運営の指揮をとる。
トヨタ生産方式を中心とした製造業の知見を持つIoT・AIシステム会社を通して、次世代のモノづくりを支援する。

著　作：「『つながる工場』のゴールは？ IoTによるスマートファクトリー化の考察ポイント」（Tech Factory）、「品質管理システムを活用したIoT・トレーサビリティの提案」（月刊自動認識　日本工業出版）

講座講師：製造業特化型データサイエンティスト育成講座（自社開催）、マネジメント向けAI活用研修（大手自動車メーカー）、今さら聞けない！スマートファクトリー化で知っておくべきポイント　AIプロジェクトの失敗はなぜ起こるのか？（設備メーカー）

岩間 健一（いわま けんいち）

電子工学部というハードウェア寄りの学部に入学しつつも、当時あまり進んでいなかったソフトウェアの世界に傾倒。

大学卒業後はプログラマー要員として設備屋に就職するも、電気図面と向き合いながら機械制御を行うラダープログラムを書くことがメインとなり、実際の製造現場に出向いて作業する日々が続く。

その後、ライン工として働く経験を経て、設備を作る側と使う側の両方の気持ちがわかる人材として、主に製造現場で利用するソリューション開発に従事する。

現在はIoTや機械学習、AIなどを利用して製造現場の困りごとを解決することを目的に活動中。

講座講師：製造業特化型データサイエンティスト育成講座（自社開催）

加藤 慎治（かとう しんじ）

大学卒業後、製造業向け三次元ソリューションを担当。製造業のお客様と仕事をしていくうちに"ものづくり"自体に興味がわき、30歳で働きながら機械工学科へ入学。卒業後も製造業の現場向けソリューションを担当し、現在は要望の多いIoTに関連する業務や機械学習を適用したソリューションをご提案。好奇心旺盛でやることが極端と指摘され気味。

講座講師：製造業特化型データサイエンティスト育成講座（自社開催）

村松 李紗（むらまつ りさ）

文系出身。2019年にテービーテックに入社し、同年に始動したテービーテック主催の「製造業特化型データサイエンス集中コース」の運営に関わりながら1期生としてデータサイエンティストの道に足を踏み入れる。同年にG検定を取得。以降、AI人材の教育講座の運営を担当。AI講座の受講生のサポートをはじめ、ブログの執筆など初心者＆文系の目線でデータサイエンティスト育成の助力に努める。

講座講師：製造業特化型データサイエンティスト育成講座（自社開催）

深津 まみ（ふかつ まみ）

機械系CADオペレーターとして働きながら製造業に関する技術を学びつつ、IT関連の技術にも関心を持ち、IT系の大学に入学。卒業後、2018年にテービーテックに入社。統計や機械学習について一から学び始め、2019年に始動したテービーテック主催の「製造業特化型データサイエンティスト養成講座」に1期生として参加する。同年に統計検定2級やG検定、E検定を取得し、そこから得た知識をブログなどで情報発信する。現在はこれまでに学んだ知識を活かし、AI講座の運営と受講生のサポートを担当している。

スピード合格　ディープラーニングG検定対策テキスト
キーワードで基礎を押さえ 本番さながらの模擬試験で仕上げ!

2022年 1月21日　第1版 第1刷発行

著　　者　金井恭秀　岩間健一　加藤慎治
村松李紗　深津まみ
(テーピーテック株式会社)

発 行 人　新関 卓哉
企　　画　蒲生 達佳
編　　集　十河 和子
発 行 所　株式会社リックテレコム
〒113-0034
東京都文京区湯島3-7-7
振替　00160-0-133646
電話　03(3834)8380(代表)
URL　https://www.ric.co.jp/

装　　丁　長久雅行
編集・組版　株式会社トップスタジオ
印刷・製本　シナノ印刷株式会社

●訂正等

本書の記載内容には万全を期しておりますが、万一誤りや情報内容の変更が生じた場合には、当社ホームページの正誤表サイトに掲載しますので、下記よりご確認ください。

*正誤表サイトURL

https://www.ric.co.jp/book/errata-list/1

●本書の内容に関するお問い合わせ

FAXまたは下記のWebサイトにて受け付けます。 回答に万全を期すため、電話でのご質問にはお答えできませんので了承ください。

・FAX：03-3834-8043

・読者お問い合わせサイト：
https://www.ric.co.jp/book/のページから「書籍内容についてのお問い合わせ」をクリックしてください。

製本には細心の注意を払っておりますが、万一、乱丁・落丁（ページの乱れや抜け）がございましたら、当該書籍をお送りください。送料当社負担にてお取り替え致します。

ISBN978-4-86594-323-8　Printed in Japan